"十四五"职业教育国家规划教材

# 化工单元过程操作

第二版

王卫霞 封 娜 左志芳 主编

U0366967

化学工业出版社

·北京·

## 内 容 简 介

《化工单元过程操作》第二版全面贯彻党的教育方针，落实立德树人根本任务，在教材中有机融入党的二十大精神。教材根据最新的高等职业教育化工技术类专业培养目标而编写，全书包括流体输送、传热、吸收、非均相物系分离、干燥、蒸馏六个最常用的化工单元的操作项目。每个项目以真实的工作案例引入，介绍了基本原理、设备分类和结构、典型设备操作和维护方法。教材含有大量图片、动画和视频，并引入了二维码扫描和在线播放技术，方便了学生的学习。为巩固知识，每个项目都有例题和练习题，并附有答案。

本书可以作为化工类及相关专业的高等职业学校、中等专科学校教材，也可以作为化工及相关企业培训教材，或供从事化工及相关企业生产的管理和技术人员参考。

**图书在版编目（CIP）数据**

化工单元过程操作/王卫霞，封娜，左志芳主编．—2版．
—北京：化学工业出版社，2022.1（2025.2重印）
ISBN 978-7-122-40748-1

Ⅰ.①化…　Ⅱ.①王…②封…③左…　Ⅲ.①化工单元操作-高等职业教育-教材　Ⅳ.①TQ02

中国版本图书馆 CIP 数据核字（2022）第 019233 号

责任编辑：刘心怡　蔡洪伟　　　　　　　　　　装帧设计：王晓宇
责任校对：宋　夏

出版发行：化学工业出版社（北京市东城区青年湖南街 13 号　邮政编码 100011）
印　　装：河北鑫兆源印刷有限公司
787mm×1092mm　1/16　印张 13¼　字数 343 千字　2025 年 2 月北京第 2 版第 6 次印刷

购书咨询：010-64518888　　　　　　　　　　售后服务：010-64518899
网　　址：http://www.cip.com.cn
凡购买本书，如有缺损质量问题，本社销售中心负责调换。

定　　价：39.00 元　　　　　　　　　　　　　　版权所有　违者必究

# 第二版前言

化工单元过程操作是化工及其相关专业的一门专业基础课程，理论性与实践性都比较强。为了适应新形势下高职教育的特点和学生的特点，编者在对化工行业人才需求和就业岗位进行调研、分析和归纳的基础上，采用工作过程系统化的理念，以典型的化工生产案例为引导，编写了本教材。本教材精选了六个典型的单元操作作为教学项目，其结构安排由简单到复杂，符合学生的认知规律。

遵照教育部对教材编写工作的相关要求，本教材在编写、修订及进一步完善过程中，注重融入课程思政，体现党的二十大精神，以潜移默化、润物无声的方式适当渗透德育，适时跟进时政，让学生及时了解最新前沿信息，同时注重融入安全教育元素和新工艺、新技术，培养学生的爱国主义精神、专业自豪感和安全生产意识。力求让学生学习本课程及后续专业课程后，能够懂化工、爱化工、将来从事化工工作。

本书在内容的选取上，立足于技能型人才培养的要求，淡化了化工单元操作理论的深入推导，侧重工作岗位上常用设备的基本原理、基本知识以及设备结构与操作方法等知识和技能的学习和培养；重视基本知识和原理的应用。学习者通过对本教材的学习，能够运用流体流动、传热、吸收、非均相物系的分离、干燥、蒸馏等典型单元操作原理和方法，分析处理工程实际问题，进行装置安全操作和维护保养。

教材每个项目设有工程案例引入，使概念和理论的学习与生产需要密切结合；书中内容丰富、结构紧凑、图文并茂、通俗易懂；每个任务前设有学习目标，能够让学习者明确学习任务；项目后配有习题和答案，方便学习者复习巩固和提高。

本教材是"互联网＋资源库"特色的信息化立体教材。教材中引入了二维码扫描和在线播放技术，学习者在阅读时可以通过扫码观看动画和微课，帮助理解设备的结构与工作原理。同时，所有微课、视频、动画等配套资源均可以从资源库网站（http：//gyfxjszyk.ypi.edu.cn/）直接下载和在线学习。课件可从化学工业出版社教学资源网（www.cipedu.com.cn）下载。

本书由扬州工业职业技术学院王卫霞统稿。扬州工业职业技术学院沈发治教授、扬州日兴生物科技股份有限公司丁振中高级工程师担任本教材的主审。本教材项目一由王卫霞、扬州市职业大学张睿编写，项目二和项目四由扬州工业职业技术学院封娜、扬州日兴生物科技股份有限公司钱勇编写，项目三和项目五由扬州工业职业技术学院左志芳、钱勇编写，项目六由扬州工业职业技术学院周寅飞、诸昌武编写。

在编写过程中得到了北京东方仿真软件技术有限公司、江苏扬农化工集团等友好单位的大力支持，在此表示感谢。

由于编者水平有限，书中难免有不妥之处，敬请读者批评指正。

编者

# 目　录

# 项目1
# 流体输送过程及操作

## 项目引导

化工生产过程中所处理的物料大多数为流体（气体和液体统称为流体）。这些物料需要按照工艺的要求，从一个设备送往另一个设备，从上一工序转移到下一工序，逐步完成各种物理变化和化学变化，最后得到合格的化工产品。因此，化工生产过程的实现是以流体输送作为基础的。流体输送涉及流体输送方式的选择、流动参数的测量与控制、流体输送机械的操作等问题。要解决这些问题，需认识化工管路，掌握流体流动的基本原理、基本规律等知识。

## 工程案例

如图 1-1 所示，缓冲罐 V101 仅有一股来料，来自界外 8kgf/cm² （1kgf/cm² = 98.0665kPa）压力的液体通过调节阀 FIC101 向缓冲罐 V101 充液，此罐压力由调节阀 PIC101 分程控制，使 V101 压力控制在 5kgf/cm²。缓冲罐 V101 液位调节器 LIC101 和流量调节阀 FIC102 串级调节，一般液位正常控制在 50％左右，自 V101 底抽出液体通过泵 P101A 或 P101B（备用泵）打入罐 V102，泵出口压力一般控制在 9kgf/cm²，FIC102 流量正常控制在 20000kg/h。

罐 V102 有两股来料，一股为 V101 通过 FIC102 与 LIC101 串级调节后来的来料，另一股为 8kgf/cm² 压力的液体通过调节阀 LIC102 进入罐 V102，一般 V102 液位控制在 50％左右，V102 底液抽出通过调节阀 FIC103 进入 V103，正常工况时 FIC103 的流量控制在 30000kg/h。

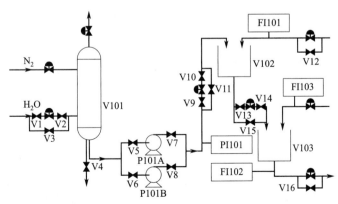

(a) 工艺流程图

图 1-1

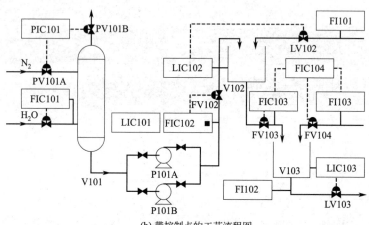

(b) 带控制点的工艺流程图

**图 1-1　工程案例流程**

罐 V103 也有两股来料，一股为 V102 的底抽出量，另一股为 8kgf/cm$^2$ 压力的液体通过 FIC103 与 FI103 比值调节进入 V103，比值系数为 2：1，V103 底液通过 LIC103 调节阀输出，正常时罐 V103 液位控制在 50% 左右。

 想一想

工程案例的管路系统中，有哪些组成部件？

# 任务 1.1　认识化工管路

## 任务要求

1. 了解化工管路的构成；
2. 认识各种管子及管路中的各种管件和阀门；
3. 掌握各种阀门的特点及应用场合；
4. 了解化工管路的连接方式与热补偿方式；
5. 了解管路的涂色。

化工管路主要由管子、管件和阀门所构成。

### 1.1.1　管子的分类

#### 1.1.1.1　钢管

钢管根据其材质不同分为普通钢管、合金钢管、不锈钢钢管等；按照制造方法不同分为无缝钢管和有缝钢管。

无缝钢管是化工生产中使用最多的一种管型，它具有质地均匀、强度高、管壁薄等优点，能在各种压力和温度下输送液体，因此广泛应用于输送高压、有毒、易燃易爆和强腐蚀性流体。

有缝钢管大多用低碳钢焊接而成，通常用于输送压力较低的水、暖气、压缩空气等。

#### 1.1.1.2　铸铁管

铸铁管主要有普通铸铁管和硅铸铁管，其特点是价格低、耐腐蚀性比钢管强、强度低、管壁厚显笨重，不宜在压力下输送有毒、有害、易燃易爆气体和高温蒸汽，常用作埋在地下的低压给水总管、煤气管和污水管。

#### 1.1.1.3　有色金属管

有色金属管的种类很多，化工生产中常用的有黄铜管、紫铜管、铅管、铝管，适用于一些特殊的场合。

黄铜管、紫铜管由于其导热性能好，耐弯曲，适宜做某些特殊用途的换热器。细铜管常用来输送有压力的液体，如用于机械设备的润滑系统和油压系统的油管或仪表管路。

铅管可用作部分耐酸材料的管路，如输送 15%～65% 的硫酸、二氧化硫、60% 的氢氟酸、浓度低于 80% 的乙酸。铅管的最高使用温度为 200℃，温度高于 140℃ 时不宜在压力下使用。硝酸、次氯酸盐及高锰酸盐类介质，不可采用铅管。由于铅管机械强度低，质软而笨重，目前正被合金钢管和塑料管所代替。

铝管具有导热性能好、质轻且耐部分酸腐蚀的优点，但不耐碱及盐水、盐酸等含氯离子的化合物，广泛应用于输送浓硝酸、乙酸等物料，也可以用来制造换热器。

#### 1.1.1.4　非金属管

非金属管是用各种非金属材料制作而成的管子，主要有玻璃管、陶瓷管、塑料管、橡胶管、水泥管等，以及在金属表面搪上玻璃、陶瓷的管子等。

玻璃管主要由硼玻璃和石英玻璃制成。玻璃管具有透明、耐腐蚀、易清洗、管路阻力小和价格低廉的优点；但同时具有性脆、不耐冲击和振动、热稳定性差、不耐高压等缺点。

陶瓷管具有耐酸碱腐蚀、成本低廉等优点，但陶瓷管性脆、强度低、不耐压，所以不宜输送剧毒、易燃易爆的介质，多用于输送腐蚀性污水。

塑料管包括聚乙烯管、聚氯乙烯管、酚醛塑料管、聚四氟乙烯管等。塑料管耐腐蚀性能好，质轻，加工方便，能任意弯曲和加工成各种形状，但性脆、易裂、强度差、耐热性差。塑料管的用途越来越广泛，许多金属管逐渐被塑料管所代替。

橡胶管为软管，可以任意弯曲，质轻，耐温性差，耐冲击性能好，多用于临时性管路。

水泥管成本低，但笨重，多用作下水道的排污管。

### 1.1.2　常用管件和阀门

#### 1.1.2.1　管件

管路中所用各种零件统称为管件。根据它们在管路中的作用不同分为五类。常见管件见图 1-2。

① 改变管路方向：90°弯头、45°弯头、180°回弯头等。

② 连接支管：三通、四通等。

③ 连接管道：管箍（束节）、活接、法兰、螺纹短接等。

④ 改变管路直径：大小头、内外螺纹接头等。

⑤ 堵塞管路：管帽、管堵、盲板等。

(a) 弯头　　(b) 45°弯头　　(c) 异径弯头　　(d) 内外丝弯头　　(e) 衬塑法兰

(f) 三通　　(g) 异径三通　　(h) 管堵　　(i) 管帽　　(j) 补芯

(k) 活接　　(l) 外接　　(m) 内接　　(n) 内外螺纹接头　　(o) 异径外接

**图 1-2　常见管件**

#### 1.1.2.2　阀门

为了对生产进行有效的控制，在操作时必须对管路中的流体流量和压强等参数进行适当的调节，或者对管路进行开启和关闭，或者防止流体的回流等。阀门就是用来实现这些操作的装置。阀门通常用铸铁、不锈钢以及合金钢等材料制成，有的阀门阀芯与阀座是用不同材料制成的。化工生产中比较常用的阀门有以下几种。

（1）闸阀　闸阀（图 1-3）的主要部件为闸板，闸阀工作时是通过闸板的升降以启闭管路的。闸阀全开时流动阻力小，全关时较严密。闸阀多用于大直径管路的开启和切断，一般不用于调节流量的大小，也不适宜用于含有固体颗粒或物料易于沉积的流体，以免引起密封面的磨损和影响闸板的闭合。

码1-1　平板闸
阀的结构及工
作原理

微课扫一扫

**图 1-3　闸阀**

（2）截止阀　截止阀（图 1-4）的主要部件为阀体内的阀座和阀盘，通过手轮使阀杆上下移动，改变阀盘与阀座之间的距离，从而达到开启、切断以及调节流量的目的。截止阀密封性好，可准确地调节流量，但结构复杂，阻力较大，适用于水、气、油品和蒸汽等管路，但不能使用于带有固体颗粒和黏度较大的介质。安装截止阀时，应保证流体从阀盘的下部向上流动，即下进上出。

图 1-4　截止阀

图 1-5　球阀

（3）球阀　球阀（图 1-5）的阀芯呈球状，中间为一与管内径相近的连通体，阀芯可以左右旋转以实现阀门的启闭。球阀具有结构简单、启闭迅速、操作方便、体积小、质量轻、流动阻力小等优点，适用于低温、高压及黏度大的介质。

微课扫一扫

码1-2　球阀的结构及工作原理

图 1-6　旋塞

（4）旋塞　旋塞（图 1-6）又称为"考克"，它的主要部件是一个可转动的圆锥形旋塞，中间有一个孔道，当转动旋塞，使孔道与管子相通，流体即通过，将旋塞旋转至孔道与管道呈垂直时，管路即被切断。旋塞的结构简单，开关迅速，操作方便，流体阻力小，零部件少，质量轻，适用于直径在 80mm 以下、温度不超过 100℃ 的管路和设备上，适宜于输送黏度较大的介质和要求开关迅速的场合，一般不宜用于蒸汽和温度较高的介质。

（5）止回阀　止回阀（图 1-7）又称为"止逆阀"或"单向阀"。它是一种借助于流体的流动而自动开启和关闭的阀门，用于防止流体反向流动的场合。止回阀阀体内有一阀盖或摇板，当流体顺流时阀盖或摇板即升起，当流体倒流时阀盖或摇板自动关闭。止回阀分为升降式和旋启式两种。升降式的阀盖垂直做升降运动，旋启式的摇板做旋转运动。安装时应注意介质的流向和安装方位。专用于泵的进口管端的止回阀称为底阀。

(a) 外形图

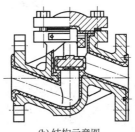

(b) 结构示意图

图 1-7　止回阀

止回阀一般适用于洁净的介质，不宜用于含固体颗粒和黏度较大的介质。升降式止回阀的密封性较旋启式的好，而旋启式的流体阻力比升降式的小。一般旋启式多用于大口径管路上。

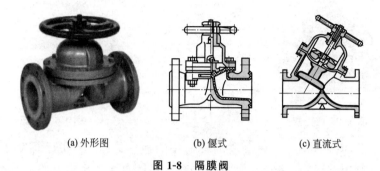

(a) 外形图　　　　　　　(b) 偃式　　　　　　　(c) 直流式

**图 1-8　隔膜阀**

（6）隔膜阀　隔膜阀（图 1-8）的启闭件是一块橡胶隔膜，位于阀体和阀盖之间，隔膜中间突出部分固定在阀杆上，阀体内衬为橡胶，由于介质不进入阀盖内腔，因此不需填料箱。这种阀结构简单，密封性能好，便于维修，流体阻力小，可用于温度小于 200℃、压力小于 10MPa 的各种与橡胶膜无相互作用的介质和悬浮物的介质。

**图 1-9　减压阀**

（7）减压阀　减压阀是自动降低管路工作压力的专门装置。这种阀门主要由阀瓣、活塞、弹簧、连杆、手轮等构成。转动手轮限制活塞与阀瓣的行程，然后靠弹簧、活塞等敏感元件改变阀瓣与阀座的间隙使气体自动减压到某一数值。

减压阀（图 1-9）只适用于蒸汽、洁净的空气和其他气体物料，不能用于液体的减压，也不允许气流内有固体颗粒。不同型号的减压阀有不同的减压范围，应按照规定性能使用。

（8）疏水阀　疏水阀是一种既能自动、间断地排除蒸汽管路和加热器等蒸汽设备系统中的冷凝水，又能阻止蒸汽泄出的装置。目前使用较多的是热动力疏水阀，如图 1-10 所示。它是用蒸汽和冷凝水的动压和静压的变化来自动开启和关闭，达到排水阻气的目的。

微课扫一扫

码1-3　疏水阀
的结构及
工作原理

**图 1-10　热动力疏水阀**

（9）安全阀　安全阀是一种截断装置，多装在中、高压设备上，当设备内压力超过规定的最大工作压力时可以自动泄压，起保护设备的作用。常用的安全阀有杠杆式（图 1-11）和弹簧式（图 1-12）两种。

图 1-11　杠杆式安全阀　　　　　图 1-12　弹簧式安全阀

　　杠杆式安全阀的杠杆安置在菱形支撑上，杠杆上装有重锤，在最大工作压力下，流体加于阀门上的压力与杠杆的重力平衡，当超过了规定的最大工作压力时，阀芯便离开了阀座使器内流体与外界相遇，即用变动重锤位置的方法来调整阀芯开启时的压力。杠杆式安全阀体积庞大，常用在周围空间开阔的受压容器上。

　　弹簧式安全阀靠弹簧压力压紧阀芯使阀密合。当压力超过弹簧压力时阀芯上升，安全阀泄压。弹簧弹力的大小用螺纹衬套来调整。弹簧式安全阀分为封闭式和不封闭式。封闭式用于易燃、易爆和有毒介质；不封闭式用于蒸汽或惰性气体。

　　弹簧式安全阀不如杠杆式安全阀可靠，为了保证安全生产，弹簧式安全阀必须定期检查。

　　所有阀门在使用前均需做试压试漏试验，检查强度和密封性。安全阀还需做泄压试验，检查排放压力。

### 1.1.3　管路的连接方式

　　管子和管子之间，管子与管件、阀门之间的连接方式常见的有以下四种。

#### 1.1.3.1　螺纹连接

　　螺纹连接是一种可拆卸连接，适用于管径小于 2in（1in＝0.0254m）的水管、水煤气管、压缩空气管及低压蒸汽管。将需要连接的管子管端用管子铰板铰制成外螺纹，然后与具有内螺纹的管件或阀门连接起来。为了保证螺纹连接处密封良好，需先在管端螺纹处缠上适当的填料，其缠绕方向应与螺纹方向一致，压紧后拧上即可。管道连接后，应把挤到螺纹外面的填料清除掉，填料不得挤入管腔，以免堵塞管路。各种填料在螺纹里只能使用一次，若螺纹拆卸，重新装紧时，应更新填料。

#### 1.1.3.2　焊接

　　焊接是一种不可拆卸连接，它是用焊的方法将管道和管件或阀门直接连接成一体。这种连接密封可靠、结构简单、安装方便，但清理检修不便，适用于钢管、有色金属管，且特别适宜长管路，但需要经常拆卸的管路不能用焊接法连接。所有压力管道，如煤气、高压蒸汽、真空管路都应尽量采用焊接。

#### 1.1.3.3　法兰连接

　　法兰连接适用于大管径、密封性能要求高的管子连接。法兰与管端用螺纹或焊接固定在一起，管路的连接由两个法兰盘用螺栓连接起来，中间用垫片密封。法兰连接密封的可靠性与选用的垫片材料有关。应根据介质的性质与工作条件选用适宜的垫片材料，以保证不发生泄漏。

法兰连接是可拆连接，拆卸方便，密封可靠，适用的温度、压力、管径范围很大，因而广泛应用于各种金属管、塑料管、玻璃管的连接，还适用于管子与阀门、设备之间的连接。

#### 1.1.3.4 承插连接

承插连接通常用于管端不易加工的铸铁管、陶瓷管和水泥管等的连接，连接时将管路一端插入另一根管子管端的插套内，再在连接处的环状空隙内先填塞麻丝或石棉绳，然后塞入胶黏剂密封。承插连接适用于不宜用其他方法连接的材料，安装较方便，允许各管段中心线有少许偏差，管道稍有扭曲时仍能维持不漏。其缺点是难以拆卸，不耐高压。承插连接多用于地下排水管路的连接。

### 1.1.4 管路的热补偿

当管路输送介质温度较高时，管路的工作温度与安装温度相差较大，管路受热膨胀伸长。如果管路不可以自由伸长，管材则会产生热应力，过大的热应力将会造成管路的变形、弯曲或破裂。通常管路温度变化在 32℃ 以上，要考虑热应力补偿。管路的热应力补偿方式有两种，一种是依靠弯管的自然热补偿，另一种是利用补偿器进行补偿。常用的热补偿器有 π 形、Ω 形、波形和填料函式补偿器，如图 1-13 所示。

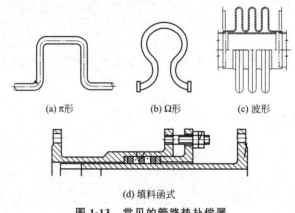

(a) π形　　　　　(b) Ω形　　　　　(c) 波形

(d) 填料函式

**图 1-13　常见的管路热补偿器**

### 1.1.5 管路的保温与涂色

#### 1.1.5.1 管路的保温

为了维持生产所需要的高温或低温条件，节约能源，保证劳动条件，必须减少管路与环境的热量交换，即管路保温。保温方法是在管道外包裹上一层或多层保温材料，减少热量或冷量的损失。

管路保温过程一般如下：在管路试压不漏后，清理管路表面的灰尘和铁锈，然后涂上防腐漆，待防腐漆完全干燥后，包上保温材料，保温材料采用热导率小的材料，保温材料的厚度计算见传热部分。在保温施工中，要保证保温材料均匀牢固，在保温材料的外表需采用保护层（护壳），保护层一般采用抹面层与金属护壳，或同时采用抹面层、防潮层与金属护壳的复合保护层。金属护壳一般采用镀锌铁皮、铝合金皮，或内涂防腐树脂、外喷铝粉的薄铁皮等。

### 1.1.5.2　管路的涂色

为了保护管路外壁和便于鉴别管路内介质的种类，在化工企业常将管路外壁喷涂上各种颜色的涂料或在管路上涂几道色环，这给检修管路和处理某些紧急情况带来方便。

管路的涂色标识在行业中已经统一，常见管路的涂色如表 1-1 所示。涂刷的方法可管路全长均涂色，也可在管路上涂宽 150mm 的色环，也可用有色胶带缠绕，色环间距视管径大小而定，一般为 6~10m。

表 1-1　管路的涂色

| 序号 | 物质种类 | 基本识别色 | 颜色标准编号 |
|------|----------|------------|--------------|
| 1 | 水 | 艳绿 | G03 |
| 2 | 水蒸气 | 大红 | R03 |
| 3 | 空气 | 淡灰 | B03 |
| 4 | 气体 | 中黄 | Y07 |
| 5 | 酸或碱 | 紫 | P02 |
| 6 | 可燃液体 | 棕 | YR05 |
| 7 | 其他液体 | 黑 | |
| 8 | 氧 | 淡蓝 | PB06 |
| 9 | 一般物料 | 银 | |
| 10 | 蒸汽 | 银 | |
| 11 | 氮 | 淡黄 | Y06 |
| 12 | 氨 | 淡黄 | Y06 |
| 13 | 排大气紧急放空管 | 大红 | R03 |
| 14 | 消防管道 | 大红 | R03 |
| 15 | 电气、仪表保护管 | 黑 | |
| 16 | 仪表风管 | 天蓝 | PB09 |
| 17 | 电动信号管、导压管 | 银 | |

# 任务 1.2　认识流体输送方式

## 任务要求

1. 了解流体输送的四种方式；
2. 掌握四种输送方式的特点及应用场合。

### 1.2.1　高位槽送料

高位槽送料是利用液体能自发地由高处流向低处这一特点进行的。当工艺要求将高位设备内的液体送到低位设备内时，直接将两设备用管路连接起来进行输送即可。但需要注意的是，高位槽送料时，高位槽的高度必须能够保证输送任务所要求的流量。高位槽高度的确定方法详见后叙。

### 1.2.2 压缩气体压料

在化工生产中，有些腐蚀性强、温度高的液体以及与空气接触对产品性能有影响的液体，往往采用压缩气体来压料。需输送的流体容器充压缩气体，另一容器保持常压，利用两容器间的压差作为流体流动的推动力推动液体流动。

压缩气体压料时，气体的压力必须满足输送任务的工艺要求，压力的确定方法见后叙。压缩气体常用的就是压缩空气。压缩空气压料不能用于易燃和可燃液体物料的压送，因为压缩空气在压送物料时可以与液体蒸气混合形成爆炸性混合物，同时又可能产生静电，很容易导致系统爆炸。此时可以采用惰性气体压送。

压缩气体压料这种方法管路结构简单，无动件，但流量小且不易调节，只能间歇输送流体。

### 1.2.3 真空抽料

真空抽料是液体原容器保持常压，对液体输送目标容器制造真空，利用两容器间的压差作为推动力，推动液体输送的操作。目标容器的真空度必须要满足输送任务的工艺要求。

真空抽料与压缩气体压料同样适用于腐蚀性液体的输送，其管路结构简单，无动件，但流量调节不方便，主要用于间歇输送场合。但必须注意，真空抽料不能用于易挥发液体的输送。

### 1.2.4 流体输送设备送料

工业生产中通常需要将低位的液体送往高位或者从压力低的设备送往压力高的设备，并保持连续大规模生产。此时以上三种输送方式均不适用，需采用流体输送设备送料。流体经过输送设备后，获得外加能量，得以完成输送任务。输送设备的类型有很多，需根据流体的性质、工艺的要求、外加能量等选择合适的输送设备。

### 🔲 想一想

工程案例的流体输送过程中，采用了哪些输送方式？

## 任务 1.3 流体力学基本方程

### ⚙ 任务要求

1. 掌握混合物密度的计算方法；
2. 了解黏度的概念；
3. 掌握流量、流速的换算；
4. 掌握绝压、表压、真空度之间的换算；
5. 掌握连续性方程、伯努利方程的应用；
6. 掌握流体流动阻力的计算以及减小流动阻力的措施。

## 1.3.1 流体流动的基本概念

### 1.3.1.1 密度

单位体积流体所具有的质量，称为流体的密度。其表达式如下：

$$\rho = m/V \tag{1-1}$$

式中 $\rho$——流体的密度，$kg/m^3$；

$m$——流体的质量，kg；

$V$——流体的体积，$m^3$。

（1）纯组分的密度

① 液体的密度　液体的密度随压强变化很小，常可忽略其影响，而随温度变化的关系可从手册中查取。

② 气体的密度　气体的密度随温度、压强有较大的变化。一般在温度不太低、压强不太高的情况下，气体的密度与温度、压强间的关系近似可用理想气体状态方程表示。

$$pV = nRT = \frac{m}{M}RT \tag{1-2}$$

则：

$$\rho = \frac{m}{V} = \frac{pM}{RT} \tag{1-3}$$

式中 $p$——气体的绝对压强，kPa；

$T$——气体的温度，K；

$M$——气体的摩尔质量，g/mol；

$R$——通用气体常数，$R = 8.314 kJ/(kmol \cdot K)$。

某操作条件（$p$，$T$）下纯组分气体的密度，也可用下式计算：

$$\rho = \frac{pM}{RT} = \frac{M}{22.4} \times \frac{T^{\ominus}}{T} \frac{p}{p^{\ominus}} \tag{1-4}$$

式中 $T^{\ominus}$——标准状态的温度，$T^{\ominus} = 273K$；

$p^{\ominus}$——标准状态的压强，$p^{\ominus} = 101.3 kPa$。

（2）混合物的密度　化工生产中常遇到各种气体或液体混合物，在无实测数据时，可以用一些近似公式进行估算。

① 液体混合物的密度　假设混合液体为理想溶液，则其混合液的总体积等于混合前各组分体积之和，则有：

$$\frac{1}{\rho_m} = \frac{x_1}{\rho_1} + \frac{x_2}{\rho_2} + \frac{x_3}{\rho_3} + \cdots + \frac{x_n}{\rho_n} = \sum_{i=1}^{n} \frac{x_i}{\rho_i} \tag{1-5}$$

式中 $\rho_m$——液体混合物的平均密度；

$\rho_i$——$i$ 组分在输送温度下的密度；

$x_i$——混合液中 $i$ 组分的质量分数，$\sum_{i=1}^{n} x_i = 1$。

② 气体混合物的密度　对于理想气体混合物，其密度可用下式计算：

$$\rho_m = \frac{pM_m}{RT} \tag{1-6}$$

式中　$p$——混合气体的总压强，kPa；

　　　$M_m$——气体混合物的平均摩尔质量，g/mol。

$$M_m = M_1 y_1 + M_2 y_2 + M_3 y_3 + \cdots + M_n y_n = \sum_{i=1}^{n} M_i y_i \tag{1-7}$$

式中　$M_i$——混合气体中 $i$ 组分的摩尔质量，g/mol；

　　　$y_i$——混合气体中 $i$ 组分的摩尔分数或者体积分数，$\sum_{i=1}^{n} y_i = 1$。

【例题 1-1】 已知甲醇水溶液中，甲醇的质量分数为 0.85，求甲醇水溶液在 20℃时的密度。

**解**　查手册得，20℃时甲醇的密度 $\rho_1 = 791 \text{kg/m}^3$，水的密度 $\rho_2 = 998.2 \text{kg/m}^3$。

$$\frac{1}{\rho_m} = \frac{x_1}{\rho_1} + \frac{x_2}{\rho_2} = \frac{0.85}{791} + \frac{0.15}{998.2}$$

$$\rho_m = 816 \text{kg/m}^3$$

【例题 1-2】 已知空气的组成为 21% $O_2$ 和 79% $N_2$（均为体积分数），试求 100kPa、20℃时空气的密度。

**解**　混合气体的平均摩尔质量：

$$M_m = M_1 y_1 + M_2 y_2 = 32 \times 0.21 + 28 \times 0.79 = 28.84 (\text{g/mol})$$

$$\rho_m = \frac{pM_m}{RT} = \frac{100 \times 28.84}{8.314 \times 293} = 1.18 (\text{kg/m}^3)$$

### 1.3.1.2　黏度

研究流体流动时，可以将流体看成是彼此之间没有间隙的无数质点所组成的连续体。静止流体不能承受任何切向力，当有切向力作用时，流体不再静止，将发生连续不断的变形，流体质点间产生相对运动，同时各质点间产生剪力以抵抗其相对运动，流体的这种性质称为黏性。所对应的剪力称为黏滞力，也称为内摩擦力。

经研究发现，流体运动时所产生的内摩擦力与流体的物理性质有关，与流体层的接触面积及接触面法线方向的速度梯度成正比。其关系可用下式表示：

$$F = \mu S \frac{\mathrm{d}u}{\mathrm{d}y} \tag{1-8}$$

式中　$F$——流体层与流体层间的摩擦力，N；

　　　$S$——流体层间的接触面积，$\text{m}^2$；

　　　$\dfrac{\mathrm{d}u}{\mathrm{d}y}$——速度梯度，即流体层速度在流动方向上的法向变化率，1/s；

　　　$\mu$——表示流体物理性质的比例系数，称为黏度，Pa·s。

式(1-8) 称为牛顿黏性定律。

流体的黏度是流体的一个重要的物理性质，在 $S$ 和 $\dfrac{\mathrm{d}u}{\mathrm{d}y}$ 相同的情况下，黏度越大，内摩擦力越大，所产生的流动阻力也越大。

不同的流体具有不同的黏度，并且同一种流体，在不同的温度和压强下，黏度也不相同。液体的黏度随温度升高而降低，压强对液体黏度的影响可忽略不计。气体的黏度随温度的升高而增大，当压强变化范围较大时，要考虑压强变化的影响，一般是随压强的增大而增大。当气体的压强变化不大时，一般情况下也可忽略其影响。

黏度是流体的物理性质之一，其值可由实验测定。常见物质的黏度可从手册中查取。

黏度的国际单位是 Pa·s，物理单位制中，黏度的单位为 g/(cm·s)，称为 P（泊），手册中黏度的单位常用 cP（厘泊）。不同单位之间的换算关系为：1cP＝0.01P＝0.001Pa·s。

### 1.3.1.3 流量与流速

流体的流量分体积流量和质量流量。

（1）体积流量 单位时间内流经管道或设备某一截面的流体体积，用 $V_S$ 表示，其单位为 m³/s、m³/h。

（2）质量流量 单位时间内流经管道或设备某一截面的流体质量，用 $W_S$ 表示，其单位为 kg/s、kg/h。

体积流量与质量流量的关系如下：

$$W_S = \rho V_S \tag{1-9}$$

当被测量的流体为气体时，应注意气体的体积随温度和压强而变化，使用体积流量时要注明所处的温度和压强。

流体的流速分点速度、平均流速和质量流速。

（1）点速度 单位时间内流体质点在流动方向上流过的距离，单位为 m/s。

（2）平均流速 由于流体具有黏性，流体在流动时质点和质点之间会产生内摩擦力，导致各点的流速不均匀。实验证明，在管壁处流速为零，在管道中心处流速最大。因此，工程计算中常使用平均流速，用 $u$ 表示，单位为 m/s。

$$u = \frac{V_S}{A} \tag{1-10}$$

式中，$A$ 为管道或设备中流体的流通截面积，m²。

（3）质量流速 单位时间内流体流经单位流通截面上的流体质量，用 $G_S$ 表示，其单位为 kg/(m²·s)。

$$G_S = W_S/A = \rho V_S/A = \rho u \tag{1-11}$$

对于内径为 $d$ 的圆形管道：

$$u = \frac{V_S}{A} = \frac{V_S}{\frac{\pi}{4}d^2} = \frac{V_S}{0.785d^2} \tag{1-12}$$

由式(1-12)可求流体输送管道的直径：

$$d = \sqrt{\frac{V_S}{0.785u}} \tag{1-13}$$

市场供应的管材均有一定的尺寸规格，所以在使用式(1-13)求得管径 $d$ 后，应根据给定的操作条件将管径 $d$ 圆整到管子的规格。

### 1.3.1.4 压强

垂直作用于单位面积上且方向指向此面的力称为压强。其表达式为：

$$p = \frac{P}{A} \tag{1-14}$$

式中 $P$——垂直作用于表面上的力，N；

$A$——作用面的面积，m²；

$p$——作用于该表面 $A$ 上的压强，N/m²、Pa。

工程上习惯于将流体压强称为压力。

压强的单位除了 N/m²、Pa 以外，还有很多，以下为常用压强单位之间的换算关系：

$$1atm=760mmHg=1.0133\times10^5Pa=10.33mH_2O=1.033kgf/cm^2$$
$$1at=735.6mmHg=9.807\times10^4Pa=10mH_2O=0.9678atm=1kgf/cm^2$$

在化工计算中，常采用两种基准来度量压强的数值大小，即绝对压强和相对压强。

以没有气体分子存在的绝对真空为基准所测得的压强称为绝对压强，简称为绝压，绝对压强永远为正值。

以大气压强为基准测得的压强称为相对压强。当设备中绝对压强大于大气压强时，该绝压比大气压强多的数值称为表压强（表压），所用测压仪表称为压力表。

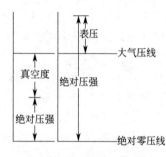

**图 1-14 绝对压强、真空度、表压强之间的关系**

表压强＝绝对压强－大气压强

当设备中绝对压强小于大气压强时，该绝压比大气压强少的数值称为真空度，所用测压仪表称为真空表。

真空度＝大气压强－绝对压强

绝对压强、表压强、真空度的关系如图 1-14 所示。

大气压强不是固定不变的，计算时应以当地气压计上的读数为准。

为了避免绝对压强、表压强、真空度三者的混淆，在后面的叙述中，对表压和真空度均加以标注，没有标注的即为绝对压强。

## 想一想

在计算压强差时，要注意压强的表示方法要统一，可以统一成绝压，也可统一成表压，为什么不可统一成真空度？

**【例题 1-3】** 某水泵进口管处真空表读数为 650mmHg，出口管处的压力表读数为 2.5kgf/cm²。泵进口和出口两处的压强差为多少千帕、多少米水柱？

**解** 水泵进口管处压强 $p_{进表压强}=-650mmHg=-650\times1.0133\times10^5/760=-86663.8(Pa)$

水泵出口管处压强 $p_{出表压强}=2.5\times9.807\times10^4=245175(Pa)$

泵进口和出口两处的压强差为 $p_{出表压强}-p_{进表压强}=245175-(-86663.8)$
$$=331838.8(Pa)\approx331.8(kPa)$$
$$=331838.8\times10.33/101330(mH_2O)$$
$$=33.83(mH_2O)$$

泵进口和出口两处的压强差为 331.8kPa，为 33.83 mH₂O。

### 1.3.2 流体稳态流动时的物料衡算（连续性方程）

在流动的流体内部各点上，流体的流速、压强等所有流动参数不随时间变化，这样的流动称为稳态流动或者定态流动。若流动参数随时间变化，这样的流动称为非稳态流动或非定态流动。

如图 1-15 所示，水箱上部水管不断向水箱注水，水经下部排水管不断排出，要求进水量大于排水量，多余的水经溢流管排出，以维持水箱内水位恒定不变。若在流动过程中，任取两个截面 1—1′ 和 2—2′，经测定发现，两个截面上的流速和压强虽不相等，但各截面上的流速和压强均不随时间变化，这种流动属于稳态流动。若将图中 A 阀门关闭，水箱内的水仍不断由排水管排出，水箱内的水位不断下降，各截面上水的流速和压强随时间推移不断减小，这种流动属于非稳态流动。

如图 1-16 所示，组成不变的流体在管道中做稳态流动，且充满整个管道，在管道上取截面 1—1′ 和截面 2—2′，截面积分别为 $A_1$、$A_2$，流速分别为 $u_1$、$u_2$，流体的密度分别为 $\rho_1$、$\rho_2$。流体从截面 1—1′ 流入的体积流量为 $V_{S_1}$、质量流量为 $W_{S_1}$；从截面 2—2′ 流出的流体体积流量为 $V_{S_2}$，质量流量为 $W_{S_2}$。

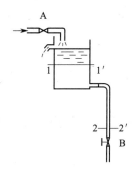

图 1-15　水流动示意图

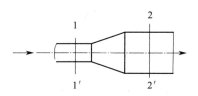

图 1-16　连续性方程的推导示意图

根据质量守恒定律，列出物料衡算式为：

$$W_{S_1} = W_{S_2} \tag{1-15}$$

$$\rho_1 u_1 A_1 = \rho_2 u_2 A_2 \tag{1-16}$$

推广到该管路系统的任意截面，则有：

$$W_S = \rho u A = 常数 \tag{1-17}$$

这就是流体在管内做稳态流动的连续性方程。

对于不可压缩性流体，密度为常数，则有：

$$V_S = u A = 常数 \tag{1-18}$$

若不可压缩性流体在圆形管道中做稳态流动时，则有：

$$\frac{u_1}{u_2} = \frac{A_2}{A_1} = \left(\frac{d_2}{d_1}\right)^2 \tag{1-19}$$

【例题 1-4】　水在圆形管道中做稳态流动，由粗管流入细管。已知粗管的内径是细管的 2 倍，求细管中的平均流速是粗管的多少倍？

　　解　设粗管内水的流通截面积为 $A_1$，管道内径为 $d_1$，流速为 $u_1$；细管内水的流通截面积为 $A_2$，管道内径为 $d_2$，流速为 $u_2$。

水为不可压缩性流体，管道为圆形管道，则有：

$$\frac{u_1}{u_2} = \frac{A_2}{A_1} = \left(\frac{d_2}{d_1}\right)^2 = \left(\frac{1}{2}\right)^2 = \frac{1}{4}$$

由此可见，当管道为圆形管道时，平均流速与管内径平方成反比。

### 1.3.3 流体稳态流动时的能量衡算（伯努利方程）

#### 1.3.3.1 流动流体所具有的机械能

（1）位能 流体因受重力作用在不同高度处所具有的能量称为位能。位能是一个相对值，计算位能时应先选择一个基准水平面，如 0—0′ 面。将质量为 $m$ 的流体自基准水平面升举到 $z$ 高处所做的功，即为位能，其数值为 $mgz$，单位为 J。

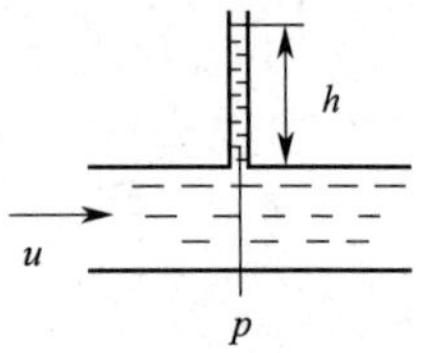

位能是一个相对值，其值大小随所选的基准水平面位置不同而不同。

（2）动能 流体以一定速度流动所具有的能量，称为动能。质量为 $m$ 的流体平均流速为 $u$ 时，所具有的动能为 $\frac{1}{2}mu^2$。

**图 1-17　液体流动系统示意图**

（3）静压能 在静止或运动的流体内部，任一处都有相应的静压强。如图 1-17 所示，管内有液体流动，在管壁上开孔接一垂直玻璃管，液体便会在玻璃管内上升一定的高度。液柱上升就是运动的流体在该截面处有静压能的表现。

如图 1-18 所示的流动系统，由于在 1—1′ 截面处流体具有一定的静压能，流体要通过该截面进入系统，就需要对流体做一定的功，以克服这个静压能。即进入截面后的流体，也就具有与此功相当的能量，流体具有的这种能量就称为静压能。

质量为 $m$ 的流体具有的静压能为 $\frac{mp}{\rho}$。

质量为 $m$ 的流体具有的机械能为 $mgz+\frac{1}{2}mu^2+\frac{mp}{\rho}$。

1kg 流体具有的机械能为 $gz+\frac{1}{2}u^2+\frac{p}{\rho}$。

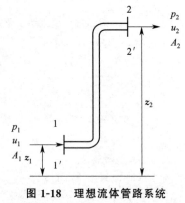

**图 1-18　理想流体管路系统**

#### 1.3.3.2 理想流体的伯努利方程

无黏性的流体称为理想流体，因此，理想流体在流动过程中没有机械能的损失，这是为讨论问题方便而采用的一种假想流体模型。当理想流体（先讨论不可压缩性流体）在某一密闭管路中做稳态流动时，由能量守恒定律可知，流体进入系统的总能量应等于流体离开系统的总能量。

如图 1-18 所示，1kg 流体在进入截面 1—1′ 时带入的总机械能为：

$$E_1=gz_1+\frac{1}{2}u_1^2+\frac{p_1}{\rho} \tag{1-20}$$

1kg 流体在离开截面 2—2′ 时带出的总机械能为：

$$E_2=gz_2+\frac{1}{2}u_2^2+\frac{p_2}{\rho} \tag{1-21}$$

根据能量守恒定律，对稳态流动系统有 $E_1=E_2$，即

$$gz_1+\frac{1}{2}u_1^2+\frac{p_1}{\rho}=gz_2+\frac{1}{2}u_2^2+\frac{p_2}{\rho} \tag{1-22}$$

这就是著名的伯努利方程式，式中各项的单位均为 J/kg。伯努利方程式适用的条件是

不可压缩性理想流体做稳态流动，在流动管路中没有其他外力或外部能量的输入和输出。该方程式说明了理想流体做稳态流动时，单位质量的流体流过系统内任一截面的总机械能为常数，并且不同形式的能量可以相互转换。

### 🔖 想一想

图 1-18 中不可压缩的理想流体稳态流动系统为等径管道，机械能是如何相互转化的？

#### 1.3.3.3　实际流体的伯努利方程

在化工生产中所处理的流体都是实际流体。对实际流体进行能量衡算时，除了要考虑各截面上流体自身所具有的机械能以外，还要考虑流动过程中的能量损失和流体输送机械的外加能量。

（1）能量损失　实际流体在流动时会产生摩擦阻力，损失掉一部分机械能，损失的机械能称为能量损失或阻力损失。对于 1kg 流体，从截面 1—1′ 输送到 2—2′，克服两截面间各项阻力所损失的能量为 $\sum h_f$，单位为 J/kg。

（2）外加能量　在实际输送流体的系统中，为了补充消耗掉的能量损失，需要使用流体输送机械来提供能量。1kg 流体从流体输送机械所获得的机械能，称为外加能量，用 $W_e$ 表示，单位为 J/kg。

若以 1kg 的实际流体作稳态流动时的能量衡算为基准：

$$gz_1+\frac{1}{2}u_1^2+\frac{p_1}{\rho}+W_e=gz_2+\frac{1}{2}u_2^2+\frac{p_2}{\rho}+\sum h_f \tag{1-23}$$

上式是伯努利方程式的引申，习惯上也称为伯努利方程式。

若以 1N 的实际流体作衡算基准，则上式变为：

$$z_1+\frac{u_1^2}{2g}+\frac{p_1}{\rho g}+H_e=z_2+\frac{u_2^2}{2g}+\frac{p_2}{\rho g}+H_f \tag{1-24}$$

式中各项单位为 m，其物理意义为每牛顿重量的不可压缩流体所具有的能量，称为压头。$z$ 为位压头，$\frac{u^2}{2g}$ 为动压头，$\frac{p}{\rho g}$ 为静压头，$H_e$（其值等于 $\frac{W_e}{g}$）为外加压头，$H_f$（其值等于 $\frac{\sum h_f}{g}$）为损失压头。

若以 1m³ 的实际流体作衡算基准，则式（1-23）又变为：

$$\rho gz_1+\frac{1}{2}\rho u_1^2+p_1+\rho W_e=\rho gz_2+\frac{1}{2}\rho u_2^2+p_2+\rho\sum h_f \tag{1-25}$$

式中各项单位为 Pa，其物理意义为单位体积不可压缩流体所具有的能量。

伯努利方程是流体动力学中最主要的方程式，可以用来确定容器间的相对位置、管路系统中所需的外加压头、压差输送时容器内的压力等。

（3）伯努利方程式的讨论

① 伯努利方程式中前三项是指某截面上流体自身所具有的机械能，而 $W_e$ 和 $\sum h_f$ 是流体与外界交换的能量。$W_e$ 是单位质量的流体从流体输送机械所获得的机械能，属于输入系统的能量。单位时间输送机械对流体所做的有效功，用 $N_e$ 表示，单位为 W，它是选择流体输送机械的重要依据。$W_S$ 为质量流量。

$$N_e=W_eW_S \tag{1-26}$$

$\sum h_f$ 是流体从 1—1′ 截面流到 2—2′ 截面损失掉的能量，属于离开系统的能量。能量损失永远为正值，具体计算后面讲解。

② 以上伯努利方程适用于不可压缩性流体做稳态连续流动的情况，而对于可压缩性流体，若 $\dfrac{p_1 - p_2}{p_1} \times 100\% < 20\%$，公式仍可使用，但公式中的流体密度需用两截面之间流体的平均密度代替。这种处理方法带来的误差是工程计算中允许的。

③ 若系统中流体处于静止状态，则 $u = 0$；既然流体没有运动，自然没有流动阻力，则 $\sum h_f = 0$；由于流体处于静止状态，也无外加能量，则 $W_e = 0$。于是伯努利方程简化为：

$$gz_1 + \frac{p_1}{\rho} = gz_2 + \frac{p_2}{\rho} \qquad (1\text{-}27)$$

此式即为流体的静力学方程，可见伯努利方程也可反映静止流体的基本规律，静止流体是运动流体的特殊形式。

静力学方程表达了静止时流体内部任一点处的位能和静压能之和为常数。即所处的位置越高，其压强越低；位置越低，压强越高。上式可改写为：

$$p_2 = p_1 + \rho g (z_1 - z_2) = p_1 + \rho g h \qquad (1\text{-}28)$$

式中，$h = z_1 - z_2$。

式(1-28) 表明：当 $p_1$ 一定时，$p_2$ 的大小与流体的密度 $\rho$、2—2′ 截面距离 1—1′ 截面的深度 $h$ 有关。即 $\rho$ 和 $h$ 越大，$p_2$ 越大。因此可得出，在静止、连续、连通的同一液体内部，处于同一水平面上的各点压强相同，这样的水平面即为等压面。

## 📖 想一想

如图 1-19 所示的测压管分别与 3 个设备 A、B、C 相连通。连通管的下部是水银，上部是水，3 个设备内水面在同一水平面上。问：

(1) 1、2、3 三处压强是否相等？

(2) 4、5、6 三处压强是否相等？

## 👥 素质拓展阅读

### 高速铁路列车全密封结构设计的秘密

列车在高速时要冲破风阻行驶，就会产生巨大的噪声，强度与速度的 6～9 次方成正比，特别是通过隧道时的"活塞效应"：列车就像活塞那样，在管道内挤压空气。

当列车进入隧道，或者两列高速列车交会时，车外的压力变化可以达到 5～10kPa，造成气压波动，导致乘客耳膜不适。要维持乘客的舒适度，就要将车厢内的压力变化降低到 1～2kPa。因此高铁就要设计出全车气密结构，这应用了多项技术：车厢采用连续焊缝技术、车窗采用固定式结构、车门采用多重密封技术、两节车厢之间设置气密内风挡、换气系统采用压力保护装置等，目的均是使车厢在行驶时与外界完全隔绝，不受噪声和气压变化的影响。

### 1.3.3.4 伯努利方程的应用

（1）伯努利方程应用注意事项　应用伯努利方程时要注意以下问题。

① 画图　根据题意画出流动系统的示意图，并指明流体的流动方向。

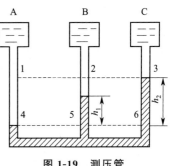

**图 1-19　测压管**

② 选取截面　定出流动系统的上游截面 1—1′ 和下游截面 2—2′，明确流动系统的衡算范围。所选取的两截面应与流体的流动方向相垂直，并且流体在两截面之间是做稳态连续流动。截面应选在已知量多、计算方便处。

③ 选取基准水平面　基准水平面可以任意选取，但必须与地面平行。为计算方便，基准水平面一般选择两截面中相对位置低的截面，若选择的截面不是水平面，而是垂直于地面，则基准水平面应选过该截面中心的水平面。

④ 单位一致　伯努利方程中各项的单位需一致。方程中流体的压力可用绝压或表压表示，但要统一，不可用真空度。

⑤ 大截面和小截面　一般把容器的截面看成是大截面，大截面处的流速近似为零；把管子的截面看成是小截面，小截面处的流速为管子内流体的平均流速。

（2）伯努利方程应用举例

① 确定两容器间的相对位置　流体的四种输送方式之一高位槽送料中，为达到一定的流量要求，需要正确地设计高位槽的高度。

**【例题 1-5】** 将密度为 $950kg/m^3$ 的某液体从一液面恒定的高位槽通过管子输送到一设备中去，管子为 $\phi89mm×3.5mm$，设备内的表压强为 $40kPa$，如果要求液体流量为 $50m^3/h$，此时高位槽到管子出口的管内一侧的能量损失为 $19.62J/kg$。问高位槽液面到设备入口间的高度 $H$ 应为多少米？

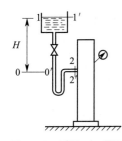

**图 1-20　例题 1-5 附图**

**解**　如图 1-20 所示，选取高位槽液面为 1—1′ 截面，管子出口内侧为 2—2′ 截面，选取过 2—2′ 截面的中心水平面为基准水平面 0—0′。

在 1—1′ 截面与 2—2′ 截面间列伯努利方程：

$$gz_1+\frac{1}{2}u_1^2+\frac{p_1}{\rho}+W_e=gz_2+\frac{1}{2}u_2^2+\frac{p_2}{\rho}+\sum h_f$$

已知：1—1′ 截面上 $z_1=H$，$u_1=0$（大截面），$p_{1表}=0$（敞口），$W_e=0$；2—2′ 截面上 $z_2=0$，$u_2=\dfrac{50}{3600×\dfrac{\pi}{4}×0.082^2}=2.63(m/s)$，$p_{2表}=40kPa$，$\sum h_f=19.62J/kg$。

将已知量代入伯努利方程得：

$$9.8H=\frac{1}{2}×2.63^2+\frac{40×1000}{950}+19.62$$

$$H=6.7m$$

② 确定压料气体的压强或真空抽料时的真空度　设备内或管路某一截面上的压强，是工程设计计算中的重要参数，准确地确定其压强，是流体能按指定工艺要求顺利送达目的地的保证。

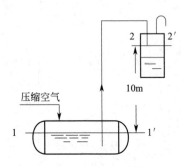

图 1-21　例题 1-6 附图

**【例题 1-6】**　如图 1-21 所示，用压缩气体压送浓硫酸。要求 10min 内要压送 $0.3m^3$，硫酸的密度为 $1831kg/m^3$，管子为 $\phi38mm\times3mm$ 的钢管，管子出口在硫酸贮槽液面以上 10m，硫酸流经管路的能量损失为 8J/kg（不包括出口能量损失）。试求开始压送时压缩空气的表压强。

**解**　如图 1-21 所示，选取贮槽液面为 1—1′ 截面，管子出口内侧为 2—2′ 截面，选取 1—1′ 截面为基准水平面 0—0′。

在 1—1′ 截面与 2—2′ 截面间列伯努利方程：

$$gz_1+\frac{1}{2}u_1^2+\frac{p_1}{\rho}+W_e=gz_2+\frac{1}{2}u_2^2+\frac{p_2}{\rho}+\sum h_f$$

已知：1—1′ 截面上 $z_1=0$，$u_1=0$（大截面），$W_e=0$；2—2′ 截面上 $z_2=10m$，$u_2=\dfrac{0.3}{600\times\frac{\pi}{4}\times0.032^2}=0.622(m/s)$，$p_{2表}=0$，$\sum h_f=8J/kg$。

将已知量代入伯努利方程得：

$$\frac{p_{1表}}{1831}=9.81\times10+\frac{1}{2}\times0.622^2+8$$

$$p_{1表}=1.8\times10^5\,Pa$$

即压缩气体在开始压送时的最小压强为 $1.8\times10^5\,Pa$。

③ 确定流体输送机械的有效功率　流体输送方式之一流体输送机械送料，需要用泵或风机向流体提供能量。确定输送机械的外加能量或有效功率，是选用流体输送机械的重要依据。

**【例题 1-7】**　如图 1-22 所示，将 25℃ 的水由水池打至一敞口高位槽。槽内的水面高于水池水面 50m，管路摩擦损失为 20J/kg，流量为 $40m^3/h$，泵的有效功率是多少？

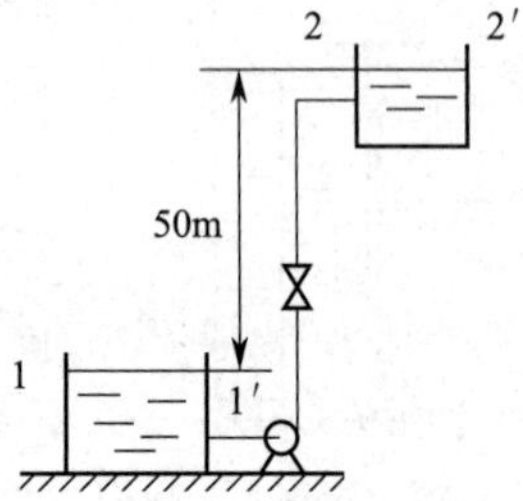

**解**　如图 1-22 所示，选取水池液面为 1—1′ 截面，高位槽液面为 2—2′ 截面，选取 1—1′ 截面为基准水平面。

在 1—1′ 截面与 2—2′ 截面间列伯努利方程：

图 1-22　例题 1-7 附图

$$gz_1+\frac{1}{2}u_1^2+\frac{p_1}{\rho}+W_e=gz_2+\frac{1}{2}u_2^2+\frac{p_2}{\rho}+\sum h_f$$

已知：1—1′ 截面上 $z_1=0$，$u_1=0$（大截面），$p_{1表}=0$（敞口）；2—2′ 截面上 $z_2=50m$，$u_2=0$（大截面），$p_{2表}=0$（敞口），$\sum h_f=20J/kg$。

将已知量代入伯努利方程得：

$$W_e=9.81\times50+20=510.5(J/kg)$$

泵的有效功率为：

$$N_e=W_eW_S=510.5\times\frac{40\times998}{3600}\times10^{-3}=5.66(kW)$$

由以上计算可知：泵所提供的外加能量绝大部分 $\left(\dfrac{9.81\times50}{510.5}=96\%\right)$ 用于提升水的高度，这部分能量以位能的形式贮存起来了，并没有浪费。

### 素质拓展阅读

#### 全海深载人潜水器"奋斗者"号

马里亚纳海沟是世界上已知最深的海沟，2020 年 11 月 10 日，我国全海深载人潜水器"奋斗者"号在马里亚纳海沟深度 10909m 处成功抵达海底，并停留了 6h，进行了一系列的深海探测科考活动，带回了矿物、沉积层、深海生物及深海水样等珍贵样本，并在深海中完成了和水上的通话。

"奋斗者"号是中国自主研发的万米载人潜水器，除了拥有安全稳定、动力强劲的能源系统，先进的控制系统和定位系统，超级耐压的载人球舱更是重中之重。球舱的研制团队经过多年的不断优化和上千次的测试，在国际上首次提出一种新的增强增韧合金设计方案：可以在去应力退火温度范围内消除有害亚稳相，而且下潜保载疲劳性能可满足长期应用要求；同时设计实现了具有独创性的复合片层微观组织，发明了一种具有良好热加工成形和焊接成形工艺性能的高强高韧钛合金新材料；此外，研制团队在载人球舱材料微观组织和力学性能、焊缝质量和强韧性能上也做出大量工作，才建成国际上首个可容纳 3 人的深海潜水器球舱。

正如"奋斗者"号深海载人潜水器的名字，"奋斗者"号的成功反映了当代科技工作者不断奋斗、勇攀高峰的精神风貌。我国每一位探索星辰大海、保卫国泰民安、创造繁荣富强的工作者，都是这个时代最美的"奋斗者"。

### 1.3.4 流体流动阻力计算

对流体进行能量衡算时，要计算流体在流动系统中流动时用于克服流动阻力损失的能量 $\sum h_f$。流体在管内的流动阻力分为直管阻力和局部阻力两类。直管阻力（$h_f$）是流体在一定的长直管道中流动时，为克服流体黏性阻力而消耗的机械能，也称为沿程阻力。局部阻力（$h_f'$）是流体流经管路中的管件、阀门及截面的扩大或缩小等局部位置时，由于速度的大小或方向发生改变而损失的机械能。

$$\sum h_f = h_f + h_f' \tag{1-29}$$

流体的流动阻力大小与流体的流动形态有着密切的关系。

### 1.3.4.1 流体的流动形态及判定

（1）**雷诺实验** 为了研究流体流动时内部质点的运动情况及其影响因素，1883 年雷诺设计了如图 1-23 所示的雷诺实验装置。

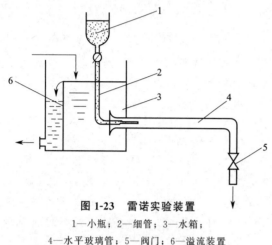

水箱内装有溢流装置，以维持水位恒定。水箱底部接一段等径的水平玻璃管，管出口处有阀门调节流量。水箱上方装有有色液体的小瓶，有色液体可经过细管注入玻璃管中心处。水流经玻璃管的过程中，同时把有色液体送到玻璃管入口以后的管中。

实验过程中通过改变阀门开度，改变水的流速，观察有色液体的运动轨迹。实验结果表明：水温一定时，当管内水的流速较小时，有色液体在管内沿管轴方向呈一条清晰的细直线，如图 1-24(a) 所示；逐渐开大出口阀门，水流速度逐渐增大，观察到有色细

**图 1-23 雷诺实验装置**

1—小瓶；2—细管；3—水箱；

4—水平玻璃管；5—阀门；6—溢流装置

直线逐渐呈现波浪形，但仍保持清晰的轮廓，如图 1-24(b) 所示；继续加大阀门开度，观察到有色液体细线消失，与水混合，当水流速度增大到某一值以后，有色液体一进入玻璃管后即与水完全混合，如图 1-24(c) 所示。

（2）**流体的流动形态**

① 层流（又称滞流） 流体质点沿管轴方向做直线运动，即只有轴向速度，无径向速度，流体质点与周围流体间无宏观混合，所以雷诺实验中有色液体只沿管轴方向做直线运动，管内流体如同一层层的同心薄圆筒平行地分层流动着，这种分层流动状态称为层流。层流时，流体各层间依靠分子的随机运动传递动量、热量和质量。管内流体的低速流动、高黏性液体的流动、多孔介质中的流体流动都属于层流流动。

② 湍流（又称紊流） 在这种流动状态下，流体内部充满大小不一、不断运动变化着的漩涡，流体质点既有轴向速度，又有径向速度。在湍流条件下，既通过分子的随机运动，又通过流体质点的相互碰撞来传递动量、热量和质量，它们的传递速率比层

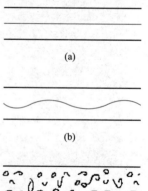

**图 1-24 雷诺实验现象**

流时高得多，所以雷诺实验现象中有色液体与水瞬间混合。化工生产过程中的流动多数为湍流。

雷诺实验中看到的有色液体呈波浪形流动，这种流动不属于一种流动形态，它属于过渡区，可能是层流，也可能是湍流。

（3）**流动形态的判定** 影响流体质点运动情况的因素有流体的密度、黏度、管径、流速。雷诺将这四个物理量组成一个数群，称为雷诺数，用 $Re$ 表示。

$$Re = \frac{du\rho}{\mu} \tag{1-30}$$

其量纲为：

$$[Re] = \left[\frac{du\rho}{\mu}\right] = \frac{[L][L\theta^{-1}][ML^{-3}]}{[ML^{-1}\theta^{-1}]} = L^{0}M^{0}\theta^{0} \tag{1-31}$$

由此可见，雷诺数 $Re$ 是一个无量纲数群。无论采用何种单位制，只要数群中各物理量的单位制一致，所算出的 $Re$ 数值必相等。

实验结果表明，对于圆形管内的流动，当 $Re \leqslant 2000$ 时，流动形态为层流；当 $Re \geqslant 4000$ 时，流动形态为湍流；当 $2000 < Re < 4000$ 时，流动形态可能是层流，也可能是湍流，属于不稳定的过渡区。

### 1.3.4.2　圆管内流体流速分布

流体在圆形管道中流动，流动形态不论是层流还是湍流，管道截面上各点的速度随该点与管中心距离而变化。在管壁处流速为零，越往管道中心处，速度越大，管中心处速度达到最大。在管道截面上的速度分布因流动形态而异，如图 1-25 所示。

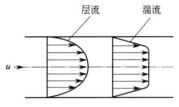

图 1-25　圆管内的速度分布

（1）层流时圆管内的速度分布　经实验和理论分析得出，层流时的速度分布为抛物线形状，截面上各点速度是轴对称的，管壁处速度为零，管中心处速度最大。经推导得出管截面上的平均速度与最大流速的关系为：

$$u = \frac{1}{2} u_{\max} \tag{1-32}$$

（2）湍流时圆管内的速度分布　流体在管内做湍流流动时，由于流体质点之间的强烈碰撞、混合和分离，大大加强了湍流核心部分的动量传递，导致各点的速度彼此拉平，速度分布比较均匀，所以速度分布不再是抛物线形。管内雷诺数越大，湍动程度越强，曲线顶部越平坦，但靠近管壁处的流速骤然下降，曲线较陡。实验测得，管截面上的平均速度与最大流速的关系为：

$$u \approx 0.8 u_{\max} \tag{1-33}$$

由湍流速度分布可知，靠近管壁处的流体薄层速度很小，仍保持层流流动，这个薄层称为层流内层，其厚度随 $Re$ 的增大而减小，从层流内层到湍流主体间还存在一个过渡层。层流内层的厚度对传质和传热过程都有很大的影响。

### 1.3.4.3　管内流体阻力计算

（1）直管阻力计算　流体以一定速度在圆形管内流动时，受到方向相反的两个力的作用。一个是推动力，其方向与流动方向一致；另一个是摩擦阻力，其方向与流动方向相反。当这两个力平衡时，流体做稳态流动。

不可压缩流体以速度 $u$ 在一段长度为 $l$、内径为 $d$ 的水平圆形管内做稳态流动时，所产生的阻力损失用范宁公式计算：

$$h_{\mathrm{f}} = \lambda \frac{l}{d} \times \frac{u^2}{2} \tag{1-34}$$

式中　$h_{\mathrm{f}}$——直管阻力，J/kg；

　　　$\lambda$——摩擦系数，量纲为 1；

　　　$l$——管长，m；

　　　$d$——管子内径，m；

　　　$u$——管内流体的平均流速，m/s。

上式对层流和湍流均适用，但式中 $\lambda$ 受流动形态、管内壁粗糙度的影响。

根据材料性质及加工情况不同，管道可分为两类：①水力光滑管，如玻璃管、黄铜管、塑料管等；②水力粗糙管，如铸铁管、钢管、水泥管等。其粗糙度可用绝对粗糙度 $\varepsilon$ 和相对粗糙度 $\dfrac{\varepsilon}{d}$ 表示。常见工业管道的粗糙度范围列于表 1-2。

**表 1-2 常见工业管道的粗糙度**

| 项目 | 管道类别 | 绝对粗糙度 $\varepsilon$/mm |
| --- | --- | --- |
| 金属管 | 无缝黄铜管、钢管及铝管 | $0.01 \sim 0.05$ |
| | 新的无缝铜管或镀锌铁管 | $0.1 \sim 0.2$ |
| | 新的铸铁管 | $0.3$ |
| | 有轻度腐蚀的无缝钢管 | $0.2 \sim 0.3$ |
| | 有显著腐蚀的无缝钢管 | $0.5$ 以上 |
| | 旧的铸铁管 | $0.85$ 以上 |
| 非金属管 | 干净玻璃管 | $0.0015 \sim 0.01$ |
| | 橡胶软管 | $0.01 \sim 0.03$ |
| | 木管道 | $0.25 \sim 1.25$ |
| | 陶土排水管 | $0.45 \sim 6.0$ |
| | 平整的水泥管 | $0.33$ |
| | 石棉水泥管 | $0.03 \sim 0.8$ |

流体做层流流动时，管壁上凹凸不平的地方都被有规则的流体层所覆盖，流体质点对管壁凸出部分不会有碰撞作用。所以，层流时，摩擦系数与管壁粗糙度无关，$\lambda$ 只与雷诺数 $Re$ 有关。通过理论推导，可以得到以下关系式：

$$\lambda = \frac{64}{Re} \tag{1-35}$$

当流体做湍流流动时，靠近管壁处总存在一层层流内层，如果层流内层的厚度 $\delta_b$ 大于壁面的绝对粗糙度，即 $\delta_b > \varepsilon$，此时管壁粗糙度对摩擦系数的影响与层流时相近。随着 $Re$ 的增大，层流内层的厚度减薄，当 $\delta_b < \varepsilon$ 时，壁面凸出部分便伸入湍流区内与流体质点发生碰撞，使湍流加剧，此时壁面粗糙度对摩擦系数的影响便成为重要的因素（图 1-26）。$Re$ 值越大，层流内层越薄，这种影响越显著。即湍流时的摩擦系数 $\lambda$ 与雷诺数 $Re$ 和管壁粗糙度都有关。

$$\lambda = f\left(Re, \frac{\varepsilon}{d}\right) \tag{1-36}$$

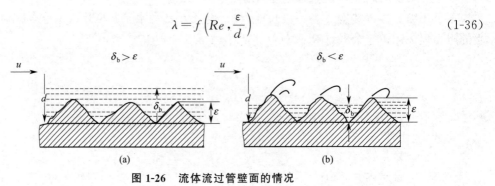

**图 1-26 流体流过管壁面的情况**

由于湍流时质点运动的复杂性，现在还不能从理论上推算 $\lambda$ 值，在工程计算中为了避免试差，一般是将通过实验测得的 $\lambda$ 与 $Re$ 和 $\frac{\varepsilon}{d}$ 的关系，以 $Re$ 为横坐标，以 $\lambda$ 为纵坐标，以 $\frac{\varepsilon}{d}$ 为参变量，标绘在双对数坐标纸上，如图 1-27 所示。

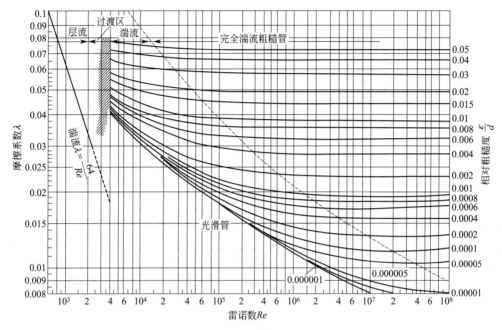

图 1-27　莫迪图

由图 1-27 可以看出，莫迪图可分为四个区。

① 层流区（$Re \leqslant 2000$）　$\lambda$ 与管壁粗糙度无关，与 $Re$ 成直线关系，且随 $Re$ 增大而减小。对圆形管道表达这一关系的方程即为 $\lambda = \dfrac{64}{Re}$。

② 过渡区（$2000 < Re < 4000$）　在此区域内层流或湍流的 $\lambda$-$Re$ 曲线都可使用，但为了安全起见，一般将湍流时的曲线延伸，以查取 $\lambda$ 值。

③ 湍流光滑区（$Re \geqslant 4000$ 及图 1-27 中虚线以下的区域）　在此区域内，$\lambda$ 不仅与 $Re$ 有关，而且还与 $\frac{\varepsilon}{d}$ 有关。当 $\frac{\varepsilon}{d}$ 一定时，$\lambda$ 随 $Re$ 增大而减小；当 $Re$ 一定时，$\lambda$ 随 $\frac{\varepsilon}{d}$ 的增大而增大。

④ 湍流粗糙区（$Re \geqslant 4000$ 及图 1-27 中虚线以上的区域）　在此区域内，发现各条 $\lambda$-$Re$ 曲线趋于水平线，即 $\lambda$ 仅与 $\frac{\varepsilon}{d}$ 有关，而与 $Re$ 无关。也就是说流动处于该区域时，对于一定的管路，$\frac{\varepsilon}{d}$ 为定值，$\lambda$ 为一常数。显然，在此区域内流体的流动阻力与流速 $u$ 的平方成正比，所以该区域又称为阻力平方区或者完全湍流区。

应用莫迪图查取 $\lambda$ 的方法为：从已求得的 $Re$ 处作横坐标的垂线，与该管道相对粗糙度对应的曲线交于一点，过该点作横坐标的平行线，向左与表示 $\lambda$ 的纵坐标轴相交，该交点的值即为所求管道流动的摩擦系数 $\lambda$。

化工生产中由于工艺需要会有一些非圆形的管道和设备，流体在这些管道和设备中流动时，其阻力计算中涉及 $Re$、$\dfrac{\varepsilon}{d}$、$\dfrac{l}{d}$ 中 $d$ 的确定问题，工程中习惯用当量直径 $d_e$ 来代替。当量直径 $d_e$ 由以下公式确定：

$$d_e = 4 \times \frac{\text{流道的流通面积}}{\text{润湿周边长度}} = 4\frac{A}{\Pi} \tag{1-37}$$

对于截面为边长 $a$ 和 $b$ 的矩形管子，其当量直径 $d_e$ 为：

$$d_e = 4 \times \frac{ab}{2(a+b)} = \frac{2ab}{a+b} \tag{1-38}$$

对于套管，若大管内径为 $D_i$，小管外径为 $d_o$。两个管子之间的环隙的当量直径 $d_e$ 为：

$$d_e = 4 \times \frac{\dfrac{\pi}{4}(D_i^2 - d_o^2)}{\pi(D_i + d_o)} = D_i - d_o \tag{1-39}$$

对于流体在非圆形直管内做层流流动的 $\lambda$ 的计算，可用圆形直管内的 $\lambda$ 计算公式：

$$\lambda = \frac{64}{Re}$$

写成下面的一般表达式：

$$\lambda = \frac{C}{Re} \tag{1-40}$$

式中，$C$ 为一常数。不同截面形状的管子 $C$ 值不同，某些常见的非圆形管的 $C$ 值见表 1-3。

表 1-3　某些常见的非圆形管的 $C$ 值

| 管截面形状 | 正方形 | 等边三角形 | 环形 | 长方形(长∶宽=2∶1) | 长方形(长∶宽=4∶1) |
|---|---|---|---|---|---|
| $C$ | 57 | 53 | 96 | 62 | 73 |

（2）局部阻力计算　流体在流动中由于流速的大小和方向发生变化而引起的阻力称为形体阻力，而流体与管壁间由于黏性而引起的阻力称为摩擦阻力。当流体流经管路上的阀门、管件、管入口、管出口处时，必然发生流体的流速和方向的突然变化，流动受到干扰、冲击或引起边界层分离，产生漩涡并加剧湍动，使流动阻力显著增加，这类流动阻力统称为局部阻力，其中形体阻力占主要地位。

局部阻力一般有两种计算方法：阻力系数法和当量长度法。

① 阻力系数法　阻力系数法是将局部阻力表示为动能的某一倍数：

$$h_f' = \zeta \frac{u^2}{2} \tag{1-41}$$

式中　$h_f'$——局部阻力，J/kg；

　　　$\zeta$——局部阻力系数，量纲为 1；

　　　$u$——管内流体的平均流速，m/s。

局部阻力系数一般由实验测定，某些常见的管件和阀门的局部阻力系数列于表 1-4。

当管件截面积发生骤然变化时，上式中的 $u$ 采用较小截面处的流速。

表 1-4　常见管件和阀门的局部阻力系数

| 序号 | 名称 | | ζ 值 | 序号 | 名称 | | ζ 值 |
|---|---|---|---|---|---|---|---|
| 1 | 标准弯头 | 45° | 0.35 | 8 | 标准<br>截止阀 | 全开 | 6.4 |
| | | 90° | 0.75 | | | 1/2 开 | 9.5 |
| 2 | 90°方形弯头 | | 1.3 | 9 | 90°角阀 | | 5 |
| 3 | 180°回弯头 | | 1.5 | 10 | 盘式水表 | | 7 |
| 4 | 活管接 | | 0.4 | 11 | 闸阀 | 全开 | 0.17 |
| 5 | 突然扩大<br>$A_1u_1 \quad A_2u_2$ | | $\zeta=(1-A_1/A_2)^2$ | | | 3/4 开 | 0.9 |
| | | | | | | 1/2 开 | 4.5 |
| | | | | | | 1/4 开 | 24 |
| 6 | 突然缩小<br>$A_1u_1 \quad A_2u_2$ | | $\zeta=0.5(1-A_2/A_1)$ | 12 | 单向阀 | 摇摆式 | 2 |
| | | | | | | 球形式 | 70 |
| | | | | | | 升降式 | 1.2 |
| 7 | 管道流入大容器的出口 | | 1 | 13 | 容器流入管道口 | | 0.5 |

② 当量长度法　该方法是把流体流过管件、阀门所产生的局部阻力折算成相当于流体流过直径相同的长度为 $l_e$ 的直管所产生的直管阻力，$l_e$ 称为当量长度。局部阻力可表示为：

$$h'_f=\lambda \frac{\sum l_e}{d}\times \frac{u^2}{2} \tag{1-42}$$

当量长度 $l_e$ 可查表 1-5 或者有关手册中的当量长度共线图（图 1-28）。

表 1-5　常用管件、阀门及流量计等以管径计的当量长度

| 序号 | 名称 | | $l_e/d$ | 序号 | 名称 | | $l_e/d$ |
|---|---|---|---|---|---|---|---|
| 1 | 标准弯头 | 45° | 15 | 10 | 标准<br>截止阀 | 全开 | 300 |
| | | 90° | 30~40 | | | 1/2 开 | 475 |
| 2 | 90°方形弯头 | | 60 | 11 | 标准式角阀全开 | | 145 |
| 3 | 180°回弯头 | | 50~75 | 12 | 带有滤水器的底阀 | | 420 |
| 4 | 活接头 | | 2 | 13 | 闸阀 | 全开 | 7 |
| 5 | 三通 | | 40~90 | | | 3/4 开 | 40 |
| 6 | 蝶阀(6″以上)(全开) | | 20 | | | 1/2 开 | 200 |
| 7 | 文氏流量计 | | 12 | | | 1/4 开 | 800 |
| 8 | 转子流量计 | | 200~300 | 14 | 单向阀 | 摇摆式 | 100 |
| 9 | 盘式水表 | | 400 | | | 升降式 | 60 |

注意：管路出口处动能和能量损失只能取一项。当截面选在出口内侧时取动能，截面选在出口处外侧时取能量损失（ζ=1）。不管突然扩大，还是突然缩小，u 均取细管中的流速。

（3）管路系统中的总能量损失　管路系统中的总能量损失包括全部直管阻力损失和局部阻力损失。当管路直径不变时，管路系统的总能量损失可按以下两式进行计算：

$$\sum h_f=\lambda \frac{l+\sum l_e}{d}\times \frac{u^2}{2} \tag{1-43}$$

$$\sum h_f=\left(\lambda \frac{l}{d}+\sum \zeta\right)\times \frac{u^2}{2} \tag{1-44}$$

压力降为:

$$\Delta p_{f} = \rho \sum h_{f} \tag{1-45}$$

当管路由不同直径的管段组成时，由于各段流速不同，此时管路系统的总能量损失需要分段计算，然后求和。

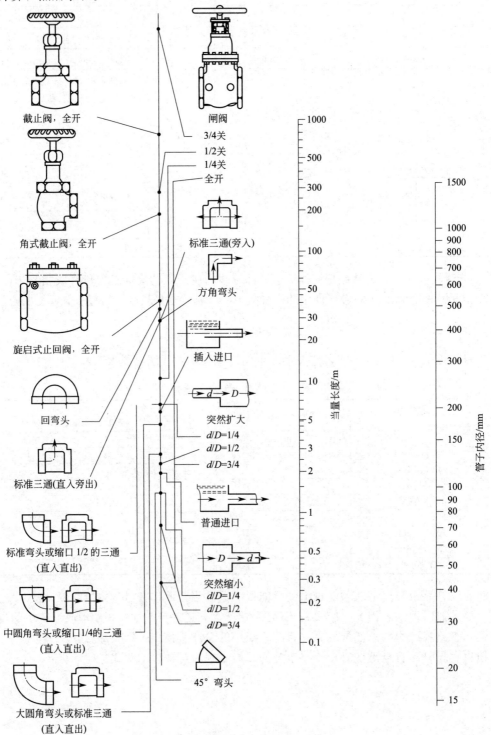

**图 1-28  管件与阀门的当量长度共线图**

**【例题 1-8】** 水在 $\phi 38mm \times 1.5mm$ 的水平钢管内流过，流速为 $2m/s$，温度为 $20℃$，管长为 $100m$，管子的绝对粗糙度为 $0.3mm$。试求直管阻力和压力降。

**解** 查手册得 $20℃$ 水的密度为 $998.2kg/m^3$，黏度为 $1.0042 \times 10^{-3}$ Pa·s。

$$Re = \frac{du\rho}{\mu} = \frac{0.035 \times 2 \times 998.2}{1.0042 \times 10^{-3}} = 69582 > 4000$$

水在管子中的流动形态为湍流。

管子的相对粗糙度为： $\varepsilon/d = 0.3/35 = 0.0086$

查莫迪图得 $\lambda = 0.037$。

$$h_f = \lambda \frac{l}{d} \times \frac{u^2}{2} = 0.037 \times \frac{100}{0.035} \times \frac{2^2}{2} = 211.43(J/kg)$$

$$\Delta p_f = \rho h_f = 998.2 \times 211.43 = 211(kPa)$$

**【例题 1-9】** 从 A 到 B 一段管路，直管长度为 $10m$，管内径为 $100mm$，摩擦系数为 $0.042$，管路上装有两个 $90°$的标准弯头，一个全开的截止阀。若通过的流量为 $0.025m^3/s$，试求该段管路的总压头损失。

**解** 流体的流速： $u = \frac{V_s}{A} = \frac{0.025}{\frac{\pi}{4} \times 0.1^2} = 3.18(m/s)$

直管阻力： $h_f = \lambda \frac{l}{d} \times \frac{u^2}{2} = 0.042 \times \frac{10}{0.1} \times \frac{3.18^2}{2} = 21.24(J/kg)$

查手册得 $90°$的标准弯头 $\zeta = 0.75$，全开的截止阀 $\zeta = 6.4$。

所有的局部阻力为： $h_f' = \zeta \frac{u^2}{2} = (2 \times 0.75 + 6.4) \times \frac{3.18^2}{2} = 39.94(J/kg)$

该段管路的总压头损失： $H_f = \frac{\sum h_f}{g} = \frac{21.24 + 39.94}{9.81} = 6.24(m)$

## 想一想

实际生产过程中，为降低流体输送成本，要尽可能地降低流体流动的阻力，我们可以从哪些方面采取措施呢？

### 1.3.4.4 降低管路系统流动阻力的措施

流体流动时为了克服流动阻力需要消耗一部分能量，流动阻力越大，消耗的能量越多。因此，流动阻力的大小关系到生产的能耗和成本，为此应采取措施降低流体流动阻力。具体措施如下：

① 在满足工艺要求的前提下，合理布局，尽量减小管长 $l$；管路少拐弯，少装不必要的管件、阀门；尽量避免管路直径的突变，管子入口可以采用流线型的进口；对弯管可以在弯道内安装呈流线月牙形的导流叶片等。

② 适当加大管径 $d$；尽量选用光滑管；对于铸铁管，内壁面应清砂和清除毛刺；对于焊接管道，内壁面应清除焊瘤，以减小 $\varepsilon$。

③ 工艺允许的情况下，在被输送液体中加入减阻剂。

④ 高黏度液体长距离输送时，可采用蒸汽伴热或强磁场处理，以降低黏度。

但是有时候为了某工程目的，需人为造成局部阻力或加大流体的湍动（如液体搅拌、传热传质过程的强化等）。

# 任务 1.4　流体流动参数的测量

## 任务要求

1. 掌握常见的液位测量仪表的结构、工作原理及适用场合；
2. 掌握常见的压强与压强差测量仪表的结构、工作原理及适用场合；
3. 掌握常见的流速与流量测量仪表的结构、工作原理及适用场合。

### 1.4.1　液位测量

液位是指液体在容器或设备内液面的高度。在化工生产中，经常需要掌握和控制各类容器中的液位。测量液位的常用仪器有：玻璃管液位计、浮球液位计、磁翻柱液位计、超声波液位计、雷达液位计等。

#### 1.4.1.1　玻璃管液位计

玻璃管液位计（图 1-29）是一种直读式液位测量仪表。其主要结构为一玻璃管，管的上下两端通过针形阀分别与容器上下两部分相连，当玻璃管发生意外事故而破碎时，针形阀在容器压力作用下自动关闭，以防容器内介质继续外流。

码1-5　玻璃管
液位计结构及
工作原理

微课扫一扫

它是运用静止的同一液体连通器内，同一水平面上，各点压强相等的原理进行液位的测量。容器内液位的高低即在玻璃管内显示出来。这种液位计结构简单、测量直观、使用方便，但玻璃管易破损，测量值不便于远程传输，所以多应用于中、小型容器的液位测量。

图 1-29　玻璃管液位计

图 1-30　浮球液位计

#### 1.4.1.2　浮球液位计

浮球液位计（图 1-30）由磁浮球、插杆等组成。它通过连接法兰安装于容器顶上，浮球排开液体而浮于液面，当容器的液位变化时浮球也随着上下移动，由于磁性作用，浮球液位计的干簧受磁性吸合，把液面位置变化转换为电信号，通过显示仪表用数字显示液体的实际位置，从而达到液面的远距离检测和控制。

浮球液位计具有结构简单、调试方便、可靠性好、精度高等特点。浮球液位计可广泛适用于高温、高压、黏稠、脏污介质，沥青、含蜡等油品，以及易燃、易爆、有腐蚀性等介质的液位（界位）的连续测量。

### 1.4.1.3　磁翻柱液位计

磁翻柱液位计是根据浮力原理和磁性耦合作用研制而成的，也称为磁浮子液位计。其基本结构如图 1-31 所示，它有一容纳浮子的浮筒，通过法兰与容器组成一个连通器。浮子一般制作成空心球，在浮球沉入液体与浮出部分的交界处安装了磁钢，密封的浮子看起来像一个 360° 的磁环。在浮筒的外面装有翻柱显示器，标准的液位显示器管由玻璃制成，显示器管内有磁性浮标——翻柱，它与浮筒内的浮子组成一对磁性系统，里面充有惰性气体并密封。

微课扫一扫

码1-6　磁浮子
液位计结构及
工作原理

**图 1-31　磁翻柱液位计**

当被测容器中的液位升降时，浮筒内的磁性浮子也随之升降，浮子内的永久磁钢通过磁耦合传递到磁翻柱指示器，驱动红、白翻柱翻转 180°，当液位上升时翻柱由白色转变为红色，当液位下降时翻柱由红色转变为白色，指示器的红白交界处为容器内部液位的实际高度，从而实现液位的清晰指示。

磁翻柱液位计分为基本型、远传型与控制型。

控制型是在磁翻柱液位计的基础上增加了磁控开关，在监测液位的同时，磁控开关信号可用于对液位进行控制或报警；远传型是在翻柱液位计的基础上增加了 4～20mA 变送传感器，在现场监测液位的同时，液位的变化通过变送传感器、线缆及仪表传到控制室，实现远程监测和控制。

磁翻柱液位计是以磁性浮子驱动双色磁翻柱指示液位的，可用于各种塔、罐、槽、球形容器和锅炉等设备的液位检测。磁翻柱液位计可以做到高密封、防泄漏，且适用于高压、高温、腐蚀性条件下的液位测量，具有可靠的安全性，它弥补了玻璃管液位计指示不清晰、易破碎的不足，不受高、低温度剧变的影响，不需多组液位计的组合，全过程测量无盲区，显示醒目，读数直观，且测量范围大，特别是现场指示部分，由于不与液体介质直接接触，所以对高温、高压、高黏度、有毒有害、强腐蚀性介质更显其优越性。它比传统的玻璃管液位计具有更高的可靠性、安全性、先进性、适用性。它适用于冶金、石油、化工、环保、造纸、制药、印染、食品等行业的液位的连续测量与控制。

### 1.4.1.4　超声波液位计

超声波液位计（图 1-32）是由微处理器控制的数字液位仪表，主要由三部分组成：超声波换能器、处理单元、输出单元。

在测量过程中超声波脉冲信号由超声波换能器（传感器）发出，声波经液体表面反射后被同一传感器接收，通过压电晶体或磁制伸缩器件转换成电信号，并由声波的发射和接收之间的时间来计算传感器到被测液体表面的距离。声波的传播时间与声波发出到物体表面的距离成正比。

声波传输距离 $S$ 与声速 $C$ 和声波传输时间 $T$ 的关系可用公式表示：

$$S = CT/2 \tag{1-46}$$

由于采用非接触的测量，被测介质几乎不受限制，可广泛用于各种液体和固体物料高度的测量。

**图 1-32　超声波液位计**

超声波液位计具有价格低、体积小、质量轻等优点，可用于食品、化工、半导体等行业对液体和散装固体非接触式物位测量，可用于远程物位监控和泵的控制。

安装时应注意：应垂直安装于测定物表面，避免用于测量泡沫性质物体，避免安装于距测量物体表面距离小于盲区距离（盲区：每台产品会有一个标准，据产品说明得知）的位置，应考虑避开阻挡物质，不与管口和容器壁相遇，检测大块固体物应调整探头方位，减小测量误差。

### 1.4.1.5　雷达液位计

雷达液位计（图 1-33）是以时域反射原理为基础的液位计。雷达液位计的电磁脉冲以光速沿钢缆或探棒传播，当遇到被测介质表面时，雷达液位计的部分脉冲被反射形成回波并沿相同路径返回到脉冲发射装置，发射装置与被测介质表面的距离与脉冲在其间的传播时间成正比，经计算得出液位高度。

雷达液位计适用于对液体、浆料及颗粒料的物位进行非接触式连续测量，适用于温度、压力变化大，有惰性气体及液体挥发的场合。

## 1.4.2　压强、压强差的测量

**图 1-33　雷达液位计**

在化工生产或实验中，经常遇到液体静压强的测量问题。用于测量流体中某点的压强或某两点间的压强差（压差）的仪表很多，按工作原理不同可分为：液柱式、弹簧管式和传感器式三种形式。

### 1.4.2.1　液柱式

液柱式测压仪表是基于流体静力学原理设计的，是把被测压强转换成液柱高度进行测量的仪表。其结构比较简单，精度较高，既可用于测量流体的压强，也可用于测量流体的压差。液柱式测压仪表的基本形式有普通 U 形管压差计（图 1-34）、微差压差计等。

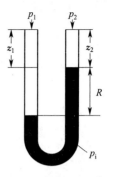

（1）普通 U 形管压差计　普通 U 形管压差计是由两头开口粗细均匀的 U 形玻璃管、带有刻度的标尺、指示剂三部分组成。要求指示剂与被测流体不互溶，不起化学反应，且其密度大于被测流体的密度。常用指示剂有水、水银、四氯化碳等。将装有指示剂的 U 形玻璃管两端连接到两个测压点上，当两个测压点压强不相同时，U 形玻璃管内的指示剂液面便产生高度差 $R$，根据流体静力学方程可知：

$$p_1 + \rho g z_1 + \rho g R = p_2 + \rho g z_2 + \rho_i g R \qquad (1\text{-}47)$$

**图 1-34　普通 U 形管压差计**

由于被测管端水平放置，$z_1 = z_2$，上式简化为：

$$\Delta p = p_1 - p_2 = (\rho_i - \rho)gR \qquad (1\text{-}48)$$

式中　$\rho_i$——U 形玻璃管中指示剂的密度，$kg/m^3$；

　　　$\rho$——管路中被测流体的密度，$kg/m^3$；

　　　$R$——U 形玻璃管中指示剂两端的高度差，m；

　　　$\Delta p$——被测两点的压差，Pa。

若 U 形管一端与某气体设备或管道连接（此气体的密度远远小于指示剂密度），另一端通大气，此时普通 U 形管压差计的读数反映的是被测设备或管道的某一截面处流体的绝对压强与大气压强之差，即为表压强或者是真空度。

$$\Delta p = p_1 - p_0 = p_{1\text{表}} = (\rho_i - \rho)gR \approx \rho_i gR \qquad (1\text{-}49)$$

或者

$$\Delta p = p_0 - p_2 = p_{2\text{真}} = (\rho_i - \rho)gR \approx \rho_i gR \qquad (1\text{-}50)$$

式中，$p_0$ 为大气压强，Pa。

普通 U 形管压差计所测压差或压强一般在大气压附近较小的范围内，其特点是结构简单，测量准确，价格便宜。但玻璃管易碎，不耐高压，读数不方便。

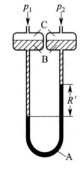

（2）微差压差计　若测量的压差较小，则普通 U 形管压差计的读数 $R$ 也很小，有时难以准确读出 $R$ 值。为了把读数放大，除了可以选择密度与被测流体密度相接近的指示剂之外，还可以采用如图 1-35 所示的微差压差计。其特点：压差计内装有两种密度相近且不互溶的指示剂 A 和 B，且指示剂 B 与被测流体不互溶；为了读数方便，在 U 形玻璃管的两端装有扩大室。扩大室的截面积比 U 形玻璃管的截面积大得多，这样可使指示剂 A 的液面差很大，而扩大室内指示剂 B 的液面仍维持等高。则压差计算如下：

$$\Delta p = p_1 - p_2 = (\rho_A - \rho_B)gR' \qquad (1\text{-}51)$$

**图 1-35　微差压差计**

通过上式可知，选择合适的 A、B 两种指示剂，使其密度差很小，则其读数可比普通 U 形管压差计放大很多倍。微差压差计主要用于测量气体的微小压差。工业上常用的双指示剂有石蜡油与工业酒精、苯甲醇与氯化钙溶液等。

### 1.4.2.2　弹簧管式

测量压力的仪表很多，在化工生产中最常见的是弹簧管式。

弹簧管压力表（图 1-36）的主要组成部分为一弯成圆弧形的弹簧管，管的横截面为椭圆形。作为测量元件的弹簧管一端固定起来，并通过接头与被测介质相连；另一端封闭，为自由端。自由端与连杆和扇形齿轮相连，扇形齿轮又和机心齿轮啮合组成传动放大装置。弹簧管压力表通过表内的敏感元件弹簧管的弹性形变，再由表内机芯的转换机构将压力形变传导全指针，引起指针转动来显示压力。

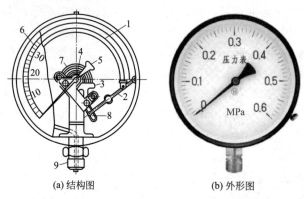

(a) 结构图　　　　　　(b) 外形图

**图 1-36　弹簧管压力表**

1—弹簧管；2—拉杆；3—扇形齿轮；4—机心齿轮；
5—指针；6—面板；7—游丝；8—调整螺钉；9—接头

　　弹簧管压力表属于就地指示型压力表，不带远程传送显示、调节功能。它适用于测量无爆炸、不结晶、不凝固、对铜和铜合金无腐蚀作用的液体、气体或蒸汽的压力。

　　根据测量范围的不同，弹簧管压力表可分为压力表、真空表和压力真空表。

### 1.4.2.3　传感器式

　　传感器式测压仪表（图 1-37）是利用金属或半导体的物理特性直接将压力转换为电压、电流信号或频率信号输出，或是通过电阻应变片等将弹性体的形变转换为电压、电流信号输出。代表性产品有压电式、压阻式、振频式、电容式和应变式等压力传感器所构成的电测式压力测量仪表。

　　随着工业技术的发展和工业计算机控制系统的广泛应用，各种新型的压力传感器将得到更大的发展。它们可以输出电阻、电流、电压或频率等信号，以适应各种不同应用场合的需要，并可与测量线路和信号测量装置组成压力测量控制系统。常见的信号测量装置有电流表、电压表、应变仪以及计算机等。有时，在这类测量系统中还需要加入辅助电源。这类压力传感器正向小型化和数字化方向发展。利用压阻效应、压电效应或其他物理特性的压力传感器正在和集成电路技术、数字技术相结合，直接把压力转换为数字信号输出。

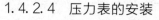

**图 1-37　传感器式测压仪表**

### 1.4.2.4　压力表的安装

　　（1）测压点的选择　测压点选择的好坏，直接影响测量结果。测压点必须能反映被测压力的真实情况。一般选择与被测介质呈直线流动的管段部分，且使测压点与流动方向垂直。测液体压力时，测压点应在管道下部；测气体压力时，测压点应在管道上方。

　　（2）导压管的铺设　导压管要粗细合适，在铺设时应便于压力表的保养和信号传递。在测压点到仪表之间应加装切断阀。当遇到被测介质易冷凝或冻结时，必须加保温伴热管线。

（3）压力表的安装 压力表安装时，应便于观察和维修，尽量避免振动和高温影响。应根据具体情况，采取相应的防护措施，如图 1-38 所示。

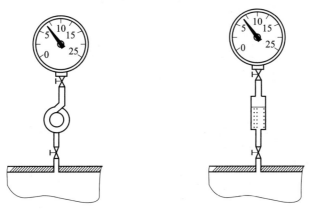

(a) 压力表前加装凝汽管(测量蒸汽时)　　　(b) 压力表前加装隔离罐(测量腐蚀性介质时)

**图 1-38　压力表安装示意图**

## 🔖 想一想

实训场所见到的压力测量仪表的安装方式有哪些？

### 1.4.3　流速、流量的测量

流速、流量的测量是化工生产操作控制的需要。测量装置类型很多，下面介绍几种典型的测量装置。

#### 1.4.3.1　流速的测量

码1-7　测速计工作原理

流速的测量采用测速管，测速管又称毕托管（图 1-39）。它是由两根弯成直角的同心套管所组成，外管的管口是封闭的，在外管前端壁面四周开有若干测压小孔，为了减小误差，测速管的前端经常做成半球形以减少涡流。测量时，测速管可以放在管截面的任一位置上，并使其管口正对着管道中流体的流动方向，外管与内管的末端分别与液柱压差计的两端相连接。

测速管的内管测得的为管口所在位置 $A$ 的局部流体动能和静压能之和，称为冲压能，即：

$$\frac{p_A}{\rho}=\frac{p}{\rho}+\frac{u^2}{2}\qquad(1\text{-}52)$$

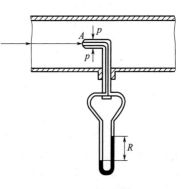

测速管的外管前端壁面四周的测压孔口与管道中流体的流动方向相平行，测得的是流体的静压能，即 $\frac{p}{\rho}$。

如果 U 形管压差计的读数是 $R$，指示液与工作流体的密度分别为 $\rho_i$ 与 $\rho$。测量点的冲压能与静压能之差为动能，即：

**图 1-39　毕托管**

$$\frac{p_A}{\rho} - \frac{p}{\rho} = \frac{u^2}{2} = \frac{(\rho_i - \rho)gR}{\rho} \qquad (1\text{-}53)$$

则：

$$u = \sqrt{\frac{2(\rho_i - \rho)gR}{\rho}} \qquad (1\text{-}54)$$

考虑到毕托管尺寸和制造精度等原因，将上式适当修正，得：

$$u = C\sqrt{\frac{2(\rho_i - \rho)gR}{\rho}} \qquad (1\text{-}55)$$

式中，$C$ 为毕托管校正系数，由实验测定，$C = 0.98 \sim 1$。对于标准的测速管，$C = 1$。非标准管估算时，可认为 $C \approx 1$。

测速管所测的速度是管路中管道截面上某一点的轴向速度。欲得到管截面上的平均流速，可将测速管口放置于管道的中心线上，测量流体的最大流速 $u_{max}$，然后利用图 1-40 的 $u/u_{max}$ 与按最大流速计算的雷诺数 $Re_{max}$ 的关系曲线，计算管截面的平均流速 $u$。图中的 $Re_{max} = \dfrac{du_{max}\rho}{\mu}$，$d$ 是管道内径。

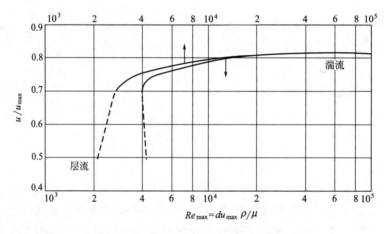

**图 1-40  $u/u_{max}$ 与 $Re$、$Re_{max}$ 的关系**

用毕托管测流体速度时，在毕托管的前后均应保证一定的直管长度，以保证测量截面的流速达到正常的稳定分布，前后稳定段的长度要求最好在 50 倍管径以上。

为减小测量误差，毕托管必须按标准设计，精密加工，正确安装。毕托管管口截面必须垂直于流体流动方向。测速管的外径不大于被测管内径的 1/50，尽量减少对流体的干扰。

测速管的优点是流动阻力小，适用于测量大直径管路中的气体流速。测速管测量的读数较小，常需配用微差压差计。当流体中含有固体杂质时，会将测压孔堵塞，故测速管适宜测量清洁流体。

#### 1.4.3.2  流量的测量

（1）孔板流量计  孔板流量计是一种广泛使用的节流式流量计，结构如图 1-41 所示，在管道中插入一块与管轴垂直的中央开有锐角圆孔的金属板，即孔板。孔板通过法兰固定于管道中，当管内流体流经孔口时，因流通截面积突然缩小，流速骤增，随着流体动能的增加，静压能必然降低。孔板流量计就是利用流经孔板前后流体产生的压差来进行流量测量的。流量越大，压差越大。

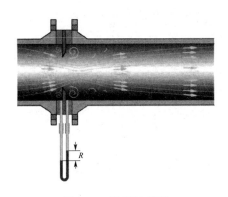

**图 1-41　孔板流量计**

由于流体惯性的作用，流体流过孔板后，流动截面积并不立即扩大到管道截面，而是继续收缩一定距离后才逐渐扩大到管道截面。流动截面积最小处称为"缩脉"。流体在"缩脉"处动能最大，静压能最小。

在孔板前后安装 U 形管压差计测量孔板前后的压差。在孔板前和"缩脉"之间列伯努利方程。由于"缩脉"的直径难以测量，U 形管压差计测量的是孔板前后的压差，所以就采用小孔处的流速代替"缩脉"处的流速。用孔板前后的压差代替孔板和"缩脉"之间的压差。此外，流体流经孔板时会产生一定的能量损失。综合以上的因素，由连续性方程和伯努利方程推导出的体积流量需进行校正，孔板流量计测量体积流量的具体公式如下：

$$V_S = C_0 A_0 \sqrt{\frac{2gR(\rho_{指} - \rho)}{\rho}} \tag{1-56}$$

式中　$V_S$——被测流体的体积流量，$m^3/s$；

$\quad\quad$ $C_0$——孔流系数，常用值为 $0.6 \sim 0.7$；

$\quad\quad$ $A_0$——孔板上小孔的截面积，$m^2$；

$\quad\quad$ $\rho$ ——被测流体的密度，$kg/m^3$；

$\quad\quad$ $\rho_{指}$——U 形管压差计中指示剂的密度，$kg/m^3$；

$\quad\quad$ $R$——U 形管压差计读数，m。

在孔板前后除了可装 U 形管压差计以外，还可安装差压变送器。差压变送器将测量信号转换成模拟信号输出，远传给流量积算仪，实现流体流量的计量。若是质量型流量计，则利用智能型差压变送器，对工况温/压进行自动补偿后，实现对流体质量流量的测量。带差压变送器的孔板流量计见图 1-42。

孔板流量计结构简单，准确度高，安装使用方便，可测量的介质有液体、气体、蒸汽，广泛应用于石油、化工、冶金、轻工、煤矿等方面，但流体流经孔口时能量损失较大，大部分的压降无法恢复而损失掉。

孔板流量计在安装时，要求其前后需有一定直管段作稳定段，通常要求上游直管长为 $15 \sim 40$ 倍管径，下游为 5 倍管径。

（2）文丘里流量计　为了克服流体流过孔板流量计能量损失较大的缺点，把孔板改制成如图 1-43 所示的渐缩渐扩管，大大减小流体流过时的阻

**图 1-42　带差压变送器的孔板流量计**

力损失，这种流量计称为文丘里流量计。

文丘里流量计的流量计算公式与孔板流量计类似，即：

$$V_S = C_V A_0 \sqrt{\frac{2gR(\rho_{指}-\rho)}{\rho}} \tag{1-57}$$

式中　$V_S$——被测流体的体积流量，$m^3/s$；

$C_V$——文丘里流量计流量系数，其值可由实验测定，一般取 0.98～1.0；

$A_0$——喉管的截面积，$m^2$；

$\rho$——被测流体的密度，$kg/m^3$；

$\rho_{指}$——U 形管压差计中指示剂的密度，$kg/m^3$；

$R$——U 形管压差计读数，m。

文丘里流量计能量损失小，但各部分尺寸要求严格，需要精细加工，所以造价较高。它适用于低压气体输送管道中的流量测量，安装时也必须保证足够的直管稳定段。

图 1-43　文丘里流量计

（3）转子流量计　转子流量计（图 1-44）是在自下而上逐渐扩大的垂直玻璃管内装有

图 1-44　转子流量计

一转子，当流量为零时，转子处于玻璃管底部。当流体以一定流量自下而上流过转子与玻璃管壁间的环隙时，由于转子上方截面积较大，环隙截面积较小，此处流速增大，压强降低，使转子上下两端产生压强差，对转子产生一个向上的推力，此力超过转子的重力与浮力之差时，转子上移，直到作用于转子的重力与浮力之差正好与转子上下两端的压强差相等时，转子处于平衡状态，即停留在一定的位置。这时读取转子停留位置玻璃管上的刻度，即知流体流量。流量越大，转子的平衡位置越高，故转子上升位置的高低可以直接反映流体流量的大小。

转子流量计读数方便，可以直接读出体积流量，阻力损失较小，测量范围较宽，对不同流体适应性较强，流量计前后不需要很长的稳定段。但玻璃管不能承受高温和高压，且易破碎，所以在选用时要注意使用条件，操作时要缓慢启闭阀门，以防转子突然升降而击碎玻璃管。转子流量计主要用于低压、小流量流体的测定。

转子流量计必须安装在垂直管路上，而且流体必须下进上出。为便于检修，管路上应设置旁路。

转子流量计的刻度是用 20℃的水或 20℃、101.3kPa 下的空气进行标定的。当被测流体与上述条件不符时，需要进行流量校核。

流量校核公式为：

$$\frac{V_{S_1}}{V_{S_2}} = \sqrt{\frac{\rho_1(\rho_f - \rho_2)}{\rho_2(\rho_f - \rho_1)}} \qquad (1-58)$$

式中　$V_{S_1}$——标定流体的体积流量，$m^3/s$；

　　　$V_{S_2}$——被测流体的体积流量，$m^3/s$；

　　　$\rho_1$——标定流体的密度，$kg/m^3$；

　　　$\rho_2$——被测流体的密度，$kg/m^3$；

　　　$\rho_f$——转子的密度，$kg/m^3$。

（4）涡轮流量计　涡轮流量计（图 1-45）的主要部件是涡轮，涡轮安装在轴承上，轴承通过支架固定在管道中心轴线上。在涡轮上下游的支架上装有呈辐射形的整流板，以对流体起导向作用，避免流体自旋而改变对涡轮叶片的作用角度。在涡轮上方机壳外部装有传感线圈，接收磁通变化信号。

**图 1-45　涡轮流量计**

涡轮流量计的工作原理：流体流经传感器壳体，由于涡轮的叶片与流向有一定的角度，流体的冲力使叶片具有转动力矩，克服摩擦力矩和流体阻力之后叶片旋转，在力矩平衡后转速稳定，在一定的条件下，转速与流速成正比，由于叶片有导磁性，它处于信号检测器（由永久磁钢和线圈组成）的磁场中，旋转的叶片切割磁力线，周期性地改变着线圈的磁通量，从而使线圈两端感应出电脉冲信号，此信号经过放大器放大整形，形成有一定幅度的连续的矩形脉冲波，可远传至显示仪表，显示出流体的瞬时流量和累计量。

微课扫一扫

码1-9　涡轮流量计结构及工作原理

涡轮流量计是一种速度式仪表，它具有精度高，重复性好，结构简单，运动部件少，耐高压，测量范围宽，体积小，质量轻，压强损失小，维修方便等优点。涡轮流量计用于封闭管道中测量低黏度气体的体积流量和总量，在石油、化工、冶金、城市燃气管网等行业中具有广泛的使用价值。

在国外液化石油气、成品油和轻质原油等的转运及集输站，大型原油输送管线的首末站都大量采用它进行贸易结算。在欧洲和美国等地，涡轮流量计是仅次于孔板流量计的天然气计量仪表。

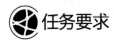 想一想

实训场所可以见到哪些流量测量仪表？

# 任务 1.5　流体输送设备及其操作

## 🌀 任务要求

1. 掌握离心泵的结构、工作原理、适用场合及正确操作方法；

2. 掌握往复泵、齿轮泵、螺杆泵与旋涡泵的结构、工作原理、适用场合及操作注意事项;

3. 了解各种常见的气体输送设备的结构、工作原理及适用场合。

前已述及流体输送方式有四种:高位槽送料、真空抽料、压缩气体压料以及流体输送设备送料。其中流体输送设备送料在化工生产过程中最为常见。根据流体性质的不同,可将流体输送设备分为液体输送设备和气体输送设备两大类。

### 1.5.1 液体输送设备

液体输送设备统称为泵,根据工作原理的不同可分为离心式、往复式、旋转式和流体作用式。其中离心式在化工生产中最为常见。

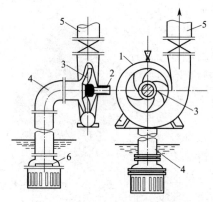

**图 1-46　单级离心泵结构简图**
1—泵壳;2—泵轴;3—叶轮;
4—吸入管;5—排出管;6—单向底阀

#### 1.5.1.1 离心泵

(1) 离心泵的结构和工作原理　图 1-46 是一台单级离心泵的结构简图。蜗牛形的泵壳内有一叶轮,叶轮上有 6～12 片叶片,叶片之间构成了液体的通道。叶轮安装在由原动机带动的泵轴上。泵壳上有两个接口,在泵壳轴心处的接口连接液体吸入管,在泵壳切线方向对应接口连接液体排出管。

离心泵在启动前需向泵壳内灌满被输送的液体,这种操作简称为灌泵。泵启动后,泵轴带动叶轮以及其中的液体一起高速旋转,在离心力的作用下,液体从叶轮中心被抛向外缘的过程中便获得了动能和静压能。获得机械能的液体离开叶轮后进入蜗壳,由于蜗壳的通道截面积是逐渐增大的,液体在蜗壳内向出口处流动时,大部分动能被转换为静压能,在泵出口处静压能达到最大,压强最大,液体被压入排出管路,输送到所需场所。此外,当液体被叶轮从中心抛向外缘时,在叶轮中心处形成低压区,当吸入管两端形成一定的压强差时,液体就被源源不断地吸入泵壳内,只要叶轮不断地转动,液体就可以连续不断地被吸入和排出。

微课扫一扫

码1-10　离心泵结构及工作原理

离心泵启动前泵壳内一定要灌满被输送的液体。否则泵壳内存有空气,由于空气密度远小于液体的密度,产生的离心力小,导致不能在叶轮中心处形成必要的低压,泵的吸入管两端压差很小,不能将液体吸入泵内,此时泵只能空转而不能输送液体。这种由于泵壳内存有气体而造成离心泵不能吸液的现象称为"气缚"。为了使在灌泵或短期停泵时液体不会从吸入管口流出,常在吸入管底端安装一个带有滤网的单向底阀。

(2) 离心泵的主要部件　离心泵的主要部件为叶轮、泵壳和轴封装置。

① 叶轮　叶轮是离心泵的核心部件,叶轮上有 6～12 片后弯的叶片。其作用是将原动机的机械能传给液体。按叶片两侧是否有盖板可将其分为开式、半开式、闭式三种类型。如图 1-47 所示,开式叶轮两侧无盖板,结构简单,但效率低,适用于输送含有固体悬浮物的液体。半开式叶轮没有前盖板而只有后盖板,效率较低,适用于输送易沉淀或含有固体颗粒的液体。闭式叶轮两侧都有盖板,效率高,适用于输送不含杂质的清洁液体。化工生产中的离心泵多用闭式叶轮。

　　闭式或半开式叶轮在工作时，离开叶轮的高压液体，有一部分漏入叶轮后侧，而叶轮前侧是液体入口的低压区，这样液体作用于叶轮前后两侧的压力不等，必然产生一个将叶轮向流体吸入口方向推压的力，称为轴向推力。在轴向推力的作用下，叶轮向吸入口侧窜动，引起叶轮与泵壳接触处磨损，严重时发生振动。为了平衡轴向推力，在叶轮的后盖板上钻小孔，把后盖板前后的空间连通起来，此小孔称为平衡孔。有了平衡孔，能使一部分高压液体泄漏到低压区，减小叶轮两侧的压差，从而起到消除一部分轴向推力的作用，但同时也会降低泵的效率。

　　按照吸液方式的不同，叶轮分为单吸和双吸两种，如图 1-48 所示。单吸叶轮的结构简单，液体只能从叶轮一侧被吸入；而双吸叶轮，则液体可同时从叶轮两侧吸入，它不仅具有较大的吸液能力，而且基本上消除了轴向推力。

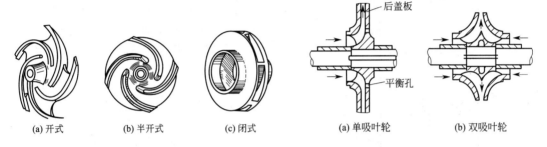

|  |  |  |  |  |
|---|---|---|---|---|
| (a) 开式 | (b) 半开式 | (c) 闭式 | (a) 单吸叶轮 | (b) 双吸叶轮 |

图 1-47　叶轮类型　　　　　　　　　图 1-48　叶轮的吸液方式

　　根据叶轮上叶片的几何形状，可将叶片分为后弯、径向和前弯三种，由于后弯叶片有利于液体的动能转换为静压能，故而被广泛采用。

　　② 泵壳　泵壳又称蜗壳，它是汇集叶轮出口已获得能量的液体，并利用逐渐扩大的蜗壳形通道，将液体的一部分动能转换为静压能的转能装置。为了减小转换过程中的能量损失，提高泵的效率，有的泵壳内装有固定不动的导轮，导轮的作用是引导液体逐渐改变方向和流速，使液体的部分动能均匀而缓和地转变为静压能。导轮的通道形状与叶轮的通道形状相似，只是弯曲方向相反。

　　③ 轴封装置　泵轴与壳之间的密封称为轴封，轴封的作用是防止泵内高压液体从泵壳内沿轴向外渗漏，或者外界空气沿轴漏入泵壳内。常用的轴封装置有填料密封和机械密封两种。

　　填料密封是离心泵中最常见的密封结构，如图 1-49 所示，主要由填料函壳、软填料和填料压盖等组成。软填料一般采用浸油或涂石墨的石棉绳，将石棉绳缠绕在泵轴上，然后将压盖均匀上紧。填料密封主要靠填料压盖压紧填料，并迫使填料产生变形，来达到密封的目的，故密封程度可由压盖的松紧加以调节。填料不可压得过紧，过紧虽能防止泄漏，但机械磨损加剧，功耗增大，严重时会造成发热、冒烟，甚至烧坏零件；也不可压得过松，过松起不到密封作用。合理的松紧为液体慢慢从填料函中呈滴状渗出为宜。

　　机械密封（图 1-50）主要密封元件是装在轴上随轴旋转的动环和固定在泵体上的静环。机械密封是靠动环和静环端面间的紧密贴合来实现的。两端面之所以能始终紧密贴合，是借助于压紧弹簧，通过推环来实现的。动环硬度较大，常用钢、硬质合金等，静环一般由浸渍石墨、酚醛塑料等制成。在正常操作时，通过调整弹簧的压力，可使动、静两环端面间形成一层薄薄的液膜，造成了很好的密封和润滑条件，在运行中几乎不漏。

　　机械密封和填料密封相比较，具有以下优点：密封性能好，使用寿命长，轴不易被磨损，功率消耗少。其缺点是加工精度高，结构复杂，造价高，对安装的技术要求比较严格，装卸和更换零件比较麻烦。

（3）离心泵的性能参数　离心泵的主要性能参数包括流量、扬程、功率和效率等，这些参数在泵出厂时会标注在铭牌或产品说明书上，供使用者参考。

① 流量　即泵的送液能力，是指离心泵在单位时间内排到管路系统的液体体积，用 $Q$ 表示，单位为 $m^3/s$ 或 $m^3/h$。离心泵的流量大小与泵的结构、叶轮直径和转速有关，操作时可在一定范围内变动，实际流量由实验测定。

② 扬程　扬程又称为压头，是指 1N 液体经过泵后获得的有效能量，用 $H$ 表示，单位为米液柱。离心泵的扬程大小与泵的结构、叶轮直径、转速和流量有关。流量越大，扬程越小，两者之间的关系可由实验测定。

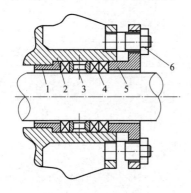

**图 1-49　填料密封**

1—内衬套；2—填料函壳；
3—液封圈；4—软填料；5—填料压盖；
6—压盖螺栓

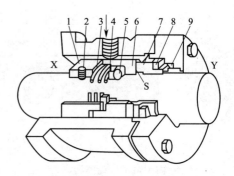

**图 1-50　机械密封**

1—传动座；2—螺钉；3—弹簧；4—压紧垫；
5—动环密封圈；6—动环；7—静环；
8—静环密封圈；9—泵轴；S—密封端面；
X—大气；Y—密封介质

③ 功率　离心泵运转时泵轴所需的功率称为轴功率，用 $N$ 表示，单位为 W 或者 kW。泵在运转时，由于机械摩擦损失、水力损失和容积损失消耗了一部分能量，使得泵轴所做的功大于液体所获得的能量。泵在单位时间内对输出液体所做的功称为有效功率，用 $N_e$ 表示。

$$N_e = \rho g Q H \tag{1-59}$$

④ 效率　离心泵的有效功率与轴功率之比，称为泵的总效率，用 $\eta$ 表示。

$$\eta = \frac{N_e}{N} \times 100\% \tag{1-60}$$

$\eta$ 值由实验测定。离心泵的效率与泵的类型、尺寸、加工精度、液体流量和性质等因素有关。通常小型泵效率为 50%～70%，大型泵可达 90%。

（4）离心泵的性能曲线　离心泵的流量、扬程、轴功率、效率之间的关系由实验测得，将实验数据描绘出的关系曲线称为离心泵的特性曲线，如图 1-51 所示。由于泵的特性曲线随泵的转速而改变，所以实验通常是在一定的转速下，用 101.325kPa、20℃ 的水作为实验介质。此曲线由泵的制造厂提供。

① $H-Q$ 曲线　表示离心泵的扬程和流量之间的关系。离心泵的扬程随流量增大而减小，这是离心泵的一个重要特性。

② $N-Q$ 曲线　表示离心泵的轴功率和流量之间的关系。离心泵的轴功率随流量的增大

而增大，流量为零时，轴功率最小。所以离心泵在开车时，应关闭泵的出口阀门，在流量为零的状态下启动，以保护电机。待电机运转到额定转速后，再逐渐打开出口阀门。

③ $\eta$-$Q$ 曲线　表示离心泵的效率和流量之间的关系。离心泵的效率随流量的增大先增大并达到一最大值，然后随流量增大而减小。说明离心泵在一定转速下有一最高效率点。泵在最高效率点下工作，最为经济。所以与最高效率点对应的流量、扬程和轴功率称为最佳工况参数，即离心泵铭牌上标注的性能参数。根据生产任务

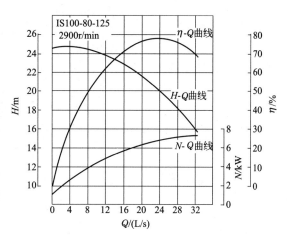

图 1-51　IS100-80-125 型离心泵特性曲线

选用离心泵时，应尽可能使泵在最高效率点附近工作，一般以工作效率不低于最高效率的 92% 为合理。

影响离心泵特性曲线的主要因素有：

① 液体密度　离心泵的流量、扬程、效率均与液体密度无关，而轴功率与液体密度成正比，此时 $N$-$Q$ 曲线将上下平移。

② 液体黏度　当被输送液体的黏度大于常温水的黏度时，泵内液体的能量损失增大，导致泵的流量、扬程减小，效率下降，但轴功率增加，泵的特性曲线均发生变化。当液体运动黏度大于 $20\text{mm}^2/\text{s}$ 时，需对离心泵的性能进行修正。

③ 离心泵的转速　当泵的转速改变时，泵的流量、扬程随之发生变化，并引起泵的功率和效率的相应改变。当液体的黏度不大，效率变化不明显，离心泵的转速变化不大于 ±20% 时，不同转速下泵的流量、扬程和功率与转速的关系可近似用比例定律表达，即

$$\frac{Q_1}{Q_2}=\frac{n_1}{n_2}, \quad \frac{H_1}{H_2}=\left(\frac{n_1}{n_2}\right)^2, \quad \frac{N_1}{N_2}=\left(\frac{n_1}{n_2}\right)^3 \tag{1-61}$$

式中　$Q_1$，$H_1$，$N_1$——转速为 $n_1$ 时泵的性能参数；

$Q_2$，$H_2$，$N_2$——转速为 $n_2$ 时泵的性能参数。

④ 离心泵叶轮直径　当离心泵的转速一定时，其流量、压头与叶轮直径有关。对于同一型号的泵，可换用直径较小的叶轮（除叶轮出口宽度稍有变化外，其他尺寸不变），即对其叶轮的外径进行"切削"。在叶轮外径减小不超过 5% 的情况下，离心泵的效率可以认为不变，此时泵的性能可按切割定律进行近似换算。

$$\frac{Q_3}{Q_4}=\frac{D_3}{D_4}, \quad \frac{H_3}{H_4}=\left(\frac{D_3}{D_4}\right)^2, \quad \frac{N_3}{N_4}=\left(\frac{D_3}{D_4}\right)^3 \tag{1-62}$$

式中　$Q_3$，$H_3$，$N_3$——转速为 $D_3$ 时泵的性能参数；

$Q_4$，$H_4$，$N_4$——转速为 $D_4$ 时泵的性能参数。

（5）离心泵的工作点和流量调节　离心泵的特性曲线是泵本身所固有的，但当离心泵安装在特定管路系统工作时，实际的工作流量和扬程不仅与离心泵本身的性能有关，还与管路的特性有关，即在输送液体的过程中，泵和管路是互相制约的。所以，讨论泵的工作情况之前，应了解泵所在的管路情况。

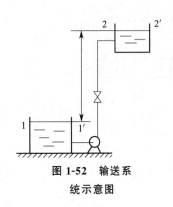

**图 1-52　输送系统示意图**

① 管路特性曲线　在图 1-52 的输送系统中，若贮槽与受液槽的液面均保持不变，液体流过管路系统时所需的压头，可由图中所示的截面 1—1′ 与 2—2′ 间列伯努利方程式求得，即

$$H_e = \Delta z + \frac{\Delta p}{\rho g} + \frac{\Delta u^2}{2g} + H_f \tag{1-63}$$

在特定的管路系统中，一定的条件下进行操作时，上式中的 $\Delta z$ 与 $\dfrac{\Delta p}{\rho g}$ 均为定值，即

$$\Delta z + \frac{\Delta p}{\rho g} = K \tag{1-64}$$

由于贮槽与受液槽的截面都很大，该处流速与管路的流速相比可以忽略不计，则 $\dfrac{\Delta u^2}{2g} \approx 0$。式（1-63）可简化为：

$$H_e = K + H_f \tag{1-65}$$

若输送管路的直径均一，则管路系统的压头损失可表示为：

$$H_f = \left( \lambda \frac{l + \sum l_e}{d} + \sum \zeta \right) \frac{u^2}{2g} = \left( \lambda \frac{l + \sum l_e}{d} + \sum \zeta \right) \frac{\left( \dfrac{Q}{A} \right)^2}{2g} \tag{1-66}$$

式中　$Q$——管路系统的输送量，$m^3/s$；

$A$——管路截面积，$m^2$。

特定的管路，上式中的 $d$、$l$、$\sum l_e$、$\sum \zeta$ 均为定值，湍流时 $\lambda$ 变化不大，则可令：

$$\left( \lambda \frac{l + \sum l_e}{d} + \sum \zeta \right) \frac{\left( \dfrac{1}{A} \right)^2}{2g} = B \tag{1-67}$$

则式（1-66）可简化为：

$$H_f = BQ^2 \tag{1-68}$$

所以，式（1-65）可写成：

$$H_e = K + BQ^2 \tag{1-69}$$

由式（1-69）可知，在特定的管路中输送液体时，管路所需的压头 $H_e$ 随液体流量 $Q$ 的平方而变。若将此关系标在相应的坐标图上，即得 $H_e$-$Q$ 的曲线。这条曲线称为管路特性曲线，表示在特定管路系统中，于固定操作条件下，流体流经该管路时所需的压头和流量的关系。此线的形状由管路布局与操作条件来确定，而与泵的性能无关。

② 离心泵的工作点　若将离心泵的特性曲线 $H$-$Q$ 与其所在的管路的特性曲线 $H_e$-$Q$ 绘于同一坐标图上，如图 1-53 所示，两线交点 $M$ 称为泵在该管路上的工作点。该点所对应的流量和压头能满足管路系统的要求，且可由离心泵提供。换言之，对所选定的离心泵，以一定转速在此特定管路系统中运转时，只能在这一点工作。

③ 离心泵的流量调节　离心泵在指定的管路上工作时，由于生产任务发生变化，出现泵的工作流量与生产要求不相适应的问题；或已选好的离心泵在特定的管路中运转时，所提供的流量不一定符合输送任务的要求。对于这两种情况，都需要对泵进行流量调节，实质上是改变泵的工作点。由于泵的工作点为泵的特性和管路特性所决定，因此改变两种特性曲线之一均可达到调节流量的目的。

a. 改变阀门开度　改变离心泵出口管路上调节阀的开度，即可改变管路特性曲线。

例如，当阀门关小时，管路的局部阻力加大，管路特性曲线变陡，如图 1-54 中曲线 1 所示。工作点由 $M$ 点移至 $M_1$ 点，流量由 $Q_M$ 降到 $Q_{M_1}$。当阀门开大时，管路局部阻力减小，管路特性曲线变得平坦，如图 1-54 中曲线 2 所示，工作点移至 $M_2$，流量加大到 $Q_{M_2}$。

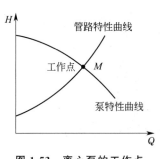

图 1-53　离心泵的工作点

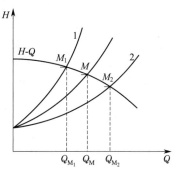

图 1-54　改变出口阀开度
时离心泵工作点变化

采用阀门来调节流量快速简便，且流量可以连续变化，适合化工连续生产的特点，因此应用十分广泛。其缺点是当阀门关小时，因流动阻力加大需要额外多消耗一部分能量，不是很经济。

b. 改变泵的转速　改变泵的转速，实质上是改变泵的特性曲线。如图 1-55 所示，泵原来的转速为 $n$，工作点为 $M$，若将泵的转速提高到 $n_1$，泵的特性曲线 $H\text{-}Q$ 上移，工作点由 $M$ 变至 $M_1$，流量由 $Q_M$ 加大到 $Q_{M_1}$；若将泵的转速降至 $n_2$，泵的特性曲线 $H\text{-}Q$ 下移，工作点由 $M$ 变至 $M_2$，流量由 $Q_M$ 减小到 $Q_{M_2}$。

这种调节方法能保持管路特性曲线不变。流量随转速下降而减小，动力消耗也相应降低，因此从能量消耗来看是比较合理的。但是改变泵的转速需要变速装置或价格昂贵的变速原动机，且难以做到流量连续调节，因此，至今化工生产中较少采用。

c. 减小叶轮直径　减小叶轮直径可以改变泵的特性曲线，从而使泵的流量变小，但一般可调节范围不大，且直径减小不当会降低泵的效率，故生产上很少采用。

（6）离心泵的类型与选择　由于化工生产中被输送液体的性质、压强和流量等差异很大，为了适应不同的输送要求，离心泵的类型多种多样。离心泵按泵送液体的性质可分为水泵、耐腐蚀泵、油泵和杂质泵等；按叶轮吸入方式可分为单吸泵和双吸泵；按叶轮个数分为单级泵和多级泵。各种类型的离心泵按照其结构特点各自成为一个系列，并以一个或几个汉语拼音作为系列代号。在每个系列中，由于有各种规格，因而附以不同的字母和数字予以区别。

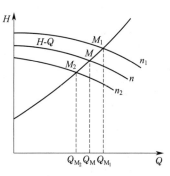

图 1-55　改变泵的转速
时离心泵工作点变化

以下对化工企业中常用离心泵的类型做简要说明。

① 水泵　凡是输送清水以及物理、化学性质类似于水的清洁液体，都可以选用水泵。常用水泵为单级单吸式，其系列代号为 IS，IS 型单级单吸离心泵结构如图 1-56 所示。型号表示以 IS100-80-125 为例，其中 IS 表示该泵为国际标准单级单吸水泵，100 表示泵吸入口直径为 100mm，80 表示泵排出口直径为 80mm，125 表示叶轮名义尺寸为 125mm。

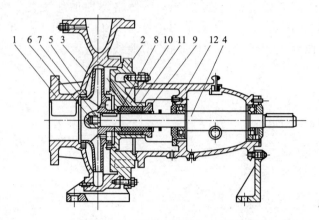

**图 1-56　IS 型单级单吸离心泵结构**

1—泵体；2—泵盖；3—叶轮；4—轴；5—密封环；
6—叶轮螺母；7—止动垫圈；8—轴盖；9—填料压盖；
10—填料环；11—填料；12—悬架轴承部件

若所要求的压头较高而流量并不太大时，可采用多级泵。多级泵内有两个以上的叶轮安装在一根泵轴上进行串联操作，因液体从几个叶轮中多次接受能量，故可达到较高的压头。其系列代号为 D。

若输送液体的流量较大而所需的压头并不太高时，则可采用双吸泵。双吸泵的叶轮有两个吸入口。由于双吸泵叶轮的宽度与直径之比加大，且有两个入口，因此输液量较大，系列代号为 Sh。

② 耐腐蚀泵　当输送酸、碱等腐蚀性液体时应采用耐腐蚀泵。该泵与液体接触的泵部件用耐腐蚀材料制成。其系列代号为 F。在 F 后面再加一个字母表示材料代号，以示区别。F 型泵多采用机械密封，以保证满足高度密封的要求。

③ 油泵　油泵是用来输送油类及石油产品的泵，其系列代号为 Y。油品的特点是易燃、易爆，因此要求油泵密封良好。当输送 200℃以上的油品时，还要求对轴封装置和轴承等进行良好的冷却，故这些部件常装有冷却水夹套。

④ 杂质泵　杂质泵用于输送悬浮液及稠厚的浆液等，其系列代号为 P。杂质泵又细分为污水泵（PW）、砂泵（PS）、泥浆泵（PN）等。对这类泵的要求是：不易被杂质堵塞、耐磨、容易拆洗。所以它的特点是叶轮流道宽，叶片数目少，常采用半闭式或开式叶轮。有些泵壳内还衬以耐磨的铸钢护板。

离心泵的选择一般按下列方法进行：首先，确定输送系统的流量和压头。液体的输送量一般为生产任务所规定，如果流量在一定范围内波动，选泵时应按最大流量考虑。根据输送系统管路的安排，用伯努利方程式计算在最大流量下管路所需的压头。然后，选择泵的类型和型号。根据输送液体的性质和操作条件确定泵的类型，按已确定的流量和压头从泵的样本或产品目录中选出合适的型号，所选泵的流量和压头可稍大一点，但在该条件下对应泵的效率应比较高。泵的型号选出后，应列出该泵的各种性能参数。最后，核算泵的轴功率。

（7）离心泵的运转与维护　离心泵启动顺序简单概括为检查、开入口阀门、启动电机、开出口阀门。

① 离心泵启动前的检查

操作扫一扫

码1-11　离心
泵送料操作

a. 检查泵出入口管线及附属管线、法兰、阀门安装是否符合要求，地脚螺栓及地线是否良好，联轴器是否装好。

b. 盘车检查，轴承转动是否灵活，有无卡涩现象；检查泵体内是否有金属撞击声或摩擦声。

c. 检查润滑油油位是否正常，无油应加油，油面应处于轴承箱液面计的三分之二，并检查润滑油的油质。

d. 打开各冷却水阀门，并检查管线是否畅通。注意冷却水不宜过大或过小，过大会造成浪费，过小则冷却效果差。一般冷却水流呈线状即可。

e. 泵启动前要灌泵，开启泵的入口阀、放空阀、压力表手阀，关闭泵的出口阀，使被输送的液体灌满泵体，将空气排净后关闭放空阀。若是热油泵，则不允许开放空阀排空气，防止热油窜出自燃，如有专门放空管线及油罐，可以向放空管线排空气和冷油。

f. 热油泵在启动前要缓慢预热，特别在冬天应使泵体与管道同时预热，使泵体与输送介质的温差在50℃以下。

g. 检查机泵的密封状况及油封的开度。

② 离心泵的启动

a. 泵入口阀全开，出口阀全关，启动电机，全面检查机泵的运转情况。

b. 当泵出口压力高于操作压力时，逐步打开出口阀，控制泵的流量、压力。

c. 检查电机电流是否在额定值以内，如泵在额定流量运转而电机超负荷时应停泵检查。

d. 启动电机时，若启动不起来或有异常声音时，应立刻切断电源检查，消除故障后方可启动。

③ 离心泵的运转与维护

a. 离心泵在运转中要经常检查机泵的轴承箱是否过热，轴承箱温度不超过65℃，电机温度不超过95℃。

b. 检查机泵出口压力、流量、电流等，不超负荷运转，并准确记录电流、压力等参数。

c. 听声音，分辨机泵、电机的运转声音，判断有无异常。

d. 检查机泵、电机及泵座的振动情况，如振动严重，换泵操作。

e. 保证正常的润滑油油质情况及润滑油油箱的液位情况。在正常油位时，润滑油泄漏不大于5滴/min。

f. 检查机泵密封及各法兰、丝堵、封油接头是否泄漏。

g. 检查备用泵的情况，每天要盘车一次。

④ 离心泵的停车

a. 先将泵出口阀关闭，再停泵，以防止出口管路中的液体因压差而使泵叶轮倒转，使叶轮受到冲击而被破坏。

b. 停泵注意轴的减速情况，如时间过短，要检查泵内是否有磨、卡等现象。

c. 若为热油泵，在停冲洗油或封油时，应打开进口管线平衡阀或连通阀，防止进出口管线冻裂。

d. 如该泵需要修理，入口阀也关上，应根据修理项目决定是否吹扫和卸压，如泵体内有压力，可能使进出口阀关不严。

e. 无论短期、长期停车，在严寒季节必须将泵内液体排放干净，防止冻结胀坏泵壳或叶轮。

### 1.5.1.2　往复泵

往复泵是一种容积式泵。它是利用往复运动的活塞将静压能直接传给液体的输送机械。如图 1-57 所示，它主要由泵缸、活塞、活塞杆以及吸入阀和压出阀构成，其中吸入阀和压出阀都是单向阀。

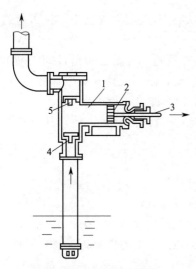

图 1-57　往复泵示意图
1—泵缸；2—活塞；3—活塞杆；
4—吸入阀；5—压出阀

往复泵工作时，活塞在泵缸内做往复运动，当活塞从左向右运动时，泵缸内压力降低，压出阀在出口管内液体压力的作用下自动关闭，吸入阀则受到吸入管液体压力的作用而自动开启，液体通过吸入管被吸入泵内。当活塞从右向左运动时，泵缸内压力升高，受泵缸内液体压力的作用，吸入阀自动关闭，压出阀自动开启，获得能量的液体沿压出管被排出泵外。活塞不断进行往复运动，液体就不断地被吸入和压出。

单动往复泵活塞每往复运动一次，吸入和排出各一次，其排液量是间断不连续的。为了改善排液量不连续的状况，可以采用双动往复泵或三联泵。双动往复泵和三联泵可提高管路排液量的均匀性。往复泵的流量与泵的压头无关，仅与泵缸直径、活塞往复次数以及冲程有关。往复泵的压头与泵的几何尺寸无关，只要泵的机械强度和电动机的功率允许，管路系统无论需要多大的压头往复泵都能满足。因此往复泵多用于要求流量较小而压力较高的液体输送过程。

往复泵有自吸能力，启动前不需要灌泵。其流量调节不能用排出管上的阀门调节，可以采用改变转速和活塞冲程的方法调节。常用方法是旁路调节，因此在安装往复泵时要注意旁路的配置。

### 📖 想一想

离心泵与往复泵流量调节有何区别？

### 1.5.1.3　齿轮泵

齿轮泵的结构如图 1-58 所示。它主要由泵壳和一对互为啮合的齿轮所组成。其中一个为主动轮，固定在与电机直接相连的泵轴上，另一个为从动轮，安装在另一轴上。当主动轮启动后，从动轮被啮合着以相反的方向旋转。两齿轮与泵体间形成吸入腔和排出腔两个空间。当齿轮按图中箭头方向旋转时，吸入腔内两齿轮的齿互相分开，空间增大形成低压区而将液体吸入。被吸入的液体在齿缝中随齿轮旋转带到排出腔。排出腔内由于两齿轮啮合，空间缩小形成高压将液体压出。

码1-12　齿轮泵

齿轮泵与往复泵相似，其送液能力仅与齿轮的尺寸和转速有关，扬程与流量无关，但齿轮泵的流量要比往复泵均匀。齿轮泵也是用旁路调节流量。

齿轮泵因齿缝空间小，所以流量很小，但压头较高。化工生产中常用齿轮泵输送一些黏稠液体及膏状物料，但不能输送含有固体颗粒的悬浮液。

#### 1.5.1.4 螺杆泵

螺杆泵主要由泵壳和一根或两根以上的螺杆构成。如图 1-59 所示的双螺杆泵实际上与齿轮泵十分相似，它利用两根相互啮合的螺杆一边旋转一边啮合，液体被螺杆上的螺旋槽带动沿着轴向排出。当所需的压强较高时，可采用较长的螺杆。

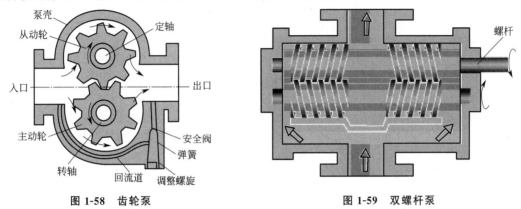

图 1-58　齿轮泵　　　　　　　　　　　　　　图 1-59　双螺杆泵

螺杆泵结构紧凑、压头高、效率高、噪声低，被输送介质沿着轴向移动，流量连续均匀，脉冲小，适用于在高压下输送黏稠性液体。

#### 1.5.1.5 旋涡泵

旋涡泵是一种特殊类型的离心泵，它由泵壳和叶轮组成，如图 1-60 所示，它的叶轮是一个圆盘，四周铣有凹槽而构成叶片，呈辐射状排列，叶片数目可多达几十片。

码1-13　旋涡泵
结构及工作原理

旋涡泵的工作原理与离心泵相似。当叶轮高速旋转时，在叶片的凹槽内的液体从叶片顶部被抛向流道，动能增加。在流道内液体流速变慢，使部分动能转变为静压能。同时，由于凹槽内液体被甩出而形成低压，在流道中部分高压液体经过叶片根部又重新回到叶片间的凹槽内，再次接受叶片给予的动能，又从叶片顶部进入流道中，使液体在叶片间形成旋涡运动，并在惯性力作用下沿流道前进。这样液体从入口进入，连续多次做旋涡运动，多次提高静压能，到达出口时就获得较高的压头。旋涡泵叶轮的每一个叶片相当于一台微型单级离心泵，这个泵就像由许多叶轮所组成的多级离心泵。

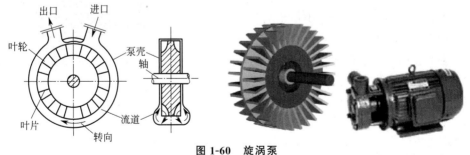

图 1-60　旋涡泵

旋涡泵是结构最简单的高扬程泵，与叶轮和转速相同的离心泵相比，它的扬程要比离心泵高 2～4 倍。由于旋涡泵的液体在剧烈旋涡运动中进行能量转换，能量损失较大，效率较低。旋涡泵适用于输送流量小、外加压头高的清液，不适用于输送高黏度液体，否则扬程与效率降低很多。

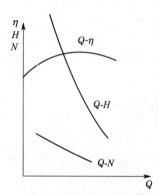

图 1-61　旋涡泵特性曲线

旋涡泵的特性曲线如图 1-61 所示，当流量减小时，扬程迅速增大，轴功率也增大，流量为零时，轴功率最大，所以在启动泵时，出口阀必须全开。由于液体在叶片与通道之间的反复迁回是靠离心力的作用，故旋涡泵启动前仍需灌泵，避免发生气缚现象。调节流量时应避免旋涡泵在太小的流量或出口全关的情况下运转，以保证泵和电机的安全，为此旋涡泵流量调节采用旁路调节。

### 1.5.2　气体输送和压缩设备

气体和液体都是流体，其输送设备在构造上大致相同，但由于气体具有可压缩性，当压强发生变化时，其体积和温度也随之变化。因此输送和压缩气体的设备在结构上与液体输送设备有一定的差异。按气体终压或压缩比的大小可将气体压送设备分为：

(1) 通风机　终压不大于 15kPa（表压），压缩比为 1~1.15。

(2) 鼓风机　终压为 15~300 kPa（表压），压缩比小于 4。

(3) 压缩机　终压在 300kPa（表压）以上，压缩比大于 4。

(4) 真空泵　用于减压，终压为大气压，压缩比由真空度决定。

按其结构与工作原理，气体输送和压缩设备可分为离心式、往复式、旋转式和流体作用式。

#### 1.5.2.1　离心式通风机

工业上常用的通风机有离心式和轴流式两种。轴流式通风机的风量大，但产生的压头小，一般只用于通风换气；离心式通风机则多用于输送气体。

离心式通风机（图 1-62）的结构与工作原理与离心泵大致相同。它的主要部件是机壳、叶轮、机轴、吸入口、排出口，此外还有轴承、底座等部件。通风机的轴通过联轴器或皮带轮与电动机轴相连。当电动机转动时，风机的叶轮随着转动。叶轮在旋转时产生离心力将空气从叶轮中甩出，空气从叶轮中甩出后汇集在机壳中，由于速度慢，压力高，空气便从通风机出口排出流入管道。当叶轮中的空气被排出后，就形成了负压，吸气口外面的空气在大气压作用下又被压入叶轮中。因此，叶轮不断旋转，空气也就在通风机的作用下，在管道中不断流动。

图 1-62　离心式通风机
1—机壳；2—叶轮；3—吸入口；4—排出口

离心式通风机机壳呈蜗壳形，其断面有方形和圆形两种。低中压风机多为方形，高压风机多为圆形流道。叶轮上叶片较多且短，叶片可采用平直叶片、后弯叶片或前弯叶片。前弯叶片送风量大，但效率低，因此高效通风机的叶片通常是后弯的。

离心式通风机的性能参数有风量、风压、轴功率和效率。

风量是指单位时间通过风机出口排出的气体体积，但以风机进口状态计，用 $Q$ 表示，单位为 $m^3/s$。风机铭牌上的风量是用 101.3kPa、20℃，密度为 $1.2kg/m^3$ 的空气标定的。

风压是指单位体积气体通过风机所获得的压力，用 $H_T$ 表示，单位为 Pa。

通风机的轴功率为：
$$N = \frac{H_T Q}{\eta} \tag{1-70}$$

中低压离心式通风机常作为车间通风、换气用，高压离心式通风机主要用于气体输送。它们都适用于输送清洁空气或与空气性质相近的气体。

### 1.5.2.2 鼓风机

鼓风机有离心式和旋转式两种。

（1）离心式鼓风机　离心式鼓风机又称透平鼓风机，其外形和结构与离心泵相似，只是离心式鼓风机的机壳直径较大，叶轮上的叶片数目较多，转速较快。这是因为气体密度较小，采用这样的结构和转速才能达到较高的风压。离心式鼓风机有单级式和多级式。多级离心式鼓风机（图 1-63）的结构和工作原理类似于多级离心泵，轴上装有多个叶轮，每个叶轮的外面均装有一个回流室，轴上叶轮的个数代表鼓风机的级数。在级与级之间，轴与机壳之间设有密封装置。叶轮固定在轴上形成转子，主轴两端由轴承支撑并置于轴承箱内，为防止主轴受轴向力向进气口方向窜动，一般在主轴进气口一侧安装止推轴承。为保证鼓风机正常工作，鼓风机上还装有润滑系统。

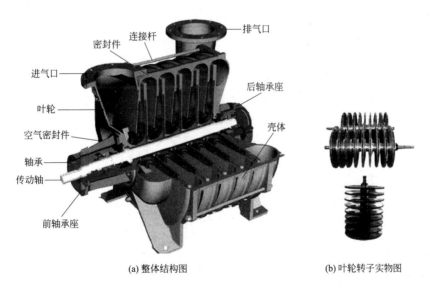

(a) 整体结构图　　　　　　　　　　(b) 叶轮转子实物图

**图 1-63　多级离心式鼓风机**

（2）旋转式鼓风机　常用的旋转式鼓风机有罗茨鼓风机。罗茨鼓风机的工作原理与齿轮泵相似，其结构见图 1-64。机壳内有两个腰形的转子，两转子之间以及转子与机壳之间的缝隙很小，以保证转子自由旋转并尽量减少气体的窜漏。两转子旋转方向相反，当转子旋转时，在机壳内形成一个高压区和一个低压区，气体从机壳低压区一侧吸入，从另一侧的高压区排出。

罗茨鼓风机的风量与转速成正比，当转速一定时，即使出口压强有变化，排气量也基本保持稳定。其送风量一般在 $2\sim500m^3/min$，出口压强不超过 80kPa。罗茨鼓风机的风量采用回流支路调节，使用温度不宜超过 85℃，否则转子受热膨胀而碰撞甚至卡住。罗茨鼓风

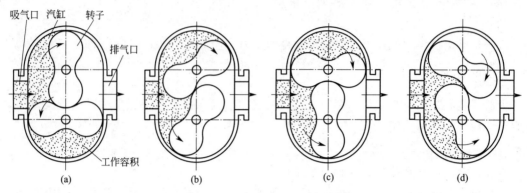

**图 1-64　罗茨鼓风机结构和工作原理**

机不适宜输送含有固体颗粒的气体，所以气体进入风机前，应先除去其中的灰尘和油污。罗茨鼓风机出口安装安全阀和稳压罐，以防气体压强波动冲击管路。

### 1.5.2.3　压缩机

当气体压强需大幅度提高时，例如气体的加压液化、气体在高压下进行化学反应等，均可使用压缩机。压缩机有离心式压缩机和往复式压缩机两种。

（1）离心式压缩机　离心式压缩机又称透平压缩机，其结构、工作原理与离心式鼓风机相似，但叶轮级数更多，叶轮转速常在 5000r/min 以上，结构更为精密，产生的风压较高，一般可达几十兆帕。由于压缩比大，气体体积变化很大，温升也高，一般分为几段，每段由若干级构成，叶轮直径和宽度逐级缩小，在段间要设置冷却器，以免气体温度过高。

离心式压缩机具有流量大、供气均匀、体积小、质量轻、易损部件少、运转平稳、容易调节、维修方便、效率高等优点，在大型化工生产中目前多采用离心式压缩机。

（2）往复式压缩机　往复式压缩机结构、工作原理与往复泵相似，但由于压缩机的工作流体为气体，密度小，可压缩，因此在结构上要求吸气和排气活门更为轻便灵敏、易于启闭。当要求终压较高时，需采用多级压缩，每级压缩比不大于 8，压缩过程伴有温度升高，汽缸应设法冷却，级间也应有中间冷却器。

往复式压缩机有单动式和双动式，有单级和多级，有卧式和立式等各种类型，化工生产中可根据工艺所要求的送气量、压强以及厂房的空间位置来选用。

### 1.5.2.4　真空泵

从设备或系统中抽出气体使其中的绝对压强低于大气压，此时所用的输送设备称为真空泵。真空泵的类型很多，此处介绍化工企业中较常用的几种。

（1）喷射泵　喷射泵是利用工作流体流动时的静压能与动能相互转换的原理来吸送流体的。它既可用于吸送气体，也可用于吸送液体。在化工企业，喷射泵常用于抽真空，所以又称为喷射式真空泵。

喷射泵的工作流体可以是蒸汽，也可以是液体。图 1-65 为单级蒸汽喷射泵。工作蒸汽在高压下以很高的速度从喷嘴喷出，在喷射过程中，蒸汽的静压能转变为动能，产生低压，从吸入口将气体吸入。吸入的气体与蒸汽混合后进入扩散管，速度逐渐降低，压强随之升高，然后从压出口排出。

喷射泵结构简单紧凑，没有活动部件，但是效率低，蒸汽消耗量大，故一般多作真空泵使用，而不作为输送设备用。由于所输送的流体与工作流体混合，因而其使用范围受到一定的限制。

　　单级蒸汽喷射泵所抽的真空度不高，若要获取较高的真空度，则可采用多级蒸汽喷射泵。若生产中要求真空度不高，可利用具有一定压强的水为工作介质，虽然产生的真空度没有蒸汽喷射泵的高，但由于结构简单，水源丰富，且有冷凝水蒸气的作用，因此水喷射真空泵也在化工企业中广为应用。

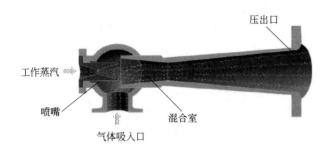

　　图 1-65　单级蒸汽喷射泵　　　　　　　　图 1-66　水环真空泵

　　(2) 水环真空泵　水环真空泵结构如图 1-66 所示。在圆形壳内偏心地装有叶轮，叶轮上有辐射状的叶片。泵内装有约一半容积的水，当转子旋转时形成水环。水环具有密封的作用，与叶片之间形成许多大小不同的小室，当小室空间渐增时，气体从吸气口吸入，当小室空间渐减时，气体由排气口排出。

　　水环真空泵可以造成的最高真空度为 83.4kPa 左右，它也可作鼓风机用，但所产生的表压强不超过 98.07kPa。当被抽吸的气体不宜与水接触时，泵内可充以其他液体，所以这种泵又称为液环真空泵。

码1-14　水环真空泵结构及工作原理

　　此类泵结构简单紧凑，易于制造和维修，由于旋转部分没有机械摩擦，使用寿命长，操作可靠，适用于抽吸含有液体的气体，尤其在抽吸有腐蚀性或爆炸性气体时更为适宜。但此类泵效率低，约为 30%～50%。另外，该泵所能造成的真空度受泵体中水的温度所限制。

## 练一练测一测

**1. 单选题**

(1) 下列阀门中，(　　) 不是自动作用阀。

A. 安全阀　　　　B. 疏水阀　　　　C. 闸阀　　　　D. 止回阀

(2) 下列四种阀门，通常情况下最适合流量调节的阀门是 (　　)。

A. 截止阀　　　　B. 闸阀　　　　C. 考克阀　　　　D. 蝶阀

(3) 用 "$\phi$ 外径 mm×壁厚 mm" 来表示规格的是 (　　)。

A. 铸铁管　　　　B. 钢管　　　　C. 铅管　　　　D. 水泥管

(4) 常拆的小管径管路通常用 (　　) 连接。

A. 法兰　　　　B. 螺纹　　　　C. 承插式　　　　D. 焊接

(5) 层流流动时不影响阻力大小的参数是 (　　)。

A. 管径　　　　B. 管长　　　　C. 流速　　　　D. 管壁粗糙度

(6) 工程上，常以 (　　) 流体为基准，计量流体的位能、动能和静压能，分别称为位压头、动压头和静压头。

A. 1kg      B. 1N      C. 1mol      D. 1kmol

(7) 流体由 1—1′ 截面流入 2—2′ 截面的条件是（   ）。

A. $gz_1 + p_1/\rho = gz_2 + p_2/\rho$      B. $gz_1 + p_1/\rho > gz_2 + p_2/\rho$

C. $gz_1 + p_1/\rho < gz_2 + p_2/\rho$      D. 以上都不是

(8) 影响流体压力降的主要因素是（   ）。

A. 温度      B. 压力      C. 密度      D. 流速

(9) 一定流量的水在圆形直管内呈层流流动，若将管内径增加一倍，产生的流动阻力将为原来的（   ）。

A. 1/2      B. 1/4      C. 1/8      D. 1/16

(10) 一水平放置的异径管，流体从小管流向大管，有一 U 形管压差计，一端 A 与小径管相连，另一端 B 与大径管相连，问差压计读数 R 的大小反映（   ）。

A. A、B 两截面间压差值      B. A、B 两截面间流动压降损失

C. A、B 两截面间动压头的变化      D. 突然扩大或突然缩小流动损失

(11) 关闭出口阀启动离心泵的原因是（   ）。

A. 轴功率最大    B. 能量损失最小    C. 启动电流最小    D. 处于高效区

(12) 将含晶体 10% 的悬浊液送往料槽宜选用（   ）。

A. 往复泵      B. 离心泵      C. 齿轮泵      D. 喷射泵

(13) 离心泵的调节阀（   ）。

A. 只能安装在出口管路上      B. 只能安装在进口管路上

C. 安装在进口管路或出口管路上均可      D. 只能安装在旁路上

(14) 下列几种叶轮中，（   ）叶轮效率最高。

A. 开式      B. 半开式      C. 桨式      D. 闭式

(15) 离心泵的工作点是指（   ）。

A. 泵最高效率时对应的点      B. 由泵的特性曲线所决定的点

C. 泵的特性曲线与管路特性曲线的交点    D. 由管路特性曲线所决定的点

(16) 离心泵开动以前必须充满液体是为了防止发生（   ）。

A. 汽蚀现象    B. 气缚现象    C. 汽化现象    D. 气浮现象

(17) 离心泵铭牌上标明的扬程是（   ）。

A. 功率最大时的扬程      B. 最大流量时的扬程

C. 效率最高时的扬程      D. 泵的最大量程

(18) 离心泵性能曲线中的扬程流量线是在（   ）一定的情况下测定的。

A. 效率      B. 功率      C. 管路布置      D. 转速

(19) 输送小流量，但需高扬程的物料（如精馏塔回流液）应选用（   ）。

A. 离心泵      B. 往复泵      C. 齿轮泵      D. 旋涡泵

(20) 往复泵适用于（   ）。

A. 大流量且要求流量均匀的场合      B. 介质腐蚀性强的场合

C. 流量较小、压头较高的场合      D. 投资较小的场合

**2. 填空题**

(1) 能自动间歇排除冷凝液并阻止蒸汽排出的是 _____ 。

(2) 光滑管的摩擦因数 λ 仅与 _____ 有关。

(3) 某设备进、出口测压仪表中的读数分别为 $p_1$（表压）= 1200mmHg（1mmHg =

133.322Pa）和 $p_2$（真空度）=700mmHg，当地大气压为 750mmHg，则两处的绝对压强差为 ____ mmHg。

（4）气体的黏度随温度升高而 _____ 。

（5）压强表上的读数表示被测流体的绝对压强比大气压强高出的数值，称为 _____ 。

（6）泵将液体由低处送到高处的高度差叫作泵的 _____ 。

（7）离心泵的泵壳的作用是 _____ 。

（8）关小离心泵的出口阀，吸入口处的压力如何变化？ _____ 。

（9）离心泵的调节阀开大时，泵出口的压力如何变化？ _____ 。

（10）离心泵的工作原理是利用叶轮高速运转产生 _____ 力。

（11）离心泵的扬程随着流量的增加而 _____ 。

（12）离心泵的轴功率是在流量为零时 _____ 。

（13）离心泵启动稳定后先打开 _____ 阀。

（14）离心泵是依靠离心力对流体做功，其做功的部件是 _____ 。

（15）离心泵在启动前应 ____ 出口阀，旋涡泵启动前应 _____ 出口阀（填写"打开"或者"关闭"）。

（16）往复泵常用 _____ 调节流量。

（17）输送膏状物应选用 _____ 泵。

**3. 计算题**

（1）燃烧重油所得到的燃烧气，经分析得知其中含 8.5% $CO_2$，7.5% $O_2$，76% $N_2$ 和 8% $H_2O$（均为体积分数），试求 100kPa，400℃时该混合气体的密度。

（2）敞口容器底部有一层深 0.5m 的水（密度为 1000kg/m³），其上部为深 3.5m 的密度为 920kg/m³ 的油。求容器底部的压力。

（3）常温下密度为 850 kg/m³ 的某油品，流经 $\phi$108mm×4mm 的无缝钢管送入贮槽。已知该油品的体积流量为 36m³/h，求该油品在管内的质量流量、平均流速和质量流速。

（4）计算 10℃水以 2.7×10⁻³ m³/s 的流量流过 $\phi$57mm×3.5mm、长 10m 的水平钢管的能量损失、压头损失及压力降（设管壁的粗糙度为 0.5mm）。

（5）用泵将贮槽中的某油品以 30m³/h 的流量输送至高位槽。两槽的液位恒定，且相差 20m，输送管内径为 100mm，管子总长为 40m（包括所有局部阻力的当量长度）。已知油品的密度为 890kg/m³，黏度为 0.487Pa·s，试求所需的外加功为多少？

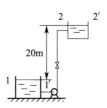

（6）20℃的水在水平的一段渐缩渐扩管道中流过，其流量为 10m³/h，已知管子直径 $d_1$=50mm，缩颈 $B$ 处的直径 $d_2$=25mm，$A$ 截面处压力表读数为 10kPa，$A$ 到 $B$ 两截面间的摩擦损失忽略不计。缩颈 $B$ 处接一水管。为了从水槽中吸上水，水槽水面离缩颈 $B$ 的距离最大不能超过多少？

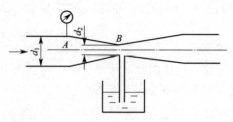

（7）用离心泵从地下贮槽中抽水，吸水量为 20m³/h，吸水管直径为 $\phi$108mm×4mm，吸水管路阻力损失为 0.5m 水柱，求泵入口处的真空度为多少？

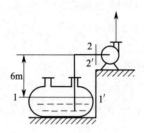

# 项目2
# 传热过程及操作

## 项目引导

传热是自然界和工程技术领域中普遍存在的现象。只要物体内部或者物体之间存在温度差，就必然导致热量自发地从高温处向低温处传递，这一过程称为热量传递，简称传热。换热器是进行热交换操作的通用工艺设备，广泛应用于化工、石油、动力、冶金等行业，特别是在石油炼制和化学加工装置中，占有重要地位。换热器的操作培训在整个操作培训中尤为重要。

## 工程案例

采用管壳式换热器实现对冷物料的加热，使之达到要求温度。具体参数为：来自外界冷物料温度为92℃，沸点为198.25℃，流量由控制器FIC101控制，正常流量为12000kg/h，由泵P101A/B送至换热器E101，被热物料加热至145℃，并有20％被汽化。225℃热物料经泵P102A/B送至换热器E101与冷物料进行热交换，热物料出口温度由TIC101控制（177.0℃），如图2-1所示。

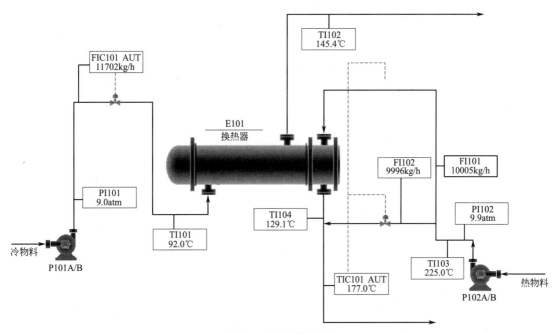

图 2-1　工程案例流程

**想一想**

冷热两种流体在换热器内是如何接触和传热的呢？

# 任务 2.1　传热基础知识

## 任务要求

1. 了解换热过程在化工企业中的应用，明确传热过程在工业生产中的重要性；

2. 掌握传热的基本方式及其特点，熟悉工业中常用的换热方式；

3. 熟悉化工生产中常用的换热介质及选择原则；

4. 了解稳定传热和不稳定传热。

### 2.1.1　传热在化工生产中的应用

（1）为化学反应创造必要的条件　化学反应都要求一定的温度条件，需要通过加热或冷却控制温度。例如合成氨反应，初始需要加热达到 $470\sim520℃$ 的反应温度，反应过程中需要冷却，移除反应热加快反应的进行。

（2）为单元操作提供必要条件　某些单元操作需要输入和输出热量，才能正常进行。例如蒸馏操作，塔底的再沸器和塔顶的冷凝器，保证了蒸馏过程的上升蒸汽和下降的回流液体。

（3）提高热能的有效利用　利用产物热量以及工段高温物料来预热原料，提高了热量的利用率。如利用解吸塔塔底物料预热解吸塔进塔原料。

（4）隔热与节能　如在设备和管路外面包裹隔热材料，减少设备的热能损失，降低生产成本。

传热设备在化工厂的设备投资中占有很大比例，学习和研究传热理论、提高热能的综合利用具有非常重要的意义。

### 2.1.2　传热的基本方式

根据传热机制的不同，传热有三种基本方式：热传导、对流传热和辐射传热。

#### 2.1.2.1　热传导

码2-1　传热基本原理

（1）热传导过程分析　热传导又称导热，它是借助物质的分子、原子的振动或自由电子的运动将热量从物体温度较高的部分传递到温度较低部分的过程。在热传导过程中物质没有宏观的位移。

可能发生热传导的情况有：①固体之间和同一固体不同位置之间；②静止流体内部不同位置之间；③层流流体内部和流向垂直方向的层与层之间。热传导不能在真空中进行。

（2）傅里叶定律　研究热传导基本定律可以用傅里叶定律。对于一维稳定热传导，单位时间内以热传导方式传递的热量，与温度梯度及垂直于导热方向的传热面积成正比，数学表达式为：

$$Q = -\lambda A \frac{\mathrm{d}t}{\mathrm{d}x} \tag{2-1}$$

式中　$Q$——导热速率，即单位时间内通过导热面传递的热量，W；

　　$A$——与传热方向垂直的传热面积，$m^2$；

　　$\lambda$——热导率，W/(m·K)或W/(m·℃)；

　　$\frac{\mathrm{d}t}{\mathrm{d}x}$——温度梯度，传热方向上单位距离的温度变化率，K/m或℃/m。

　　负号表示热量总是沿着温度降低的方向传递。

　　（3）热导率$\lambda$　热导率$\lambda$是表征物质导热性能的一个物性参数，$\lambda$越大，导热性能越好。导热性能的大小与物质的组成、结构、温度及压力等有关。一般而言，金属固体热导率最大，非金属固体次之，液体较小，气体最小，即$\lambda_{金属固体} > \lambda_{非金属固体} > \lambda_{液体} > \lambda_{气体}$。不同状态下物质热导率的大致范围见表2-1。

表 2-1　不同状态下物质热导率的大致范围

| 物质种类 | 金属固体 | 不良导热固体 | 绝热材料 | 液体 | 气体 |
|---|---|---|---|---|---|
| 热导率/[W/(m·K)] | 15~420 | 0.2~0.3 | <0.25 | 0.07~0.7 | 0.006~0.6 |

　　① 固体的热导率　对于金属固体，$\lambda_{金属} > \lambda_{合金}$；对于非金属固体，同样温度下，密度越大，$\lambda$越大；当温度升高时，大多数金属的$\lambda$下降，大多数非金属的$\lambda$上升。

　　② 液体的热导率　金属液体的$\lambda$较高，非金属液体的$\lambda$低；一般来说，纯液体的$\lambda$大于溶液的$\lambda$。非金属液体中水的$\lambda$最大，除水和甘油外大多数液体的$\lambda$随温度升高而减小。

　　③ 气体的热导率　气体的$\lambda$随温度升高而增大，随压强变化较小可忽略。由于气体的$\lambda$小，不利于热传导，可用来保温或隔热。

　　固体和液体的热导率，可通过实验测定。各种物质的热导率见相关手册。

### 2.1.2.2　对流传热

　　对流传热是由于流体质点之间宏观相对位移而引起的热量传递现象，简称为热对流。流动的流体，除了层流流体内部与流向垂直方向的层与层之间的传热外，都是对流传热。化学工业中常遇到的对流传热，是将热由流体传至固体壁面，或由固体壁面传入周围的流体。这种由壁面传给流体或相反的过程，通常称给热。

　　（1）对流给热的过程分析　流体流经固体壁面时，无论流体主体的湍流程度如何强烈，在紧靠固体壁面处总是存在着滞流（层流）内层，在滞流内层和湍流主体间存在着缓冲层。壁面两侧流体的流动状况以及和流动方向垂直的某一界面上流体温度分布情况如图2-2所示。

　　在热流体的主体区，因流体激烈的湍动，故热量的传递以热对流方式为主，各处温差几乎为零，主体温度为$T$；在缓冲层，热传导和热对流都起着明显的作用，该层内温度发生较缓慢的变化，从$T$降到$T'$；滞留内层，因各层间质点没有混合现象，热量传递以热传导方式进行，经过此层温度由$T'$降到壁面处的$t_{w1}$，滞留内层虽然很薄，但温度差

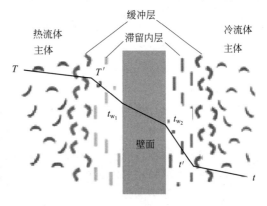

图 2-2　对流给热过程

却占了相当大的比例。冷流体一侧的温度变化趋势正好与热流体相反。由此可知，对流给热的热阻主要集中在靠近壁面的滞留内层内，因此减薄或破坏滞留内层是强化对流给热的主要途径。

（2）牛顿冷却定律　由前面分析可知，对流给热是一个复杂的传热过程，为了计算方便，工程上采用较为简单的处理方法。根据传热的普遍关系，对流给热速率方程可写成下列形式：

基本方程式：

$$Q = \alpha A \Delta t \tag{2-2}$$

式中　$\Delta t$——流体与固体壁面之间的平均温度差，K；

$\alpha$——给热系数或对流传热膜系数，$W/(m^2 \cdot K)$；

$A$——给热面积，流体与壁面之间的接触面积，$m^2$。

上式称为对流给热基本方程式，又称为牛顿冷却定律。

当流体被加热时：

$$Q = \alpha_{冷} A (t_{w2} - t) \tag{2-3a}$$

当流体被冷却时：

$$Q = \alpha_{热} A (T - t_{w1}) \tag{2-3b}$$

（3）给热系数 $\alpha$　给热系数表示在单位给热面积上，流体与壁面（或反之）的温度差为1K时，单位时间以对流给热方式传递的热量。它反映了对流给热的强度。根据式（2-2）可知，在相同的 $\Delta t$ 情况下，给热系数数值越大，传递热量越多，传热过程越强烈。

给热系数 $\alpha$ 与热导率 $\lambda$ 不同，它不是流体的物理性质，而是受诸多因素影响的一个系数。表2-2列出了常见的对流给热的 $\alpha$ 值的范围。一般来说，气体的 $\alpha$ 最小，对于同一种流体，强制对流给热时的 $\alpha$ 要大于自然对流时的 $\alpha$，有相变时的 $\alpha$ 要大于无相变时的 $\alpha$。

表 2-2　常见对流给热的 $\alpha$ 值的范围

| 换热方式 | 空气<br>自然对流 | 气体加热或冷却<br>强制对流 | 水<br>自然对流 | 水加热或冷却<br>强制对流 |
|---|---|---|---|---|
| $\alpha/[W/(m^2 \cdot K)]$ | 5～25 | 20～100 | 20～1000 | 1000～15000 |
| 换热方式 | 水蒸气<br>冷凝 | 有机蒸气<br>冷凝 | 水沸腾 | 油加热或冷却<br>强制对流 |
| $\alpha/[W/(m^2 \cdot K)]$ | 5000～15000 | 500～2000 | 2500～25000 | 1000～1700 |

### 2.1.2.3　辐射传热

辐射传热是物体由于具有温度而辐射电磁波的现象。任何物体只要其热力学温度大于绝对零度都会不停地以电磁波的形式向周围空间辐射能量，当某物体向外界辐射的能量与其从外界吸收的辐射能不相等时，该物体就与外界产生热量传递，这种传热方式称为辐射传热。辐射传热是物体之间相互辐射和吸收电磁波过程的总效果。与热传导和对流传热相比，辐射传热具有以下特点：①电磁波的传播不需要任何介质，所以辐射传热可以在真空中进行；②传热过程中伴随能量形式的转变，即内能→电磁波→内能之间的转变；③具有强烈的方向性，净热量从高温物体向低温物体传递；④物体的辐射能力与温度和波长均有关，温度愈高，辐射出的总能量就愈大，仅当物体间的温度差很大时，辐射传热才是主要的传热方式。例如在管式加热炉的炉膛内（辐射段内），由于燃料燃烧的火焰温度很高，热量主要以辐射的方式传给炉管。

码2-2　工业换
热方式

实际生产中，上述三种传热基本方式不是单独存在的，而是两种或者三种传热方式的结合。例如在工业上普遍使用的间壁式换热器中，传热过程主要是对流传热和热传导两种方式的组合。

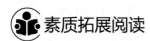 **素质拓展阅读**

### 神舟十二号载人飞船的漂亮"外衣"

神舟十二号载人飞船一身银闪闪，比身着灰色调外衣的"前辈"颜值更高。这件亮丽的"外衣"，就是由航天科技集团五院 529 厂历时两年精心研制的一款新型低吸收-低发射热控涂层。这件"外衣"，是一种喷涂在航天器外表面的热控制材料。它具备对太阳辐照的低吸收强反射能力，可以大大减少飞船受太阳长时间辐照的内部温度升温现象，再通过极低的红外发射特性，在飞船处于背阳面时减少辐射漏热，大大减缓舱内温度下降速率，起到保温效果。

## 2.1.3　工业换热方式

工业生产中用于实现热量传递的设备称为换热器。根据换热器换热原理的不同，工业换热方式可分为混合式、蓄热式和间壁式三种。

### 2.1.3.1　混合式换热

混合式换热又称为直接接触式换热，两流体通过混合进行换热。它具有传热速度快、效率高、设备简单的优点，适用于两流体允许直接混合的场合。比如，用冷水冷却热水或热空气、用冷水冷凝（冷却）低压蒸气等。混合式蒸汽冷凝器、凉水塔、洗涤塔、喷射冷凝器等设备中进行的换热过程均属于混合式换热。图 2-3 为一种机械通风式凉水塔，需要冷却的热水被集中到水塔底部，用泵将其输送到塔顶，经淋水装置分散成水滴或者水膜自上而下流动，与自下而上的空气相接触，在接触的过程中热水将热量传递给空气，达到冷却水的目的。

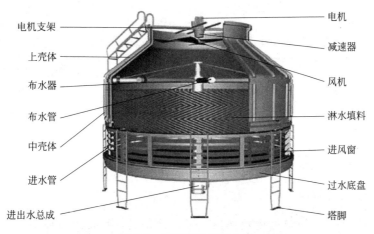

图 2-3　机械通风式凉水塔

### 2.1.3.2　蓄热式换热

蓄热式换热需要借助热容量较大的固体蓄热体，图 2-4 为耐高温的蜂窝陶瓷蓄热体。冷热流体交替流过换热器，热流体流经换热器时将热量储存在蓄热体中，冷流体流过换热器时从蓄热体取走热量，从而完成换热过程。为了实现连续生产，通常采用两个并联的蓄热体交替使用。

图 2-5 为一蓄热式换热器。蓄热式换热器结构简单、能耐高温，一般常用于高温气体热量的回收或冷却。其缺点是设备体积庞大、热效率低，且不能完全避免两流体之间的混合。石油化工厂中的蓄热式裂解炉、炼焦炉的蓄热室、合成氨造气中的燃烧-蓄热炉就属于这种设备。

图 2-4　蜂窝陶瓷蓄热体

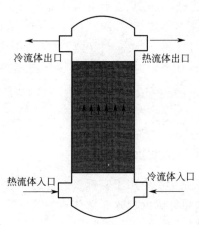

图 2-5　蓄热式换热器

### 2.1.3.3　间壁式换热

间壁式换热的特点是冷、热两种流体被一固体间壁隔开，换热过程中不发生混合，从而避免了因换热带来的污染。图 2-6 是一种典型的间壁式换热方式示意图，用此种换热方法进行传热的设备称为间壁式换热器。由于化工生产中参与传热的冷、热流体大多数是不允许互相混合的，因此间壁式换热器是化工生产中应用最为广泛的一类换热器。各种管式、板式结构的换热设备中所进行的换热过程均属于间壁式换热。

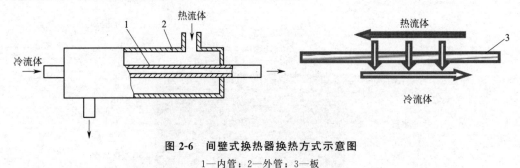

图 2-6　间壁式换热器换热方式示意图

1—内管；2—外管；3—板

## 2.1.4　载热体及选择

化工生产中，物料在换热器内被加热或者被冷却时，需要用某种流体供给或者取走热量，此种流体称为载热体。起加热（或汽化）作用的载热体称为加热剂（或加热介质），起冷却（或冷凝）作用的载热体称为冷却剂（或冷凝剂）。

在换热过程中，为了提高传热过程的经济效益，必须选择适当温度范围的载热体。载热体选择须考虑以下几个方面的因素：

① 热容大，温度易调节控制；

② 加热时不易分解，不易挥发；

③ 毒性小、不易燃、不易爆、不易腐蚀设备；

④ 价格便宜，来源容易。

### 2.1.4.1　常用的冷却剂

工业上常用的冷却剂见表 2-3。

表 2-3　常用冷却剂及其适应温度范围

| 冷却剂 | 水 | 空气 | 盐水 | 液氨 |
|---|---|---|---|---|
| 适应温度/℃ | 0～80 | ＞30 | －15～0 | －30～－15 |

### 2.1.4.2　常用的加热剂

工业上常用的加热剂见表 2-4。

表 2-4　常用加热剂及其适应温度范围

| 加热剂 | 热水 | 饱和蒸汽 | 矿物油 | 联苯混合物 | 熔盐 | 烟道气 |
|---|---|---|---|---|---|---|
| 适应温度/℃ | 40～100 | 100～180 | 180～250 | 255～380 | 142～530 | ＞1000 |

## 2.1.5　稳定传热和不稳定传热

在传热过程中，如果系统中输入的能量等于输出的能量，即此系统中不累积能量，则传热系统中各点的温度仅随位置变化而不随时间变化，这种传热是稳定传热；若系统中累积能量，则传热系统中各点的温度不仅随位置不同而且随时间也变化，这种传热是不稳定传热。

化工生产中，连续生产过程所进行的传热多为稳定传热，在间歇操作的换热设备中或者连续操作的换热设备处于开、停车阶段所进行的传热，都属于不稳定传热。本项目着重讨论稳定传热。

 想一想

工程任务中的换热器是什么类型？换热器还有哪些类型？怎样选择合适的换热器？

# 任务 2.2　换热设备及操作

## 任务要求

1. 熟悉化工生产中常用的间壁式换热器的类型，掌握各种换热器的特点及适用场合。

2. 掌握间壁式换热器流体通道的选择原则、确定换热设备型号的基本程序。

素质拓展阅读

### 青藏铁路中的安全卫兵——"热管"

　　青藏铁路地处高原寒冷地区，如何使冻土层地基稳固是其面临的最大难题。专家们通过采用"热管"技术、通风、遮阳、隔热保温等一系列降温措施，已使建成的冻土层路段安然度过严寒酷暑的考验，使我国成为少数几个掌握冻土层铁路路基施工技术的国家。青藏铁路使用的是低温"热管"，当气温低于冻土层时，外界冷气源源不断进入冻土层，而当气温高于冻土层时，"热管"会自动停止工作，加上隔热措施可以使冻土层地基稳固。这些全新的解决思路和工程科技创新，标志着青藏铁路多年冻土工程实践已处于世界领先水平。

## 2.2.1　认识换热设备

　　工业生产中的换热器有各种形式，就冷热两流体间热交换的方式而言，换热器可分为直接混合式、蓄热式和间壁式三类。由于生产中大多数情况下不允许冷热流体直接混合，故间壁式换热器应用最为广泛，下面主要讨论间壁式换热器。间壁式换热器有以下几种分类：

### 2.2.1.1　按换热器用途分

　　① 加热器　用于把流体加热到所需要的温度，被加热流体在加热过程中不发生相变。
　　② 冷却器　用于冷却流体，使其达到所需要的温度。
　　③ 预热器　用于流体的预热升温，以提高整个工艺装置的效率。
　　④ 过热器　用于加热饱和蒸汽且使其达到过热状态。
　　⑤ 蒸发器　用于加热液体且使其蒸发汽化。
　　⑥ 再沸器　用于加热冷凝的液体，使其再受热汽化，为蒸馏过程的专用设备。
　　⑦ 冷凝器　用于冷却饱和蒸汽，使其放出冷凝潜热而凝结成液体。

### 2.2.1.2　按制造材料分

　　常见的换热器材料有金属、陶瓷、塑料、石墨和玻璃等。
　　（1）金属材料换热器　由金属材料加工制成的换热器。常用的材料有碳钢、合金钢、铜及铜合金、铝及铝合金、钛及钛合金等。金属材料的热导率大，故此类换热器的传热效率高。
　　（2）非金属材料换热器　常用的材料有石墨、玻璃、塑料、陶瓷等。非金属材料的热导率较小，故此类换热器的传热效率较低，常用于腐蚀性物系的换热过程。

### 2.2.1.3　按传热面形状和结构分

　　换热器按传热面形状和结构分可以分为管式换热器、板式换热器和特殊形式换热器。管式换热器按传热管的结构形式又可分为管壳式、蛇管式、套管式和翅片管式等。其中管壳式换热器应用最广。
　　（1）管式换热器
　　① 蛇管式换热器　蛇管式换热器又分沉浸式和喷淋式两种。
　　a. 沉浸蛇管式换热器　通常以金属管弯绕而成，制成适应容器的形状，沉浸在容器内液体中，如图 2-7 所示，管内流体与容器内液体通过管壁进行换热。几种常用蛇管的形状如

图 2-8 所示。此类换热器结构简单、便于制造、便于防腐、能承受高压。其缺点是蛇管易堵塞，管外容器内的流体给热系数小，常需加搅拌装置以提高传热效果。沉浸蛇管式换热器主要应用于反应过程的加热或冷却、高压下传热、强腐蚀性流体的传热。

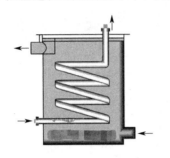

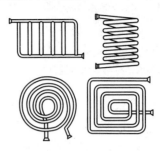

图 2-7　沉浸蛇管式换热器　　　　　　　　图 2-8　几种蛇管的形状

　　b. 喷淋蛇管式换热器　固定在支架上的蛇管排列在同一垂直面上，冷水由最上面的多孔分布管流下，喷淋到蛇管表面并下流，最后流入水槽而排出。被冷却的热流体自下部的管进入，在管内蜿蜒向上，由上部的管流出，与管外冷流体进行热量交换被冷却。这种换热器与沉浸蛇管式换热器相比，传热效果好，便于检修和清洗方便。其缺点是喷淋不均匀，只能安装在室外，占地面积大。喷淋蛇管式换热器（图 2-9）多用作冷却器。

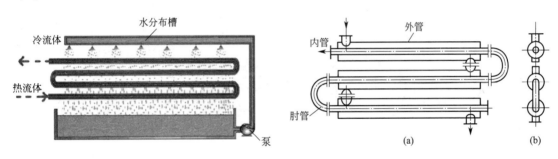

图 2-9　喷淋蛇管式换热器　　　　　　　　图 2-10　套管式换热器

　　② 套管式换热器　套管式换热器是由两种直径不同的标准管组成同心套管，然后用 180°的回弯管（肘管）将多段串联而成，如图 2-10 所示。每一段套管称为一程，程数可根据所需给热面积多少而增减。套管式换热器的优点是结构简单，能耐高压，给热面积可根据需要增减，易于维修和清洗。其缺点是单位传热面积的金属耗量大，管子接头多，流动阻力大。此类换热器适用于高温、高压及流量较小、所需给热面积小的场合。

码2-3　喷淋蛇
管式换热器　　　　　　　码2-4　套管式
换热器

　　③ 翅片管式换热器　翅片管式换热器又称为管翅式换热器，如图 2-11 所示。其结构为在金属管的外表面或者内表面或者同时装有很多翅片，常用翅片分为轴向和径向两类，如图 2-12 所示。

 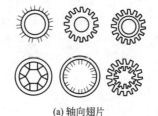 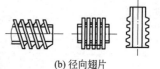

(a) 轴向翅片　　　　　(b) 径向翅片

**图 2-11　翅片管式换热器**　　　　　**图 2-12　常见翅片的形式**

翅片管式换热器常用于气体的加热或者冷却，当换热的另一方为液体或发生相变时，在气体一侧设置翅片，既可以扩大给热面积，又增强了流体的湍动程度，使流体的给热系数得以提高，可以强化传热过程。

④ 列管式换热器　列管式换热器又称管壳式换热器，它的特点是结构紧凑、坚固耐用、用材广泛、清洗方便、适用性较强、操作弹性大，在生产中得到普遍应用。

a. 列管式换热器的结构　列管式换热器由壳体、管束、折流板、管板和封头等部分组成。管束安装在壳体内，两端固定在管板上。封头用螺栓与壳体两端的法兰相连，详见图 2-13。若流体由封头的进口管进入，流经封头与管板的空间分配至各管内，从另一端封头的出口管流出，称为管程流体。若流体由壳体的接管流入，在壳体与管束间的空隙流动，通过管束表面与管束内流体换热，然后从壳体的另一端接管排出，称为壳程流体。

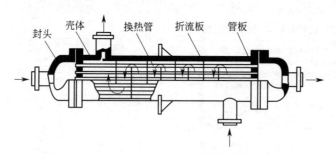

**图 2-13　列管式换热器结构图**

码2-5　列管式换热器　　　　　码2-6　列管式换热器的结构

若流体只在管程内流过一次，称为单管程，只在壳程内流过一次，称为单壳程，如图 2-14(a) 所示。若在换热器封头内设置隔板，将全部管子平均分成若干组，流体在管束内来回流过多次后排出，称为多（管）程，如图 2-14(b) 所示。若在换热器壳体内设置纵向挡板，将壳体内分成多个部分，壳程流体在壳体内来回流动多次，称为多壳程，如图 2-14(c) 所示。采用多管程（多壳程）可有效地增大管内（外）流体的流速，增大管内（外）流体的湍动程度，从而提高管内（外）流体的对流给热系数。

为增加壳程流体湍动程度，通常壳体内安装若干与管束垂直的折流挡板。其形状主要有三种，如图 2-15 所示。

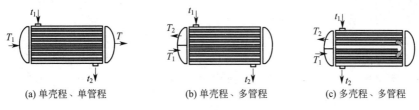

(a) 单壳程、单管程　　　　(b) 单壳程、多管程　　　　(c) 多壳程、多管程

图 2-14　不同管壳程的列管换热器

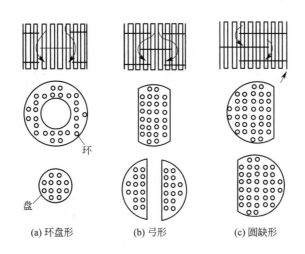

(a) 环盘形　　　　　(b) 弓形　　　　　(c) 圆缺形

图 2-15　常见换热器折流挡板形状

　　b. 列管式换热器的类型　列管式换热器操作时，由于冷热流体温度不同，使管束与壳体受热不同，其热膨胀程度也不同。若两流体温度差较大，就可能引起设备变形，管子弯曲，从管板上松脱，甚至破坏整个换热器。当两流体的温度差超过 50℃时，从结构上就应考虑消除或者减少热膨胀影响，采用的方法有补偿圈补偿、浮头补偿和 U 形管补偿等。依此，列管式换热器又可分为以下几种主要类型。

码2-7　列管式
换热器分类　　　　　　　　　　码2-8　固定管
板式换热器

　　ⅰ. 固定管板式换热器　如图 2-16 所示，固定管板式换热器的两端管板和壳体焊在一起。当壳体与传热管壁温度差大于 50℃时，在壳体上加装补偿圈（或称膨胀节）。依靠补偿圈的弹性变形来适应它们之间的不同的热膨胀。这种换热器结构简单，管内便于清洗，造价

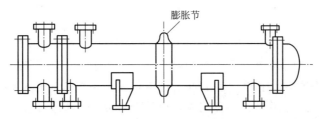

图 2-16　固定管板式换热器

低廉，但壳程清洗和检修困难，适用于壳程流体清洁、不易结垢，两流体温差不大或温差较大但壳程压力不高的场合。

ⅱ. 浮头式换热器 如图 2-17 所示，浮头式换热器两端的管板中有一端不与壳体连接，而与浮头相连，浮头可以在壳体内与管束一起自由移动。当壳体与管束因温度差而引起不同的热膨胀时，管束连同浮头能在壳体内沿轴向自由伸缩。这种浮头结构不但彻底消除了热应力，而且整个管束也可以从壳体中抽出，清洗和检修十分方便。因此尽管其结构复杂，造价较高，但应用仍然十分广泛，特别适用于壳体与管束温差较大或壳程流体容易结垢及管程易腐蚀的场合。

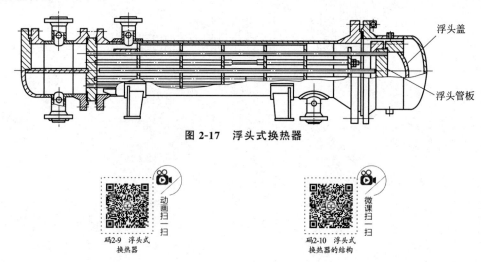

图 2-17 浮头式换热器

码2-9 浮头式
换热器

码2-10 浮头式
换热器的结构

ⅲ. U 形管式换热器 如图 2-18 所示，U 形管式换热器只有一个管板，管子弯成 U 形，管子两端固定在同一个管板上。管束可以自由伸缩，该换热器结构简单，密封面少，运行可靠，造价低，管间清洗方便，其缺点是管内清洗困难，可排列的管子数目少，管束内管间距大，壳程易短路。该换热器适用于管、壳程温差较大，或者壳程介质易结垢而管程介质不易结垢的场合。

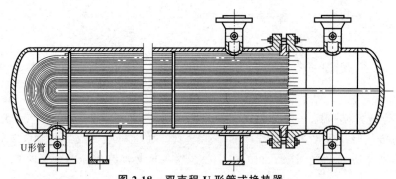

图 2-18 双壳程 U 形管式换热器

码2-11 U形管
式换热器

列管式换热器还有填料函式换热器和釜式换热器等。

如图 2-19 所示，填料函式换热器的管板只有一端与壳体固定，另一端采用填料函密封。管束可以自由伸缩，不会产生温差应力。该换热器的结构较 U 形管式换热器简单，管束可以从壳体内整体抽出，管、壳程均能进行清洗。其缺点是填料函耐压不高，一般小于 4.0MPa，壳程介质可能通过填料函外漏。这种换热器适用于管、壳程温差较大或壳程介质易结垢而管程介质不易结垢的场所。

如图 2-20 所示，釜式换热器在壳体上部设置蒸发空间。管束可以为固定管板式、浮头式或者 U 形管式。釜式换热器清洗方便，并能承受高温、高压，适用于液-汽（气）换热（其中液体沸腾汽化），可以作为简单的废热锅炉。

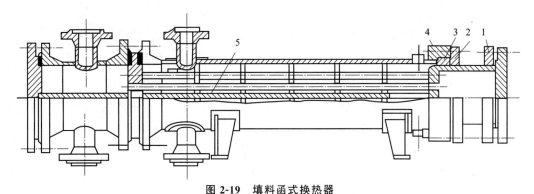

**图 2-19　填料函式换热器**

1—活动管板；2—填料压盖；3—填料；4—填料函；5—纵向隔板

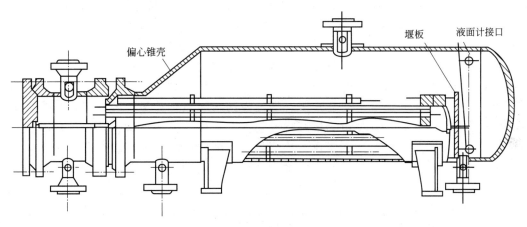

**图 2-20　釜式换热器**

c. 列管式换热器型号与系列标准　为了便于设计、制造和选用列管式换热器，有关部门已制定了列管式换热器的系列标准。

我国对列管式换热器的分类和设计是按照 GB/T 151—2014《热交换器》进行的，各系列标准可参阅有关手册。

（2）板式换热器　板式换热器的换热面是板状面，按板面结构形式可分为夹套式平板式、螺旋板式、板翅式、热板式等。

① 夹套式换热器　结构如图 2-21 所示，夹套式换热器的夹套通常用钢或铸铁制成，安装在容器的外部，夹套与器壁之间形成密闭的空间，容器内的物料和夹套内的物料通过器壁进行换热。因为夹套内清洗困难，一般用不易结垢的水蒸气、冷却水作为载热体，蒸汽是上进下出，冷却水是下进上出。夹套式换热器主要应用于反应过程的加热或冷却，其结构简单，制造加工方便，但给热面积较小，且夹套内部清洗困难，可通过在容器内安装搅拌器或者安装蛇管等方法强化传热效果。

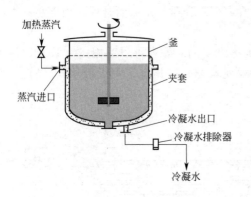

图 2-21 夹套式换热器（蒸汽作载热体）

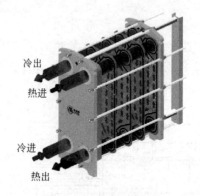

图 2-22 平板式换热器

码2-12 夹套式
换热器

② 平板式换热器　结构如图 2-22 所示，它是由若干块长方形薄金属板平行排列，夹紧组装于支架上构成的。两相邻板的边缘衬有垫片，压紧后板间形成流体通道。冷热流体交替在板片两侧流过，通过板片进行换热。板片是平板式换热器的核心部件，常将板面冲压成各种槽形或者波纹状。该类换热器具有结构紧凑、单位体积给热面积大、组装灵活方便、传热速率高、可随时增减板数、便于清洗和维修等优点。其主要缺点表现在处理量小，受垫片材料性能的限制，操作压力和温度不能过高。该换热器适用于需要经常清洗，工作环境要求十分紧凑，操作压力在 2.5 MPa 以下，温度在 −35～200℃的场合。

码2-13 平板式
换热器

③ 螺旋板式换热器　结构如图 2-23 所示，由焊接在中心隔板上的两块金属薄板卷制而成，两薄板之间形成螺旋形通道，两板之间焊有定距柱，以维持通道间距，螺旋板的两端焊有盖板。两流体分别在两通道内流动，通过螺旋板进行换热。螺旋板式换热器的结构紧凑，单位体积给热面积大，流体在换热器内做严格的逆流流动，可在较小的温差下操作，能充分利用低温能源，由于流向不断改变，且允许选用较高流速，故传热效果好，又由于流速较高，同时有离心力作用，污垢不容易沉积。但此类换热器制造和检修都比较困难，流动阻力较大，操作压力和温度都不能太高，一般压力在 2MPa 以下，温度不超过 400℃。

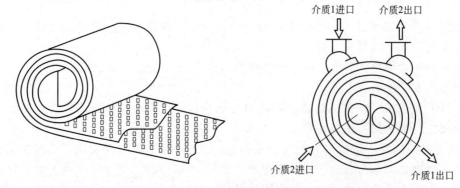

图 2-23 螺旋板式换热器

④ 板翅式换热器　结构如图 2-24 所示，基本单元由翅片、隔板及封条组成。翅片上下放置隔板，两侧边缘由封条密封，即组成一个单元体。将一定数量的单元体组合起来并进行

适当排列，然后焊在带有进出口的集流箱上，一般用铝合金制造。板翅式换热器结构轻巧、紧凑、高效，单位体积给热面积大，传热效果好，操作温度范围广，适用于低温或超低温场合；允许操作压力较高，可达到5MPa。此类换热器也存在着容易堵塞，流动阻力大，清洗、检修困难等问题，对介质洁净度要求较高。

码2-14 螺旋板
式换热器

（3）特殊形式换热器　根据工艺特殊要求而设计的具有特殊结构的换热器，如回转式、热管式、同流式换热器等。

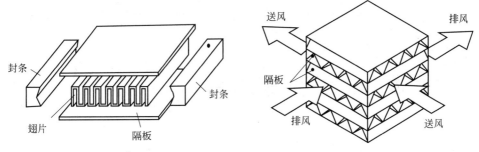

图 2-24　板翅式换热器

## 2.2.2　换热器内流体通道与流速的选择

### 2.2.2.1　流体通道的选择

在列管式换热器中，哪种流体走管程，哪种流体走壳程，需要合理安排，流体通道选择一般考虑以下原则：

① 不清洁或易结垢的流体走易于清洗的一侧，对于直管管束，一般走管程，管内易于清洗。

② 腐蚀性流体宜走管程，以免管束和壳体同时受腐蚀，而且管子也便于清洗和更换。

③ 压力高的流体宜走管程，以免壳体受压，并且可节省壳体金属材料的耗用量。

④ 有毒流体走管程，以降低泄漏概率。

⑤ 高温加热剂与低温冷却剂宜走管程，以降低热量和冷量损失。

⑥ 对流给热系数相对大的流体宜走壳程，此时壁面温度接近 $\alpha_{大}$ 流体，减少了热应力，同时可以采用多程来提高 $\alpha_{小}$ 流体的流速，强化传热。

⑦ 饱和蒸汽宜走壳程，以便于及时排出冷凝液，且蒸汽较洁净，不易污染壳程。

⑧ 被冷却的流体一般走壳程，利用外壳向外的散热，增强冷却效果。

⑨ 黏度大、流量小的流体宜选壳程，因壳程的流道截面和流向都在不断变化，在低 $Re$ 值（$Re>100$）即可达到湍流，提高对流给热系数。

在选择流体通道时，以上各点往往不能同时满足，在实际选择时应抓住主要矛盾进行选择。

### 2.2.2.2　流体流速的选择

换热器中增加流体的流速，可以提高对流给热系数，同时降低结垢量。然而流速增加，流体阻力也随之增加，动力消耗增大，因此适宜的流速需要通过技术与经济分析来确定。表 2-5 给出了常用流速范围，以供参考，所选流速应尽量避免流体处于层流状态。

表 2-5　列管式换热器中常用的流速范围

| 流体种类 | 流速/(m/s) | |
| --- | --- | --- |
| | 管程 | 壳程 |
| 低黏度液体 | 0.5~3 | 0.2~1.5 |
| 易结垢液体 | >1 | >0.5 |
| 气体 | 5~30 | 2~15 |

## 想一想

工程案例中，为了完成冷流体升温，热流体流量应该控制为多少？热流体的出口温度能达到多少？

# 任务 2.3　换热过程分析及计算

## 任务要求

1. 了解间壁式换热器的工作过程及热量传递基本规律，掌握传热基本方程。
2. 掌握换热介质的用量的求取方法，理解换热介质的用量对换热过程的影响。
3. 掌握传热速率、传热平均温差、传热系数、传热面积求取的基本方法及影响因素。
4. 掌握换热器强化传热的途径。
5. 了解保温的意义和保温材料类型。

### 2.3.1　传热基本方程

#### 2.3.1.1　间壁式换热器内传热过程分析

工程案例中，为了确定热流体流量及出口温度，必须了解间壁式换热器的工作过程及热量传递基本规律。

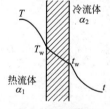

**图 2-25　间壁式传热过程分析**

如图 2-25 所示，在间壁式换热器内，冷热流体在壁面两侧流动。热量传递过程为：首先热流体以对流传热方式将热量传给壁面一侧，然后热量由管壁的一侧以热传导的方式传给管壁的另一侧，最后热量再由壁面以对流方式传给冷流体。

#### 2.3.1.2　总传热速率方程和应用

根据长期的生产实践经验，在上述传热过程中，单位时间内通过换热器间壁传递的热量和传热面积成正比，与冷、热流体间的温度差亦成正比。倘若温度差沿传热面是变化的，则取换热器两端的温度差的平均值。上述关系可用数学式表示如下：

$$Q = KA\Delta t_{m} \tag{2-4}$$

式中　$Q$——传热速率，指单位时间内通过换热器间壁传递的热量，W；

$A$——换热器的传热面积，$m^2$；

$\Delta t_{m}$——冷、热流体间传热温度差的平均值，是传热的推动力；

$K$——总传热系数，表示传热过程强弱程度，$W/(m^2 \cdot ℃)$。

式(2-4)称为传热基本方程，又称总传热速率方程。

化工过程的传热问题可分为两类：一类是设计型问题，根据生产要求，设计或者选定换热器；另一类是操作问题，需要计算给定换热器的传热量、载热体流量或温度等。两者均需要以传热基本方程为基础进行解决。

式(2-4) 可以改写成：

$$K = \frac{Q}{A \Delta t_m} \tag{2-5}$$

由式(2-5) 可以看出，$K$ 的物理意义为：单位传热面积、单位传热温差时的传热量大小。$K$ 值越大，在相同的温差条件下，所传递的热量就越多，即热交换过程越强烈。因此在传热操作中，总是设法提高传热系数 $K$ 的数值，以强化传热过程。

式(2-4) 也可以写成如下形式：

$$Q = \frac{\Delta t_m}{\dfrac{1}{KA}} = \frac{\Delta t_m}{R} \tag{2-6}$$

式中，$R$ 为间壁式换热器换热过程的总热阻，$R = \dfrac{1}{KA}$。

## 2.3.2　传热速率

### 2.3.2.1　传热速率与热负荷的关系

传热速率是换热设备单位时间内能够传递的热量，是换热器的生产能力，主要由换热器自身的性能决定，用符号 $Q$ 表示。热负荷是指工艺上要求换热器在单位时间内传递的热量，是生产任务的大小，与换热器的结构无关，用符号 $Q'$ 表示。为了保证换热器完成换热任务，$Q \geqslant Q'$。

换热器选型过程中，可用热负荷代替传热速率，求得传热面积后再考虑一定的安全裕量，然后进行选型设计。

### 2.3.2.2　热负荷的确定

（1）热量衡算　在冷热流体稳定传热时，根据能量守恒定律，当系统无外部能量的输入，且一般位能和动能项均可忽略时，换热器中单位时间内热流体放出的热量，等于冷流体吸收的热量加上散失到周围环境中的热量。对其做能量衡算，即：

$$Q_h = Q_c + Q_l \tag{2-7}$$

式中　$Q_h$——热流体放出的热量，kJ/h 或 W；

$Q_c$——冷流体吸收的热量，kJ/h 或 W；

$Q_l$——换热器的热损失，kJ/h 或 W。

（2）热负荷的计算　当换热器绝热良好，热损失可以忽略时，则在单位时间内换热器中热流体放出的热量等于冷流体吸收的热量，即：

$$Q_h = Q_c \tag{2-8}$$

此时，热负荷取 $Q_h$ 或 $Q_c$ 均可：

$$Q' = Q_h = Q_c \tag{2-9}$$

当换热器的热损失不能忽略时，必然 $Q_h \neq Q_c$，此时热负荷取 $Q_h$ 还是 $Q_c$ 需根据具体情况而定。一般情况下是由工艺下达的换热任务确定。以管式换热器为例，通常是哪种流体走管程，就取该流体的传热量作为换热器的热负荷。

热负荷的计算通常有以下方法：

① 显热法（无相变时热负荷的计算） 当物质与外界交换热量时，物质不发生相变而只是温度发生变化，此时放出或吸收的热量称为显热。则 $Q_h$、$Q_c$ 可用下式计算：

$$Q_h = W_h C_{ph}(T_1 - T_2)$$
$$Q_c = W_c C_{pc}(t_2 - t_1) \tag{2-10}$$

式中　$W$——冷、热流体的质量流量，$kg/m^3$；

　　　$C_{pc}$——流体的平均比热容，一般由流体换热前后平均温度查得，$kJ/(kg \cdot ℃)$；

　　　$t$——冷流体的温度，℃；

　　　$T$——热流体的温度，℃。

下标 c、h 分别表示冷流体和热流体，下标 1 和 2 表示流体的进口和出口。

② 潜热法（有相变时热负荷的计算） 当流体与外界交换热量过程中，仅仅发生相变（如饱和蒸汽冷凝成饱和液体沸腾），而没有温度变化，此过程放出或吸收的热量称为潜热。其传热量可按下式计算：

$$Q_h = W_h r_h$$
$$Q_c = W_c r_c \tag{2-11}$$

式中　$W_h$——饱和蒸气（即热流体）的质量流量，$kg/h$；

　　　$W_c$——饱和液体（即冷流体）的质量流量，$kg/h$；

　　　$r_h$，$r_c$——热、冷流体的汽化潜热，$kJ/kg$。

③ 焓差法 由于换热器中流体的进、出口压差不大，可以近似为恒压过程，物质吸收或者放出的热量等于其焓变。焓差法不需要考虑换热过程中流体是否发生相变。其传热量按下式计算：

$$Q_h = W_h(H_{h1} - H_{h2})$$
$$Q_c = W_c(H_{c2} - H_{c1}) \tag{2-12}$$

式中　$W$——流体的质量流量，$kg/h$；

　　　$H$——单位质量流体的焓，$kJ/kg$。

下标 c、h 分别表示冷流体和热流体，下标 1 和 2 表示流体的进口和出口。

### 2.3.2.3　载热体用量的计算

在换热器的选型和设计中，被处理流体的流量和进出口温度，以及另一种流体（载热体）的进口温度是由工艺条件规定的，载热体的用量或出口温度则由设计者决定。根据热负荷计算原理，若载热体的出口温度一定，则载热体的用量可以确定。

载热体用量的大小会直接影响到载热体的出口温度，影响传热过程的平均温差，进而会影响到换热面积的大小。操作费用和设备费用都会随之发生变化，最适宜的载热体用量应该根据经济衡算来确定。

【例题 2-1】 将 0.417kg/s，80℃的硝基苯，通过一换热器冷却到 40℃，冷却水初温为 30℃，出口温度不超过 35℃。已知此时硝基苯和水的比热容分别为 1.6kJ/(kg·℃) 和 4.187kJ/(kg·℃)，如热损失可以忽略，试求：

(1) 该换热器的热负荷；(2) 冷却水用量；(3) 如将冷却水的流量增加到 6m³/h，冷却水的终温将如何变化？

**解** (1) 计算热负荷：

$$Q' = Q_h = W_h C_{ph}(T_1 - T_2)$$
$$= 0.417 \times 1.6 \times 10^3 \times (80 - 40)$$
$$= 26.7 \times 10^3 (W) = 26.7 (kW)$$

（2）若忽略热损失，则冷却水用量可依 $Q_h = Q_c$ 计算，得：

$$Q_h = Q_c$$
$$Q_h = W_c C_{pc}(t_2 - t_1)$$
$$26.7 \times 10^3 = W_c \times 4.187 \times 10^3 \times (35 - 30)$$

可得　　　　　　$W_c = 1.275 kg/s = 4590 kg/h \approx 4.59 m^3/h$

（3）如将冷却水的流量增加到 $6 m^3/h$，由于任务中 $Q_h$、$W_c'$ 及 $t_1$ 都已确定，且热损失忽略不计，所以可依 $Q_h = Q_c$ 计算，得：

$$Q_h = Q_c = W_c' C_{pc}(t_2' - t_1)$$

$$26.7 \times 10^3 = \frac{6 \times 1000}{3600} \times 4.187 \times 10^3 (t_2' - 30)$$

$$t_2' = \frac{26.7 \times 10^3}{4.187 \times 10^3 \times \dfrac{6 \times 1000}{3600}} + 30 = 33.83 (℃)$$

由计算结果可见，当冷却水用量增加时，冷却水的出口温度下降了。

### 2.3.3　传热温度差 $\Delta t_m$ 的计算

在间壁式换热器中两种流体沿壁面流动，沿传热壁面不同位置上的传热温度差大多数情况下是不同的，$\Delta t_m$ 应为各个位置上温差的平均值，称为传热平均温度差，代表整个换热器的传热推动力。

传热平均温度差的大小及计算方法与换热器中两种流体的温度变化以及相对流动方向有关，按照各个位置的温差是否变化分为恒温传热和变温传热两类，按照间壁两侧流体的相对流向分为并流、逆流、错流和折流四类（图 2-26）。

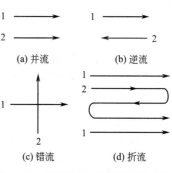

**图 2-26　冷热流体的相对流动方向**

#### 2.3.3.1　恒温传热时的传热温度差

恒温传热即换热过程中热流体温度 $T$、冷流体温度 $t$ 始终保持不变，此时各个传热截面的传热温度差完全相同，并且流体的流动方向对温差大小也没有影响。可表示如下：

$$\Delta t_m = T - t \tag{2-13}$$

式中　$T$——热流体的温度，℃；

　　　　$t$——冷流体的温度，℃。

在换热过程中两侧流体同时发生相变时候的传热即为恒温传热，例如，蒸发器内，间壁一侧蒸汽在一定温度下冷凝，同时另一侧液体在一定温度下沸腾时的传热。

#### 2.3.3.2　变温传热时的传热温度差

变温传热是指两侧流体中至少有一侧流体沿着传热面温度不断变化，因而间壁两侧的温度差沿着传热面会发生变化，一般以两端温度差 $\Delta t_1$ 和 $\Delta t_2$ 为极值。变温传热时两侧流体流向可能会影响平均温差。间壁两侧流体皆变温时的传热温度变化见图 2-27。

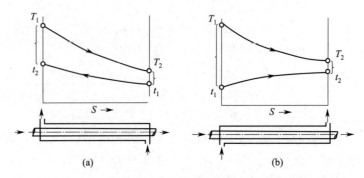

图 2-27　间壁两侧流体皆变温时的传热温度变化

（1）逆流和并流时的平均温差　经推导，此时的平均温差大小在 $\Delta t_1$ 和 $\Delta t_2$ 之间，用对数平均值的方法进行计算，公式如下：

$$\Delta t_m = \frac{\Delta t_1 - \Delta t_2}{\ln \dfrac{\Delta t_1}{\Delta t_2}} \tag{2-14}$$

式中　$\Delta t_m$——对数平均温度差，℃或 K；

$\Delta t_1$，$\Delta t_2$——换热器两端热、冷流体温度差，℃或 K。

式（2-14）的使用说明：

① 逆流时：$\Delta t_1 = T_1 - t_2$，$\Delta t_2 = T_2 - t_1$；

并流时：$\Delta t_1 = T_1 - t_1$，$\Delta t_2 = T_2 - t_2$。

② 若 $0.5 \leqslant \Delta t_1 / \Delta t_2 \leqslant 2$ 时，在工程计算中，可以用算术平均温度差 $(\Delta t_1 + \Delta t_2)/2$ 代替对数平均温度差，误差为 4% 以下。

【例题 2-2】用套管式换热器给某热流体降温，使其温度由 180℃ 降至 140℃，所用的冷却剂温度从 60℃ 上升到了 120℃，试计算两流体分别逆流和并流时的平均温度差。

解　① 逆流时

热流体温度变化：$T_1 = 180℃ \longrightarrow T_2 = 140℃$

冷流体温度变化：$t_2 = 120℃ \longleftarrow t_1 = 60℃$

两端温度差：$\Delta t_1 = 60℃$，$\Delta t_2 = 80℃$

$$\Delta t_m = \frac{\Delta t_1 - \Delta t_2}{\ln \dfrac{\Delta t_1}{\Delta t_2}} = \frac{80 - 60}{\ln \dfrac{80}{60}} = 69.5（℃）$$

因 $0.5 < \Delta t_1 / \Delta t_2 < 2$，故也可用算术平均来计算平均温度差，即：

$$\Delta t_m \approx (\Delta t_1 + \Delta t_2)/2 = (80 + 60)/2 = 70℃$$

显然，算术平均值 70℃相对于对数平均值 69.5℃，误差为 0.7%，工程上是允许的。

② 并流时

热流体温度变化：$T_1 = 180℃ \longrightarrow T_2 = 140℃$

冷流体温度变化：$t_1 = 60℃ \longrightarrow t_2 = 120℃$

两端温度差：$\Delta t_1 = 120℃$，$\Delta t_2 = 20℃$

$$\Delta t_m = \frac{\Delta t_1 - \Delta t_2}{\ln \dfrac{\Delta t_1}{\Delta t_2}} = \frac{120 - 20}{\ln \dfrac{120}{20}} = 55.8(℃)$$

由结果可见，在同样的进出口温度下，逆流的传热推动力比并流要大。

**【例题 2-3】**　在某换热器中用 180℃饱和水蒸气加热反应原料气，使原料气温度由 60℃上升到了 120℃，试计算两流体分别逆流和并流时的平均温度差。

**解**　分析：用饱和蒸汽加热原料气过程中，饱和蒸汽侧冷凝发生相变，虽放出热量但温度不变。故本题属于一侧恒温、一侧变温的换热过程。

逆流时热流体温度变化：$T_1 = 180℃ \longrightarrow T_2 = 180℃$

冷流体温度变化：$t_2 = 120℃ \longleftarrow t_1 = 60℃$

两端温度差：$\Delta t_1 = 60℃$，$\Delta t_2 = 120℃$

显然，逆流和并流时的 $\Delta t_1$ 和 $\Delta t_2$ 是一样的，则 $\Delta t_m$ 必然一样。计算结果如下：

$$\Delta t_m = \frac{\Delta t_1 - \Delta t_2}{\ln \dfrac{\Delta t_1}{\Delta t_2}} = \frac{120 - 60}{\ln \dfrac{120}{60}} = 86.6(℃)$$

**【讨论】：**

① 间壁两侧流体皆变温时，同样的进出口温度下，逆流操作比并流操作的平均温度差要大，在热负荷一定的前提下，可以减少传热面积，因而生产中一般选择逆流操作。

② 一侧恒温、一侧变温时，同样的进出口温度下，流体的流动方向改变对传热温度差是没有影响的。此时实际生产中具体采用什么流向，主要是考虑安全与操作的方便。

（2）错流和折流时的平均温度差　在大多数换热器中，为了强化传热，加工制作方便等原因，两流体并非是简单的并流和逆流，而是比较复杂的错流或折流。

错流或折流时平均温差计算方法如下，先按逆流计算对数平均温度差 $\Delta t_{m逆}$，再乘以一个校正系数 $\Phi_{\Delta t}$，即：

$$\Delta t_m = \Phi_{\Delta t} \Delta t_{m逆} \tag{2-15}$$

式中，$\Phi_{\Delta t}$ 为温度差校正系数，其值小于 1，所以错流和折流时的平均温差总是小于逆流传热的平均温差。一般情况下，$\Phi_{\Delta t}$ 不宜小于 0.8，否则使 $\Delta t_m$ 过小，不经济。

$\Phi_{\Delta t}$ 与温度变化有关，可以表示为 $P$、$R$ 的函数：$\Phi_{\Delta t} = f(P, R)$。

$$P = \frac{t_2 - t_1}{T_1 - t_1} \tag{2-16}$$

$$R = \frac{T_1 - T_2}{t_2 - t_1} \tag{2-17}$$

$\Phi_{\Delta t}$ 值可以根据参数 $R$、$P$ 查有关关联图得到，例如，图 2-28 分别是单壳程、双壳程换热器的温度差校正系数图，其他形式换热器的 $\Phi_{\Delta t}$ 可以查阅有关资料。

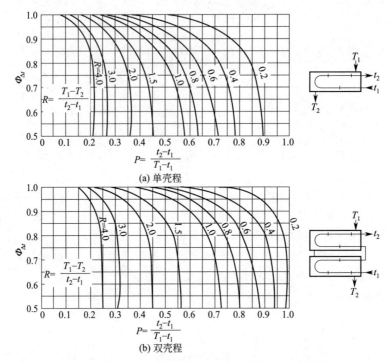

图 2-28　单壳程、双壳程对数平均温度差校正系数图

## 2.3.4　传热系数 K 值的计算和测定

传热系数的获取有以下三种方式：取经验值、现场测定和公式计算。

### 2.3.4.1　取经验值

取经验值即选取工艺条件相仿、设备类似而又比较成熟的经验数据，表 2-6 列出了列管式换热器传热系数的大致范围。

表 2-6　列管式换热器传热系数的大致范围

| 换热流体 | $K/[\text{W}/(\text{m}^2 \cdot \text{K})]$ | 换热流体 | $K/[\text{W}/(\text{m}^2 \cdot \text{K})]$ |
|---|---|---|---|
| 水-水 | 850~1700 | 低沸点烃类蒸气冷凝(常压)-水 | 455~1140 |
| 轻油-水 | 340~910 | 高沸点烃类蒸气冷凝(减压)-水 | 60~170 |
| 重油-水 | 60~280 | 水蒸气冷凝-水沸腾 | 2000~4250 |
| 气体-水 | 17~280 | 水蒸气冷凝-轻油沸腾 | 455~1020 |
| 水蒸气冷凝-水 | 1420~4250 | 水蒸气冷凝-重油沸腾 | 140~425 |
| 水蒸气冷凝-气体 | 30~300 | | |

### 2.3.4.2　现场测定

对于已有的换热器，可以测定有关数据，如设备的尺寸、流体的流量和进出口温度等，然后求得传热速率 $Q$、传热温差 $\Delta t_{\text{m}}$ 和传热面积 $A$，再由传热基本方程计算出 $K$ 值，这样得到的 $K$ 值准确度高，但其使用范围受到限制，只有与所测情况相一致的场合（包括设备的类型、尺寸、流体性质、流动状况等）才准确。但若使用情况与所测定情况相似，所测 $K$ 值仍有一定参考价值。

### 2.3.4.3　公式计算

如前所述，在间壁式换热器中，对流传热过程分为三步：热流体与壁面的对流传热、壁面内的热传导和壁面与冷流体的对流传热。传热的总热阻必然包括间壁两侧对流传热热阻与间壁本身导热热阻。投入生产后，随着换热器使用，壁面常有污垢形成，垢层虽薄但热导率很小，产生附加热阻，不能忽视。换热器的总热阻等于间壁两侧流体的对流热阻、污垢热阻以及壁面的导热热阻之和。

在传热计算中，选择何种面积作为计算标准，$K$ 的结果是不同的。工程中，大多数以外表面为基准，除了特别说明外，手册中所列 $K$ 值都是基于外表面积的传热系数。换热器的标准系列中的传热面积也是指外表面积。根据串联热阻叠加原理，可以导出 $K$ 值的计算方法。

$$\frac{1}{K_o} = \frac{A_o}{\alpha_i A_i} + \frac{A_o}{A_i} R_{Ai} + \frac{\delta A_o}{\lambda A_m} + R_{Ao} + \frac{1}{\alpha_o} \tag{2-18}$$

式中，$A_i$ 和 $A_o$ 分别为内、外两侧的传热面积；$A_m$ 为管壁的平均传热面积；$\alpha_i$ 和 $\alpha_o$ 分别为内、外侧流体的给热系数；$\lambda$ 为管壁的热导率；$\delta$ 为壁厚；$R_{Ai}$ 及 $R_{Ao}$ 分别为传热面内、外两侧表面上的污垢热阻。工业上某些常用流体的污垢热阻经验值，可查阅有关专业资料。

若传热壁面为平壁或者薄管壁，$A_o$、$A_i$、$A_m$ 相等或者相近，则上式可以简化为：

$$\frac{1}{K} = \frac{1}{\alpha_i} + R_{Ai} + \frac{\delta}{\lambda} + R_{Ao} + \frac{1}{\alpha_o} \tag{2-19}$$

**【讨论】：**

① 流体易结垢，或换热器使用时间过长，污垢热阻往往会增加，使换热器的传热速率严重下降。所以换热器要根据具体工作条件，定期进行清洗。

② 若固体壁是金属材料，$\lambda$ 很大，而 $\delta$ 很小，$\delta/\lambda$ 很小，则间壁导热热阻可以忽略，若传热过程中无垢层存在，式(2-19) 可简化为：

$$\frac{1}{K} = \frac{1}{\alpha_i} + \frac{1}{\alpha_o} \tag{2-20}$$

若式(2-20) 中的 $\alpha_i \gg \alpha_o$，则有 $K \approx \alpha_o$；反之 $\alpha_i \ll \alpha_o$，则 $K \approx \alpha_i$。说明当两种流体的对流传热膜系数相差较大时，$K$ 值总是接近于小的对流传热膜系数。此时，若要提高 $K$ 值，关键在于提高数值小的对流传热膜系数，即需减小此分热阻。

## 2.3.5　换热器传热面积的计算

传热面积是换热器设计计算的核心内容，也是选择换热器的重要依据。当传热速率（或热负荷）$Q$、传热平均温度差 $\Delta t_m$ 及传热系数 $K$ 确定后，由传热基本方程式 $Q = KA\Delta t_m$ 很容易计算出：

$$A = \frac{Q}{K\Delta t_m} \tag{2-21}$$

**【例题 2-4】** 拟在列管式换热器中用初温为 20℃ 的水将流量为 1.25kg/s 的溶液［比热容为 1.9kJ/(kg·℃)、密度为 850kg/m³］由 80℃ 冷却到 30℃。换热管直径为 $\phi25\text{mm} \times 2.5\text{mm}$，长为 3m。水走管程、溶液走壳程，两流体逆流流动。水侧和溶液侧的给热系数分别为 0.85kW/(m²·℃) 和 1.70kW/(m²·℃)，污垢热阻、管壁热阻及热损失可忽略。若水的出口温度不能高于 50℃，试求换热器的传热面积及换热管的管子数。

**解** 热负荷：

$$Q = W_h C_{ph}(T_1 - T_2) = 1.25 \times 1.9 \times 10^3 \times (80 - 30) = 1.19 \times 10^5 (\text{W})$$

逆流传热的平均温度差：

热流体温度变化：$T_1 = 80℃ \rightarrow T_2 = 30℃$

冷流体温度变化：$t_2 = 50℃ \leftarrow t_1 = 20℃$

两端温度差：$\Delta t_1 = 30℃$，$\Delta t_2 = 10℃$

$$\Delta t_m = \frac{\Delta t_1 - \Delta t_2}{\ln \dfrac{\Delta t_1}{\Delta t_2}} = \frac{30 - 10}{\ln \dfrac{30}{10}} = 18.2(℃)$$

污垢热阻、管壁热阻及热损失可忽略，得：

$$\frac{1}{K_o} = \frac{d_o}{\alpha_i d_i} + \frac{1}{\alpha_o} = \frac{25}{0.85 \times 10^3 \times 20} + \frac{1}{1.7 \times 10^3} = 2.06 \times 10^{-3}[(\text{m}^2 \cdot ℃)/\text{W}]$$

$$K_o = 485.44 \text{W}/(\text{m}^2 \cdot ℃)$$

由总传热速率方程 $Q = KA\Delta t_m$ 可得：

$$A_o = \frac{Q}{K_o \Delta t_m} = \frac{1.19 \times 10^5}{485.44 \times 18.2} = 13.5(\text{m}^2)$$

由 $A = n\pi d_o L$ 得：

$$n = \frac{A}{\pi d_o L} = \frac{13.5}{3.14 \times 0.025 \times 3} = 57.3 \approx 58(\text{根})$$

换热器传热面积为 $13.5\text{m}^2$（换热管的外表面积），所需换热管的管子数为 58 根。

## 2.3.6 强化传热与削弱传热

### 2.3.6.1 强化传热

所谓强化传热，就是设法提高冷、热流体之间的传热速率。由传热速率方程 $Q = KA\Delta t_m$ 可以看出，增大传热系数 $K$、增大传热面积 $A$ 和增大传热平均温度差 $\Delta t_m$ 均可提高传热速率，下面予以分析。

（1）增大传热面积 $A$ 工程上不是单靠增加设备尺寸来实现，因为这样会导致设备体积增大，设备费用增加。而是从设备紧凑性考虑，提高其单位体积的传热面积，也就是扩展传热面积。如改进传热面结构，采用螺纹管、波纹管、翅片管代替光滑管；采用新型换热器如板式或板翅片式换热器等，都可以实现单位体积的传热面积增大的效果。

（2）增大传热平均温差 $\Delta t_m$ 传热平均温差与冷、热流体温度大小和流动状态有关。一般来说，物料的温度由工艺条件所决定，不能随意变动，而加热剂或者冷却剂的类型和流量等条件可以做出选择，通过改变加热剂或者冷却剂温度，可以提高传热的平均温差。例如利用饱和水蒸气作加热介质时，提高蒸汽压力就可提高蒸汽加热温度，从而增大传热温差；又如采用冷冻盐水来代替普通冷却水，也可以增大传热温差。但在增加传热温差时应综合考虑技术可行性和经济合理性。当换热器中冷、热流体均无相变时，应尽可能在结构上采用逆流或接近于逆流的流向排布形式以增大平均传热温差。

（3）增大传热系数 $K$ 增大传热系数 $K$ 是强化传热过程最有效的途径。

欲提高传热系数，就必须减小传热过程各个环节的热阻。由于各项热阻所占份额不同，故应设法减小传热过程中的主要热阻。在换热设备中，金属间壁比较薄且热导率较高，一般不会成为主要热阻。污垢热阻是一个可变因素，随着设备使用，垢层厚度增加，热阻增大。通常流体的对流传热热阻是传热过程的主要热阻。

由 $K$ 的计算公式可知，提高 $\alpha_i$ 和 $\alpha_o$ 理论上都能使 $K$ 值增大。当 $\alpha_i$ 和 $\alpha_o$ 数值接近时，两者应同时提高；当 $\alpha_i$ 和 $\alpha_o$ 相差较大时，$K$ 值基本上接近于给热系数小的值，即应设法提高 $\alpha_{小}$ 的值。目前提高给热系数的方法主要有以下几种：

① 无相变的对流传热　增大流速和减小管径都能增加湍动程度。例如：对于列管式换热器，在封头内设置隔板，增加管束程数以提高管内流体的流速，在壳体内设置折流挡板以提高壳程流体的流速。增加人工扰流装置，在管内安放或管外套装如麻花铁、螺旋圈、盘状构件、金属丝、翼形物等部件以破坏流动边界层而增强传热效果。实验表明加入人工扰流装置后，对流传热可显著增强，但也使流动阻力增加，易产生通道堵塞和结垢等运行上的问题。

② 有相变的对流传热　对于冷凝传热，除了及时排除不凝气和冷凝液之外，还可以通过改变传热表面状况来改变流动条件。例如：管式换热器设计成螺旋管、翅片管等；又如板式换热器流体的通道设计成凹凸不平的波纹或沟槽等；对金属管表面进行烧结、电火花加工、涂层等方法可制成多孔表面管或涂层管，以增加传热面的粗糙程度；在液体中加入乙醇、丙酮等添加剂等也能有效提高给热系数。

③ 降低污垢热阻　在换热器投入使用的初期，污垢热阻很小，随着使用时间的延长，污垢将逐渐集聚在传热面上，成为阻碍传热的重要因素。减小污垢热阻的具体措施有：提高流体的流速和增加扰动，以减弱垢层的沉积；控制冷却水的出口温度，加强水质的处理，尽量采用软化水；加入阻垢剂，减缓和防止污垢的形成；及时除垢清洗设备。

综上所述，强化传热应权衡利弊，在采用强化传热措施时，对设备结构、制造费用、动力消耗、检修操作等方面都应综合考虑，以获得经济而合理的强化传热方案。

### 2.3.6.2　削弱传热

削弱传热就是设法减少热量的传递，主要用于设备和管道的保温和隔热。化工生产中，只要设备或者管道中的物料与环境存在温度差，就会有热损失。利用热导率小、导热热阻大的材料对高温和低温设备进行包裹，可以减少热（冷）量的损失，以提高操作的经济效益；可以维护设备正常的操作温度，保证生产在工艺规定的温度下进行；可以确保装置设备、车间环境的温度正常，改善员工的劳动条件。因此设备的保温与隔热是工业企业安全生产、节能降耗不可缺少的措施。

由于气体的热导率很小，对传热不利，但有利于保温、隔热，所以工业上所用的保温材料，一般是多孔性或纤维性材料。常用的保温材料有：石棉、岩棉、玻璃棉、硅酸铝、硅酸钙、橡塑材料及聚氨酯制品等，见表 2-7。

表 2-7　工业上常用保温材料

| 材料名称 | 主要成分 | 密度/(kg/m³) | 热导率/[W/(m·K)] | 特性 |
| --- | --- | --- | --- | --- |
| 碳酸镁石棉 | 85% 石棉纤维,15% 碳酸镁 | 180 | 0.09~0.12(50℃) | 保温用涂抹材料,耐温 300℃ |
| 碳酸镁砖 | | 360~380 | 0.07~0.12(50℃) | 泡花碱黏结剂,耐温 300℃ |
| 碳酸镁管 | | 280~360 | 0.07~0.12(50℃) | 泡花碱黏结剂,耐温 300℃ |
| 硅藻土材料 | $SiO_2$,$Al_2O_3$,$Fe_2O_3$ | 280~450 | <0.23 | 耐温 800℃ |
| 泡沫混凝土 | | 300~570 | <0.23 | 大规模保温材料,耐温 250~300℃ |

续表

| 材料名称 | 主要成分 | 密度/(kg/m³) | 热导率/[W/(m·K)] | 特性 |
|---|---|---|---|---|
| 矿渣棉 | 高炉渣制成棉 | 200~300 | <0.08 | 大规模保温材料,耐温700℃ |
| 膨胀蛭石 | 镁铝铁含水硅酸盐 | 60~250 | <0.07 | 耐温<1000℃ |
| 蛭石水泥管 | | 430~500 | 0.09~0.14 | 耐温<800℃ |
| 蛭石水泥板 | | 430~500 | 0.09~0.14 | 耐温<800℃ |
| 沥青蛭石管 | | 350~400 | 0.08~0.1 | 保冷材料 |
| 超细玻璃棉 | | 18~30 | 0.032 | |
| 软木 | 常绿树木栓层制成 | 120~200 | 0.035~0.058 | 保冷材料 |

## 想一想

工程任务中的管壳式换热器如何操作?

# 任务 2.4　换热装置的操作

## 任务要求

1. 掌握列管式换热器的操作要点,了解列管式换热器的常见故障及预防措施,掌握列管式换热器的日常维护要点。

2. 能正确地操作换热设备;规范地记录和正确分析操作数据;正确控制与调节参数。

换热是石油、化工生产中应用最为普遍的单元操作。操作人员必须懂得换热器的结构、性能和用途;并会操作、保养、检查及排除故障;且具有安全操作的知识,保证换热器能够安全运行。换热器有各种结构形式,本任务介绍列管式换热器的操作及维护。

### 2.4.1　列管式换热器的操作要点

#### 2.4.1.1　开车运行步骤

① 检查装置上的仪表、阀门等是否齐全并且好用。

② 打开冷凝水阀,排除积水和污垢;打开放空阀,排除空气和不凝性气体,放净后逐一关闭。

③ 检查流体中是否含有大颗粒固体杂质和纤维质,若有一定要提前过滤和清除,防止堵塞通道。

④ 换热器投产时,要防止骤热骤冷。先通入与环境温度接近的流体,再缓慢或数次通入另一流体。对于加热器,一般先通入冷流体,而后再缓慢或逐次通入热流体。通入的流体应干净,以防结垢。

⑤ 调节冷、热流体的流量,以达到工艺要求所需的温度。

⑥ 经常检查冷、热流体的进出口温度和压力变化情况,如有异常现象,应立即查明原

因，排除故障。

⑦ 在操作过程中，间壁的一侧若有蒸汽的冷凝过程，应及时排放冷凝液和不凝气体，以免影响传热效果。

⑧ 定时分析冷、热流体的组成变化情况，以确定有无泄漏，如有泄漏及时修理。

⑨ 定期检查换热器及管子与管板的连接处是否有损坏，外壳有无变形以及换热器有无振动现象，若有应及时排除。

### 2.4.1.2　停车步骤

要防止骤热骤冷。在停车时，先停与环境温度差异大的流体，后停与环境温度接近的流体。对于加热器即先停热流体，后停冷流体，最后将壳程和管程内的液体排净，防止换热器冻裂和锈蚀。

### 2.4.1.3　操作注意要点

① 蒸汽加热时，必须不断排除冷凝水，经常排除不凝性气体。

② 热水加热时，要定期排放不凝性气体。

③ 余热锅炉中，必须时时注意被加热物料的液位、流量和蒸汽产量，必须定期排污。

④ 导热油加热时，必须严格控制进出口温度，定期检查导热油的进出口及介质流道内是否结垢，做到定期排污、定期放空、定期过滤或更换导热油。

⑤ 水和空气冷却时，注意根据季节变化调节水和空气的用量，用水冷却时，还要注意定期清洗。

⑥ 利用冷冻盐水冷却时，应严格控制进出口温度，防止结晶堵塞通道，定期放空和排污。

⑦ 冷凝时，要定期排放蒸汽侧的不凝性气体，特别是减压条件下的不凝性气体。

## 2.4.2　列管式换热器常见故障及处理方法

列管式换热器常见故障及处理方法见表 2-8。

表 2-8　列管式换热器常见故障及处理方法

| 故障名称 | 产生原因 | 处理方法 |
|---|---|---|
| 传热效率下降 | ①列管结疤和堵塞<br>②壳体内不凝气或冷凝液增多<br>③管路或阀门堵塞 | ①清洗管子<br>②排放不凝气或者冷凝液<br>③检查清洗 |
| 发生振动 | ①壳程介质流动太快<br>②管束振动<br>③管束与折流挡板结构不合理<br>④机座刚度不够 | ①调节流量<br>②加固管件<br>③改进设计<br>④加固机座 |
| 管板与壳体连接处发生裂纹 | ①焊接质量不好<br>②外壳倾斜,连接管线拉力或者推力大<br>③腐蚀严重,外壳壁减薄 | ①清除补焊<br>②重新调整找正<br>③鉴定后修补 |
| 管束和胀口渗透 | ①管子被折流挡板磨破<br>②壳体和管束温差过大<br>③管口腐蚀或者胀接质量差 | ①用管堵堵死或换管<br>②补胀或者焊接<br>③换管或补胀(焊) |

**素质拓展阅读**

**血泪教训之换热器爆炸典型事故案例**

2015 年 7 月 26 日，中石油庆阳石化公司第一联合运行部 300 万吨/年常压蒸馏装置发生泄漏着火事故，造成 3 人死亡，4 人受伤。经初步分析，事故直接原因为换热器 E-117/D 浮头丝堵泄漏，高温渣油（约 340~360℃）喷出，遇空气自燃着火。此起事故比较典型，在全国范围内石化企业曾发生多起类似事故。事故发生后，各企业认真吸取了事故教训，采取了必要的防范措施，做好安全隐患自查自纠工作，以防止类似事故再次发生。

## 2.4.3 换热器的维护与清洗

换热器运行质量的好坏和时间长短，与日常维护保养是否及时、合适有非常密切的关系。日常维护主要是日常的检查和清洗。

### 2.4.3.1 日常检查

（1）换热器运行中检测 日常检查的主要内容有：是否存在泄漏，保温保冷涂层是否良好，保温设备局部有无明显变形，设备的基础、支架是否良好，利用现场或者控制室仪表观测流量是否正常，是否超温超压，设备的安全附件是否良好，用听音棒判断异常声响以确认设备内是否相互碰撞、摩擦等。

通过检测流体的流量、温度、压力等工艺指标的变化，据此判断热交换器的状况。一般来说，这些指标发生变化，可考虑管束结垢因素的影响。因此应定期使用无损探伤仪检测换热器外壁的壁厚，判断其腐蚀与结垢程度，以便及时采取相应措施。对于容易结垢的流体，可在规定的时间增大流量或采用逆流的方式进行除垢。

（2）运行停止时的检查 换热器停止运行后，应进行以下检查：①检查沾污程度、污垢的附着状况；②测定厚度，检查腐蚀情况；③检查焊接处的腐蚀和破裂情况。

（3）管束的检查 管束的检查是换热器中最难，但又是最重要的部分。应认真对壳体入口管处的管子表面、管端的入口处、挡板与管子的接触处和流动方向改变部位，进行腐蚀、沾污等情况的检查。利用管道检查器或者光源检查管子内表面状况；利用实验环泄漏试验检查管束安装处的间隙。

### 2.4.3.2 保养措施

① 保持主体设备外部整洁，保温层和涂层完好；
② 保持压力表、温度计、安全阀和液位计等附件齐全、灵敏、准确；
③ 发现阀门和法兰有泄漏，要及时处理；
④ 开停车时，不要将阀门开得过猛，否则容易造成外壳与列管受到冲击，局部骤然胀缩，导致焊缝开裂或管子胀口松弛；
⑤ 尽量减少换热器开停车次数，停车时，排净内部液体，防止冻裂和腐蚀；
⑥ 定期检测换热器厚度。

### 2.4.3.3 清洗

换热器的清洗有化学清洗和机械清洗两种方法，一般根据换热器的形式、污垢类型等情况选择清洗方法。

机械清洗利用刮刀、竹板、钢丝刷、尼龙刷等清洗工具进行清洗，常用于坚硬的垢层、结焦或者沉积物，只能清洗到工具所能达之处，对换热器壁面会有一定磨损。例如列管式换热器的管内，喷淋蛇管换热器的外壁、板式换热器（拆开后）的清洗。另外还可以使用高压水进行喷射冲洗。机械清洗适用于容积较小，容易拆卸和更换的热交换器。

码2-17 列管式
换热器清扫

化学清洗是使用化学药品在热交换器内进行循环，以溶解并除去污垢的方法。化学清洗适用于结构较复杂的情况，如列管式换热器的管间、U 形管内的清洗，由于清洗剂一般呈酸性，对设备有一些腐蚀。

单纯采用机械清洗或化学清洗，除垢效果均不理想，可采用几种方式的组合。定期对换热器进行检查和清洗，是延长换热器使用寿命的有效措施。

## 练一练测一测

**1. 选择题**

（1）对于液体与固体壁面间的对流传热，当热量通过滞留内层时，主要以（　　）方式进行传热。

A. 热传导 　　　　　　B. 对流传热 　　　　　C. 辐射传热 　　　　　D. 全部正确

（2）物质热导率的大小顺序是（　　）。

A. 金属＞一般固体＞液体＞气体 　　　　　　B. 金属＞液体＞一般固体＞气体

C. 金属＞气体＞液体＞一般固体 　　　　　　D. 金属＞液体＞气体＞一般固体

（3）下列四种不同的对流给热过程：空气自然对流 $\alpha_1$，空气强制对流 $\alpha_2$（流速为 3m/s），水强制对流 $\alpha_3$（流速为 3m/s），水蒸气冷凝 $\alpha_4$。$\alpha$ 值的大小关系为（　　）。

A. $\alpha_3 > \alpha_4 > \alpha_1 > \alpha_2$ 　　　　　　B. $\alpha_4 > \alpha_3 > \alpha_2 > \alpha_1$

C. $\alpha_4 > \alpha_2 > \alpha_1 > \alpha_3$ 　　　　　　D. $\alpha_3 > \alpha_2 > \alpha_1 > \alpha_4$

（4）以下哪种类型的换热器适合高温气体的换热？（　　）

A. 混合式 　　　　　　B. 间壁式 　　　　　C. 蓄热式 　　　　　D. 辐射式

（5）工业上某流体需冷却至－2℃，我们可以选择（　　）冷却介质。

A. 水 　　　　　　B. 空气 　　　　　C. 熔盐 　　　　　D. 盐水

（6）列管式换热器中下列流体中宜走壳程的是（　　）。

A. 不洁净或易结垢的流体 　　　　　　B. 腐蚀性的流体

C. 压力高的流体 　　　　　　D. 被冷却的流体

（7）可在器内设置搅拌器的是（　　）换热器。

A. 套管式 　　　　　　B. 釜式 　　　　　C. 套筒式 　　　　　D. 热管式

（8）对间壁两侧流体一侧恒温、另一侧变温的传热过程，逆流和并流时 $\Delta t_m$ 的大小为（　　）。

A. $\Delta t_{m逆} > \Delta t_{m并}$ 　　　B. $\Delta t_{m逆} < \Delta t_{m并}$ 　　　C. $\Delta t_{m逆} = \Delta t_{m并}$ 　　　D. 不确定

（9）要求热流体从 300℃降到 200℃，冷流体从 50℃升到 260℃，应采用（　　）换热。

A. 逆流 　　　　　　B. 并流 　　　　　C. 并流或逆流 　　　　　D. 以上都不正确

（10）总传热系数与（　　）无关。

A. 传热面积 　　　B. 流体流动状态 　　　C. 污垢热阻 　　　D. 传热壁厚

（11）通常在列管式换热器中，对下述几组换热介质，$K$ 值从大到小正确的排列顺序应该是（　　）。冷流体、热流体为：①水、气体；②水、沸腾水蒸气冷凝；③水、水；④水、轻油。

A. ②＞④＞③＞①　　　　　　　　　　B. ③＞④＞②＞①

C. ③＞②＞①＞④　　　　　　　　　　D. ②＞③＞④＞①

（12）翅片管式换热器的翅片应安装在（　　）。

A. $\alpha$ 小的一侧　　　B. $\alpha$ 大的一侧　　　C. 管内　　　　　　D. 管外

（13）用120℃的饱和水蒸气加热常温空气。蒸汽的冷凝给热系数约为 $2000W/(m^2 \cdot K)$，空气的给热系数约为 $60W/(m^2 \cdot K)$，此过程的传热系数 $K$ 及传热面壁温接近于（　　）。

A. $2000W/(m^2 \cdot K)$，120℃　　　　B. $2000W/(m^2 \cdot K)$，40℃

C. $60W/(m^2 \cdot K)$，120℃　　　　　D. $60W/(m^2 \cdot K)$，40℃

（14）某厂在一余热锅炉中，利用高温烟道气加热饱和水产生饱和蒸汽。为强化传热过程，下列可采取的措施中，（　　）是最有效、最实用的。

A. 提高烟道气流速和湍动程度　　　　B. 提高水的流速

C. 在水侧加翅片　　　　　　　　　　D. 换一台传热面积更大的设备

（15）套管式换热器的内管介质为空气，套管环隙介质为饱和蒸汽，如果蒸汽压力和空气进口温度一定，当空气流量增加时：(1) 总传热系数 $K$（　　），(2) 空气的出口温度（　　）。

A. 增大　　　　　B. 减少　　　　　C. 基本不变　　　　D. 无法确定

（16）为了减少室外设备的热损失，保温层外包有一层金属皮应该是（　　）。

A. 表面光滑，色泽较浅　　　　　　　B. 表面粗糙，色泽较深

C. 表面粗糙，色泽较浅　　　　　　　D. 表面光滑，色泽较深

（17）在换热器的操作中，不需做的是（　　）。

A. 投产时，先预热，后加热

B. 定期更换两流体的流动通道

C. 定期分析流体的成分，以确定有无内漏

D. 定期排放不凝性气体，定期清洗

（18）用水冷却高温气体的列管式换热器，操作程序中哪一种操作不正确？（　　）

A. 开车时，应先进冷物料，后进热物料

B. 停车时，应先停热物料，后停冷物料

C. 开车时要排出不凝气

D. 发生管堵或严重结垢时，应分别加大冷、热物料流量，以保持传热量

（19）会引起列管式换热器冷物料出口温度下降的事故有（　　）。

A. 正常操作时，冷物料进口管堵　　　B. 热物料流量太大

C. 冷物料泵坏　　　　　　　　　　　D. 热物料泵坏

（20）列管式换热器在使用过程中出现传热效率下降的现象，其产生的原因及其处理方法是（　　）。

A. 管路或阀门堵塞，壳体内不凝气或冷凝液增多，应该及时检查清理，排放不凝气或冷凝液

B. 管路震动，加固管路

C. 外壳歪斜，管线拉力或推力甚大，重新调整找正

D. 全部正确

**2. 填空题**

（1）传热过程的推动力是_____，传热基本方式有：_____、_____、_____三种。固体内部、静止液体内部有温差存在时热量主要以_____方式进行传递。

（2）物质的热导率均随温度的变化而变化，水的热导率随温度的升高而_____，甲苯溶液的热导率随温度的升高而_____。金属固体的热导率随温度的升高而_____，非金属固体的热导率随温度的升高而_____。

（3）由于对流给热过程的热阻主要集中在_____中，因此设法减薄_____的厚度，可提高给热系数 $\alpha$ 值，是强化对流给热过程的主要途径。

（4）对于同一种组分的液体，有相变时的对流给热系数 $\alpha$ 值要比无相变时的 $\alpha$ 值要_____。水蒸气冷凝时的 $\alpha$ 值要比水降温时的 $\alpha$ 值要_____。

（5）热辐射是物体由于具有_____而辐射_____的现象。当某物体向外界辐射的能量与其从外界吸收的辐射能不相等时，该物体就与外界产生_____传递。这种传热方式称为_____传热。

（6）工业常用的换热方式有_____、_____、_____三种。工业通风凉水塔的换热过程属于_____换热；列管式换热器的换热方式为_____。

（7）工业常用的加热介质有_____、_____、_____、_____等。

（8）对于列管式换热器，当壳体与换热管温度差_____时，产生的温度差应力具有破坏性，因此需要进行热补偿。

（9）列管式换热器热补偿的方法主要有：安装_____、使用_____、使用_____三种，固定管板式换热器的热补偿措施为_____。

（10）列管式换热器的壳程内设置折流挡板，以提高_____程流速。封头内设置隔板以提高_____程流速，从而达到强化传热的目的。

（11）在卧式列管式换热器中用饱和水蒸气冷凝加热原油，则原油宜在_____程流动，总传热系数更接近_____的给热系数，传热壁面的温度更接近于_____的温度。

（12）制造列管式换热器间壁的材料，其热导率应该越_____越好；用于换热器保温的材料，其热导率应该越_____越好。

（13）热负荷 $Q'$ 是_____上对换热设备换热能力的要求，是由_____决定的。传热速率 $Q$ 是换热设备单位时间内_____的热量，是换热器的_____，主要由换热器_____决定。

（14）在列管式换热器中，两流体并流传热时，冷流体的最高极限出口温度为_____；两流体逆流传热时，冷流体的最高极限出口温度为_____。

（15）冷、热流体通过金属间壁式换热器进行传热，冷流体一侧的给热系数 $\alpha_1$ 为 $50\mathrm{W/(m^2 \cdot K)}$，热流体一侧的给热系数 $\alpha_2$ 等于 $1500\mathrm{W/(m^2 \cdot K)}$，总传热系数 $K$ 接近于_____侧的给热系数 $\alpha$ 值，要提高 $K$ 值，提高_____侧的 $\alpha$ 值更有效。

（16）提高换热器传热速率的途径有_____，_____，_____。其中最有效的途径是_____。

（17）常用的保温材料有：_____、_____、_____、_____、_____、橡塑材料及聚氨酯制品等。

（18）换热器投产时先通入_____流体，再缓慢或数次通入另一流体。对于加热器，一般先通入_____，而后再缓慢或逐次通入_____。

**3. 计算题**

（1）某换热器采用压力为 140kPa 的饱和水蒸气作为加热介质，流量为 1500kg/h，换热后水蒸气冷凝并降温至 50℃，求此过程中放出的热量 [已知 140kPa 下水的饱和温度为 109.2℃，汽化潜热为 2234.4kJ/kg，该换热过程平均温度下比热容为 4.192kJ/(kg·℃)]。

（2）某冷、热两种流体在一列管式换热器中进行热交换，已知热流体的进口温度为 493K，降至 423K；冷流体从 323K 升到 363K，求冷、热流体在换热器中采用并流和逆流时的平均温度差。

（3）某换热器厂试制一台新型换热器，制成后对其传热性能进行了实验。采用热水和冷水进行换热，现场测得：热水流量为 5kg/s，热水进口温度为 336K，出口温度为 323K，冷水进口温度为 292K，冷水出口温度为 303K，换热器传热面积为 4.2m²，试计算该设备的传热系数 $K$。

（4）列管式换热器内用水冷却气体，管内气体流量为 400kg/h，由 50℃ 冷却到 20℃，平均比热容为 830J/(kg·℃)，管内冷却水逆流换热，流量为 100kg/h，初温为 10℃。热流体侧和冷流体侧的给热系数分别为 60W/(m²·℃) 和 1150W/(m²·℃)。若忽略污垢热阻，不计热损失，求：①冷却水的终温；②传热系数 $K$；③换热器的传热面积。

（5）有一碳钢制造的列管式换热器，内管直径为 $\phi$89mm×3.5mm，长度 6m。流量为 2000kg/h 的苯在内管中从 80℃ 冷却到 50℃。冷却水在环隙从 15℃ 升到 35℃。苯的比热容为 $1.86\times10^3$J/(kg·℃)，水的比热容为 $4.18\times10^3$J/(kg·℃)，换热器的总传热系数 $K$ 为 400W/(m²·℃)，试求：①冷却水消耗量；②逆流操作时传热的平均温度差；③逆流操作时所需的管子数量。

# 项目3
# 吸收过程及操作

## 项目引导

吸收与解吸是石油化工生产过程中较常用的重要单元操作过程，一般用于均相气相混合物的分离。吸收流程图见图 3-1，解吸流程图见图 3-2。

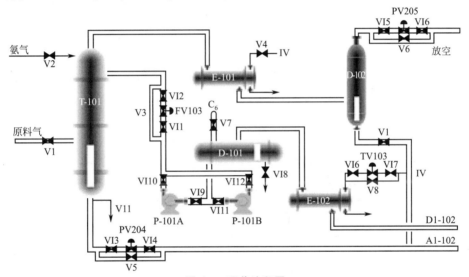

图 3-1　吸收流程图

某单元操作中以 $C_6$ 油为吸收剂，分离气体混合物（其中 $C_4$ 的含量为 25.13%，CO 和 $CO_2$ 的含量为 6.26%，$N_2$ 的含量为 64.58%，$H_2$ 的含量为 3.5%，$O_2$ 的含量为 0.53%）中的 $C_4$ 组分（吸收质）。

富含 $C_4$ 的原料气从底部进入吸收塔 T-101。界区外来的纯 $C_6$ 油吸收剂贮存于 $C_6$ 油贮罐 D-101 中，由油泵 P-101A/B 送入吸收塔 T-101 的顶部。吸收剂 $C_6$ 油在吸收塔 T-101 中自上而下与原料气逆向接触，$C_4$ 组分被溶解在 $C_6$ 油中。不溶解的贫气自 T-101 顶部排出，经盐水冷却器 E-101 被 -4℃ 的盐水冷却至 2℃ 进入尾气分离罐 D-102。吸收了 $C_4$ 组分的油从吸收塔底部排出，经换热器 E-103 预热至 80℃ 进入解吸塔 T-102，进行解吸分离。塔顶气相出料（$C_4$ 含量：95%）经全冷器 E-104 换热降温至 40℃ 全部冷凝进入塔顶回流罐 D-103，其中一部分冷凝液由 P-102A/B 泵打回流至解吸塔顶部，其他部分作为 $C_4$ 产品由 P-102A/B 泵抽出。塔釜 $C_6$ 油经贫富油换热器 E-103 和盐水冷却器 E-102 降温至 5℃ 返回至 $C_6$ 油贮罐 D-101 再利用。

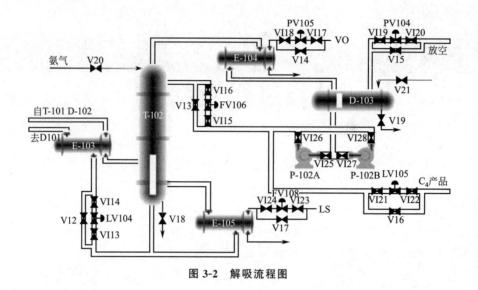

图 3-2  解吸流程图

## 想一想

1. 化工生产中，吸收过程主要用于哪些用途？
2. 吸收过程遵循怎样的原理？如何判定吸收过程进行的程度？
3. 吸收过程有哪些分类？各有什么样的特点？

# 任务 3.1  吸收基础知识

## 任务要求

1. 能说出吸收的基本原理和吸收类型；
2. 能解释亨利定律的基本概念，并熟记几种不同表现形式；
3. 能利用亨利定律进行吸收过程方向的判定，吸收过程极限的预测和吸收推动力的计算。

### 3.1.1  吸收的概念及术语

吸收是分离气相均相混合物最常用的单元操作，利用混合气体中各组分在某溶剂中溶解度的差异，使一种或几种组分溶于溶剂中，其他组分仍保留在气相，从而实现分离。

吸收操作过程中，能够溶解于溶剂中的气体组分称为吸收质（或溶质），不能溶解的气体组分称为惰性组分（或载体），所用的液体称为吸收剂（或溶剂）。

吸收操作在化工生产中应用十分广泛，主要有以下几个方面：

① 回收或捕获气体混合物中的有用物质，以制取产品；

② 除去工艺气体中的有害成分，使气体净化，以便进一步加工处理，或除去工业放空尾气中的有害物，以免污染大气。

实际过程往往同时兼有净化与回收双重目的。

### 素质拓展阅读

**从"碳达峰""碳中和"知环保的重要**

碳达峰是指某个地区或行业年度二氧化碳排放量达到历史最高值，然后经平台期进入持续下降的过程，是 $CO_2$ 排放量由增转降的历史拐点，标志着碳排放与经济发展实现脱钩，达峰目标包括达峰年份和峰值。碳中和是指某个地区在一定时间内人为活动直接和间接排放的 $CO_2$，与其通过植树造林、碳捕集与封存技术等吸收的 $CO_2$ 相互抵消，实现 $CO_2$ "净零排放"。碳达峰与碳中和紧密相连，前者是后者的基础和前提，而后者是对前者的约束。气候变化是人类面临的最严峻挑战之一。工业革命以来，人类活动燃烧化石能源、工业过程以及农林和土地利用变化排放的大量 $CO_2$ 滞留在大气中，是造成气候变化的主要原因。为了应对气候变化，促进人类社会的可持续发展，必须努力减少温室气体排放。

### 3.1.2　吸收方法的分类

根据吸收操作中吸收质在吸收剂中溶解的过程不同，吸收过程可分为物理吸收、化学吸收等。

#### 3.1.2.1　物理吸收法

在吸收过程中，若吸收质与吸收剂之间不发生显著的化学反应，称为物理吸收。其极限主要取决于当时条件下吸收质在吸收剂中的溶解度。例如用水吸收空气中 $CO_2$，用洗油回收焦炉煤气中的苯、甲苯。

#### 3.1.2.2　化学吸收法

在吸收过程中，若吸收质与吸收剂之间发生显著的化学反应，称为化学吸收。化学吸收操作的极限主要取决于当时条件下吸收质与吸收剂之间化学反应的平衡常数。例如 $K_2CO_3$ 溶液吸收 $CO_2$ 气体：

$$CO_2 + H_2O + K_2CO_3 \longrightarrow 2KHCO_3$$

在吸收过程中，混合气体中只有一个组分进入吸收剂，其余组分皆可认为不溶解于吸收剂，这样的吸收过程称为单组分吸收。如果混合气体中有两个或更多个组分进入液相，则称为多组分吸收。

吸收质溶解于吸收剂时，有时会释放出一定的溶解热或反应热，结果使液相温度逐渐升高。如果放热量很小或被吸收的组分在气相中浓度很低，而吸收剂的用量相对很大时，温度变化并不明显，这样的吸收过程可称为等温吸收。若放热量较大，所形成的溶液浓度又高，温度变化很剧烈，这样的吸收过程则称为非等温吸收。本项目着重讨论单组分等温物理吸收。

### 3.1.3　溶解度及亨利定律

#### 3.1.3.1　气体在液体中的溶解度

在一定的温度和压力下，使气液相接触，从而溶质便向溶剂转移。经充分接触后，气相中溶质气体的压力和液相中溶质的浓度不再发生变化，这时达到气液两相平衡。此时，气相中溶质的压力称为平衡分压；液相中溶质的浓度称为溶质的平衡溶解度，通常用单位质量的溶剂中溶质的质量分数表示，单位为 kg 溶质/kg 溶剂。平衡分压与溶解度之间的关系图称为溶解度曲线。

不同的气体在同一溶剂中的溶解度有时相差很大。以 $NH_3$、$SO_2$、$O_2$ 为例，由图 3-3 可以发现：对应于同样浓度的气体溶液，易溶气体溶液上方的平衡压力小，而难溶气体溶液上方的平衡压力大。换言之，如欲获得一定浓度的气体溶液，对于易溶气体所需的平衡压力较低，而对于难溶气体所需的平衡压力则很高。

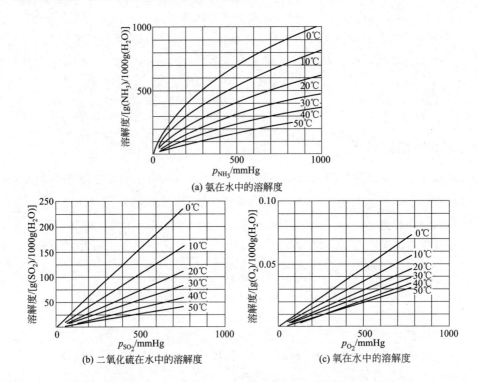

图 3-3　氨、二氧化硫、氧在水中的溶解度曲线 （1mmHg＝133.322Pa）

此外，对于同一种气体，当压力一定时，温度越低，溶解度越大；当温度一定时，压力越高，溶解度越大。这说明增大压力和降低温度可以提高溶解度，对吸收操作有利；反之，减小压力和升高温度则可以降低溶解度，对吸收操作不利。

气体在液体中的溶解度可以查阅有关手册。

### 3.1.3.2　亨利定律

当总压不高（总压力不超过 5 个标准大气压），在一定温度下，稀溶液上方的气体溶质的平衡分压与溶质在液相中的摩尔分数之间存在着如下的关系：

$$p^* = Ex \tag{3-1}$$

式中　$p^*$——溶质在气相中的平衡分压，kPa；

　　　$x$——溶质在液相中的摩尔分数；

　　　$E$——亨利系数，其单位与压力单位一致。

式(3-1) 称为亨利定律。亨利定律是一个稀溶液定律，该定律表明气相中溶质分压与液相中溶质的摩尔分数成正比，比例常数称为亨利系数 $E$。$E$ 值越大，表示该气体的溶解度越小，$E$ 值随温度的升高而增大。常见物系的亨利系数可从有关物理化学的手册中查到。

由于互成平衡的气液两相组成可采用不同的表示法，因而亨利定律有不同的表达形式。

① 溶质在液相和气相中的组成分别用摩尔分数 $x$ 及 $y$ 表示，亨利定律可写成如下形式，即：

$$y^* = mx \tag{3-2}$$

式中　$x$——液相中溶质的摩尔分数；

　　　$y^*$——与该液相平衡的气相中溶质的摩尔分数；

　　　$m$——相平衡常数。

根据道尔顿分压定律：　　　　$p^* = py^*$

由此可知：　　　　　　　　　$py^* = Ex$

$$m = E/p \tag{3-3}$$

对于一定物系，相平衡常数 $m$ 是温度和压力的函数。$m$ 值愈大，则表明该气体的溶解度愈小。温度升高，总压下降，则 $m$ 值增大，不利于吸收操作。

由于在吸收过程中液相中纯溶剂的摩尔流量和惰性气体的摩尔流量没有显著变化，故可以纯溶剂的物质的量和惰性气体的物质的量为基准，表示溶质在气液相中的浓度，称为摩尔比，可以简化吸收计算过程。

摩尔比的定义为：

$$X = \frac{\text{液相中溶质的物质的量}}{\text{液相中溶剂的物质的量}} = \frac{x}{1-x} \tag{3-4}$$

$$Y = \frac{\text{气相中溶质的物质的量}}{\text{气相中惰性气体的物质的量}} = \frac{y}{1-y} \tag{3-5}$$

将式(3-4) 和式(3-5) 代入式(3-2) 整理后得：

$$Y^* = \frac{mX}{1+(1-m)X} \tag{3-6}$$

式中　$Y^*$——气、液相平衡时，气相中溶质的摩尔比；

　　　$X$——气、液相平衡时，液相中溶质的摩尔比；

　　　$m$——相平衡常数。

对于稀溶液，可简化为：

$$Y^* = mX \tag{3-7}$$

② 气相组成用分压表示，液相组成用物质的量浓度表示时，亨利定律为：

$$p^* = \frac{c}{H} \tag{3-8}$$

式中　$c$——液相中溶质的物质的量浓度，$kmol/m^3$；

　　　$H$——溶解度系数，$kmol/(kN \cdot m)$。

溶解度系数 $H$ 也是温度的函数，对一定的溶质和吸收剂而言，$H$ 随着温度的升高而减小，易溶性气体的 $H$ 很大，难溶性气体的 $H$ 很小。

溶解度系数 $H$ 与亨利系数 $E$ 的关系为：

$$H = \frac{\rho}{EM_S} \tag{3-9}$$

式中　$\rho$——溶液的密度，$kg/m^3$；

　　$M_S$——吸收剂的摩尔质量，$kg/kmol$。

吸收平衡线见图 3-4，稀溶液吸收平衡线见图 3-5。

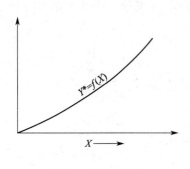

**图 3-4　吸收平衡线**

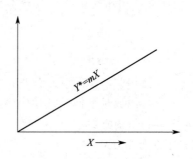

**图 3-5　稀溶液吸收平衡线**

### 3.1.3.3　相平衡的应用

（1）判明过程进行的方向　设在常压、20℃时稀氨水的相平衡关系为 $Y^*=0.94X$，今使含氨摩尔比为 0.06 的混合气体与 $X=0.05$ 的氨水接触，因实际气相浓度（$Y=0.06$）大于与实际溶液（$X=0.05$）成平衡关系的气相平衡浓度（$Y^*=0.94X=0.94\times0.05=0.047$），因此两相接触时氨转移进入液相，发生吸收过程。还可以解释为实际液相浓度（$X=0.05$）小于与实际气相（$Y=0.06$）成平衡关系的液相平衡浓度（$X^*=Y/0.94=0.06/0.94=0.064$），故氨自气相转移至液相，发生吸收过程。

综上可知，当 $Y>Y^*$，$X<X^*$，发生吸收过程。反之，当 $Y<Y^*$，$X>X^*$，发生解收过程。当 $Y=Y^*$，$X=X^*$，过程达到平衡。

（2）限定吸收过程的极限　将某一气相摩尔比为 $Y_1$ 的气体送入吸收设备底部，吸收剂自塔顶喷淋，两相逆流接触，若将吸收剂用量减小，则塔底出口溶质的液相浓度 $X_1$ 必将提高，但即使接触时间足够长，吸收剂用量足够小的情况下，$X_1$ 也不会无限增大，其极限是与气相 $Y_1$ 成平衡浓度的 $X_1$：

$$X_{1max}=X^*=Y_1/m$$

同理，当吸收剂用量很大，气体流量很小的时候，即使时间足够长，出口气体的浓度也不会低于与吸收剂进口浓度 $X_2$ 成相平衡的平衡浓度 $Y_2^*$，即：

$$Y_{2min}=Y_2^*=mX_2$$

由此可见，相平衡关系指明了塔底吸收剂中溶质的最高浓度和塔顶气体出口时的最低浓度。

（3）计算过程的推动力　在吸收过程中，通常以气液两相浓度的实际状态与平衡状态的偏离程度来表示吸收推动力的大小。推动力越大，吸收速率也越大。由图 3-6 可知，吸收推动力可用气相浓度差 $\Delta Y=Y-Y^*$ 表示，也可用液相浓度差 $\Delta X=X^*-X$ 表示。若 $Y>Y^*$ 或 $X^*>X$，实际物系点位于平衡曲线上方，此时溶质由气相向液相传递，这就是吸收。

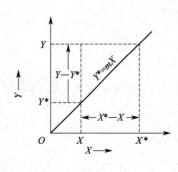

**图 3-6　吸收推动力**

当气液相浓度用其他形式表示时，推动力也可表示成相应的形式，如：

$$\Delta p = p - p^*,\ \Delta x = x^* - x,\ \Delta y = y - y^*$$

### 3.1.4　解吸过程

吸收过程后，为了得到较纯净的吸收质或回收吸收剂循环使用，常常需要将吸收质从吸收剂中分离出来。使溶解于液相中的气体释放出来的操作称为解吸或脱吸。没有解吸过程的吸收过程是不完整的工艺流程。在实际生产中往往采用吸收与解吸的联合流程，吸收后即进行解吸，在操作中两者相互影响和制约。

解吸的传质推动力是 $Y^* - Y$ 或 $X - X^*$，其必要条件是气相中溶质的实际浓度 $Y$ 小于与液相溶质成平衡的气相浓度 $Y^*$，或液相中溶质的实际浓度 $X$ 大于与气相溶质成平衡的液相浓度 $X^*$。工业上常用的解吸方法如下：

（1）加热解吸　通过升高溶液温度，增大溶液中溶质的平衡分压，减小其溶解度，从而使溶质与溶剂分离。

（2）减压解吸　加压有利于吸收，而减压有利于解吸，总压降低后，溶质的分压也相应降低，溶质即从液相中释放出来。

（3）通入惰性气体解吸　惰性气体中溶质的分压为零，有利于解吸的进行。

（4）精馏解吸　利用溶质和溶剂相对挥发度的差异，采用精馏也可以实现溶质和溶剂的分离，回收溶质，再生吸收剂。

## 想一想

1. 吸收操作过程是吸收质从气相转移到液相的传质过程，那么吸收质是如何从气相进入液相的？

2. 吸收过程的快慢如何判断？

3. 吸收剂如何选择？其用量怎样确定才能实现所需的吸收效果？

# 任务 3.2　吸收过程分析

## 任务要求

1. 简述双膜理论，并能说明分子扩散和涡流扩散的特点；

2. 说明气膜、液膜阻力如何计算，会推断吸收速率的大小；

3. 根据具体的吸收任务分析选择合适的吸收剂，并能计算吸收剂的用量。

### 3.2.1　物理吸收过程机理的认识

吸收过程就是气体溶质在液体中溶解的过程，此溶解过程至少包括两个传递过程：一是吸收质由气相主体向气液相界面的传递，二是由相界面向液相主体的传递。

#### 3.2.1.1　传质的基本方式

物质在单一相（气相或液相）中的传递是靠扩散作用，发生在流体中的扩散有分子扩散与涡流扩散两种。

（1）分子扩散　如将一滴红墨水滴在一杯水中，会看见红色慢慢向四周扩散，最终整杯水变红了，这就是分子扩散。分子扩散是物质在一定的浓度差的条件下，由流体分子的无规则热运动而引起的物质传递现象。习惯上常把分子扩散称为扩散。这种扩散发生在静止或滞流流体相邻流体层的传质中。

分子扩散的速率主要取决于扩散物质和流体温度以及某些物理性质。

（2）涡流扩散　如果在把红墨水滴入杯子中的同时，用玻璃棒进行搅拌，杯子中的水瞬间就变红了，这就是涡流扩散。在湍流流体中，流体质点在湍流中产生漩涡，引起各部分流体间的剧烈混合，在有浓度差的条件下，物质便朝其浓度降低的方向进行扩散。这种凭借流体质点的湍动和漩涡来传递物质的现象，称为涡流扩散。涡流扩散速率取决于流体的湍动程度。实际上，在湍流流体中，由于分子运动而产生的分子扩散与涡流扩散同时发挥着作用。但涡流扩散速率比分子扩散速率大得多，因此涡流扩散的效果应占主要地位。

### 3.2.1.2　吸收过程的机理

吸收过程是溶质先由气相主体扩散到气液相界面，再由气液相界面扩散到液相主体的传质过程，其机理是复杂的，人们已对其进行了长期而深入的研究。曾提出多种不同相际传质过程的机理，但目前应用最广泛的是刘易斯和惠特曼在20世纪20年代提出的双膜理论。

双膜理论的假想模型如图3-7所示，基本论点如下：

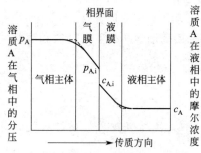

图3-7　双膜理论的假想模型示意图

① 在气液两流体相接触处，有一稳定的分界面，叫相界面。在相界面的两侧附近各有一层稳定的做层流流动的薄膜层，在气相一侧的叫气膜，液相一侧的叫液膜。膜层的厚度随流速改变，流速愈大，膜层厚度愈小。吸收质以分子扩散方式通过这两个薄膜层。

② 两膜层以外为气、液两相主体，由于流体的充分湍动，吸收质的浓度基本是均匀的，即两相主体内浓度梯度皆为零，全部浓度变化集中在这两个膜层中，即阻力集中在两膜层之中。

③ 在相界面处，吸收质在气、液两相中的浓度关系为平衡状态，即认为界面上没有阻力。

通过以上假设，双膜理论把吸收这个复杂的相际传质过程，简化为吸收质只是经由气、液两膜层的分子扩散过程。提高吸收质在膜内的分子扩散速率就能有效地提高吸收速率，因而两膜层也就成为吸收过程的两个基本阻力，双膜理论又称为双阻力理论。

对于具有固定相界面的系统以及流动速度不高的两流体间的传质，双膜理论与实际情况是相当符合的，这一理论对于生产实际具有重要的指导意义。但是对于具有自由相界面的系统，尤其是高度湍动的两流体间的传质，双膜理论表现出它的局限性。针对双膜理论的局限性，后来相继提出了一些新的理论，如溶质渗透理论、表面更新理论、界面动力状态理论等。但这些理论目前尚不足以进行传质设备的计算或解决其他实际问题。

## 3.2.2　吸收速率方程式

吸收速率是指单位相际传质面积、单位时间内吸收的溶质量。吸收速率与吸收推动力之间的关系式即为吸收速率方程式：

$$吸收速率＝吸收系数×吸收推动力$$

$$吸收速率＝\frac{吸收推动力}{吸收阻力}$$

在稳态吸收过程中，吸收设备内的任一截面上，吸收质通过气膜、液膜的分子扩散速率应是相等的，并且等于吸收质由气相转移至液相的传质速率。因此吸收速率方程式可用吸收质以分子扩散方式通过气、液膜的扩散速率方程来表示。

（1）气膜吸收速率方程式　根据双膜理论，吸收质 A 以分子扩散方式通过气相滞流膜层的扩散速率方程式，可写成：

$$N_A＝k_Y(Y－Y_i) \tag{3-10a}$$

式中　$N_A$——吸收质 A 的分子扩散速率，$kmol/(m^2 \cdot s)$；

$Y$，$Y_i$——吸收质组分在气相主体与相界面处的摩尔比，kmol 吸收质/kmol 惰性组分；

$k_Y$——气膜吸收系数，此气膜吸收系数须由实验测定，也可按经验公式计算或由准数关联式确定，$kmol/(m^2 \cdot s \cdot kmol$ 吸收质/kmol 惰性组分）。

式（3-10a）称为气膜吸收速率方程式，也可写为：

$$N_A＝\frac{Y－Y_i}{1/k_Y} \tag{3-10b}$$

式中，气膜吸收系数的倒数即为吸收质通过气膜的扩散阻力，即 $1/k_Y＝R_气$。

（2）液膜吸收速率方程式　同理，根据双膜理论，吸收质 A 以分子扩散方式穿过液相滞流膜层的扩散速率方程式可写成：

$$N_A＝k_X(X_i－X) \tag{3-11a}$$

式中　$N_A$——吸收质 A 的分子扩散速率，$kmol/(m^2 \cdot s)$；

$X_i$，$X$——吸收质组分在相界面与液相主体处的摩尔比，kmol 吸收质/kmol 吸收剂；

$k_X$——液膜吸收系数，此液膜吸收系数须由实验测定，也可按经验公式计算或由准数关联式确定，$kmol/(m^2 \cdot s \cdot kmol$ 吸收质/kmol 吸收剂）。

式（3-11a）称为液膜吸收速率方程式。该式也可写成：

$$N_A＝\frac{X_i－X}{1/k_X} \tag{3-11b}$$

式中，液膜吸收系数的倒数即为吸收质通过液膜的扩散阻力，即 $1/k_X＝R_液$。

（3）总吸收系数及其相应的吸收速率方程式由于相界面上的组成 $Y_i$ 及 $X_i$ 不易直接测定，因而在吸收计算中很少应用气、液膜的吸收速率方程式，而采用包括气液相的总吸收速率方程式。

① 以 $Y－Y^*$ 表示总推动力的吸收速率方程式　如图 3-8 所示，$D$ 点是气、液两相的实际状态，则 $Y^*$

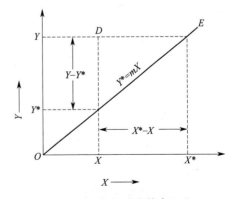

**图 3-8　吸收推动力的表示法**
$OE$—平衡线；$D$—气、液两相中
吸收质的实际状态点

即为与液相主体摩尔比 $X$ 成平衡的气相主体摩尔比。

由双膜理论和亨利定律推导得：

$$N_A = K_Y(Y - Y^*) \tag{3-12a}$$

其中

$$\frac{1}{K_Y} = \left(\frac{m}{k_X} + \frac{1}{k_Y}\right) \tag{3-12b}$$

式中，$K_Y$ 为气相吸收总系数，kmol/($m^2$ · s · kmol 吸收质/kmol 惰性组分)。

式(3-12a) 是以 $Y - Y^*$ 为总推动力的吸收速率方程式，也称为气相总吸收速率方程式。式中总系数 $K_Y$ 的倒数为膜的总阻力。

对于易溶气体，很容易被吸收剂吸收，$m$ 值很小，在 $k_X$ 与 $k_Y$ 数量级相同或接近的情况下存在如下关系

$$\frac{m}{k_X} \ll \frac{1}{k_Y}$$

此时，吸收过程阻力的绝大部分存在于气膜之中，液膜阻力可以忽略，因而式(3-12b) 可以简化为：

$$\frac{1}{K_Y} \approx \frac{1}{k_Y} \quad \text{或} \quad K_Y \approx k_Y$$

即吸收质的吸收速率主要受气膜一侧的吸收阻力所控制，称为气膜控制。如用水吸收氨或氯化氢及用浓硫酸吸收气相中的水蒸气等过程，通常都被视为气膜控制的吸收过程。

对于气膜控制的吸收过程，提高气体流速，减小气膜厚度，可以提高吸收速率。因此可将液体分散成液滴与气体接触，液滴与气体做相对运动，气体受到搅动，湍动程度加剧，气膜变薄，气膜阻力减小，吸收速率提高。

② 以 $X^* - X$ 表示总推动力的吸收速率方程式　如图 3-8 所示，$D$ 点是气、液两相的实际状态，则 $X^*$ 即为与气相主体摩尔比 $Y$ 成平衡的液相主体摩尔比。

由双膜理论和亨利定律推导得：

$$N_A = K_X(X^* - X) \tag{3-13a}$$

其中：

$$\frac{1}{K_X} = \frac{1}{mk_Y} + \frac{1}{k_X} \tag{3-13b}$$

式中，$K_X$ 为液相吸收总系数，kmol/($m^2$ · s · kmol 吸收质/kmol 吸收剂)。

式(3-13a) 是以 $X^* - X$ 表示总推动力的吸收速率方程式，式中总系数 $K_X$ 的倒数为两膜的总阻力。

对于难溶气体来说，很难转入液相，$m$ 值很大，在 $k_Y$ 与 $k_X$ 数量级相同或接近的情况下存在如下关系

$$\frac{1}{mk_Y} \ll \frac{1}{k_X}$$

此时，吸收过程阻力的绝大部分存在于液膜之中，气膜阻力可以忽略，因而式(3-13b) 可以简化为：

$$\frac{1}{K_X} \approx \frac{1}{k_X} \quad \text{或} \quad K_X \approx k_X$$

即液膜阻力控制着整个吸收过程，称为液膜控制。如用水吸收氧或二氧化碳等过程，都

是液膜控制的吸收过程。

对于液膜控制的吸收过程，提高液体流速，减小液膜厚度，可以提高吸收速率。因此气体鼓泡穿过液体时，气泡中很少搅动，而液体受到强烈的搅动，湍动程度加剧，液膜厚度减小，液膜阻力降低，提高了吸收速率。

对于具有中等溶解度的气体吸收过程，气膜阻力与液膜阻力均不可忽略，两者同时控制吸收速率。如用水吸收二氧化硫，用水吸收丙酮等。此时要提高吸收速率必须兼顾气、液两膜阻力的降低。

③ 吸收速率方程的其他表达方式　由于气液相浓度有多种表示方法，吸收过程推动力亦有多种形式，因此吸收速率方程也呈现多种形态。

表 3-1 为吸收速率方程式的多种表达式。

**表 3-1　吸收速率方程式多种表达式**

| 吸收速率方程 | $N = k_G(p - p_i) = k_L(c_i - c)$<br>$= K_G(p - p^*) = K_L(c^* - c)$ | $N = k_Y(Y - Y_i) = k_X(X_i - X)$<br>$= K_Y(Y - Y^*) = K_X(X^* - X)$ | $k_Y = p_{总} k_G$<br>$k_X = c_{总} k_L$ |
|---|---|---|---|
| 吸收总系数与<br>吸收分系数的关系 | $K_G = \dfrac{1}{\dfrac{1}{k_G} + \dfrac{1}{Hk_L}}$<br><br>$K_L = \dfrac{1}{\dfrac{H}{k_G} + \dfrac{1}{k_L}}$ | $K_Y = \dfrac{1}{\dfrac{1}{k_Y} + \dfrac{m}{k_X}}$<br><br>$K_X = \dfrac{1}{\dfrac{1}{mk_Y} + \dfrac{1}{k_X}}$ | $K_Y = p_{总} K_G$<br>$K_X = c_{总} K_L$ |
| 总系数换算关系 | $K_G = HK_L$ | $K_X = mK_Y$ | |

注：$p_{总}$ 为气相总压（单位为 kPa），$c_{总}$ 为液相总摩尔浓度（单位为 $kmol/m^3$）。

## 3.2.3　吸收剂的选择

### 3.2.3.1　吸收剂的选择原则

吸收剂选择的常用原则为：

① 所选用的吸收剂必须有良好的选择性，这样可以提高吸收效果，减小吸收剂的用量。吸收速率越大，设备的尺寸越小。

② 所选择的吸收剂应在较为合适的条件（温度、压力）下进行吸收操作。

③ 吸收剂的挥发度要小，即在操作温度下吸收剂的蒸气压要小。吸收剂的挥发度愈高，其损失便愈大。

另外，所选用的吸收剂应尽可能无毒、无腐蚀性、不易燃、不发泡、价廉易得和具有化学稳定性等。

显然完全满足上述各种要求的吸收剂是没有的，实际生产中应从满足工艺要求、符合经济原则的前提出发，根据具体情况全面均衡得失来选择最合适的吸收剂。

### 3.2.3.2　吸收剂的选用实例

工业上的气体吸收大多用水作溶剂，难溶于水的气体才采用特殊溶剂。例如，烃类气体的吸收用液态烃。为了提高气体吸收的效果，也常采用与溶质气体发生化学反应的物质作溶剂。例如，$CO_2$ 的吸收可以用 NaOH 溶液、$Na_2CO_3$ 溶液或乙醇胺溶液。表 3-2 为某些气体选用的部分吸收剂的实例。

表 3-2　吸收剂选用实例

| 吸收质 | 可选用吸收剂 | 吸收质 | 可选用吸收剂 |
|---|---|---|---|
| 水汽 | 浓硫酸 | $H_2S$ | 亚砷酸钠溶液 |
| $CO_2$ | 水 | $H_2S$ | 偏钒酸钠的碱性溶液 |
| $CO_2$ | 碳酸丙烯酯 | $NH_3$ | 水 |
| $CO_2$ | 碱液 | HCl | 水 |
| $CO_2$ | 乙醇胺 | HF | 水 |
| $SO_2$ | 浓硫酸 | CO | 铜氨液 |
| $SO_2$ | 水 | 丁二烯 | 乙醇、乙腈 |
| $H_2S$ | 氨水 | | |

### 3.2.4　吸收剂用量的确定

　　吸收过程是气液两相在吸收设备中进行的传质过程，两相既可以做逆流流动，也可以做并流流动。但由于两相进出口浓度相同的情况下，逆流的平均推动力大于并流，这样可提高吸收速率，减小设备尺寸。逆流时，塔底引出的溶液在出塔前是与浓度最大的进塔气体接触，使出塔溶液浓度可达最大值，从而降低了吸收剂耗用量。同时，塔顶引出的气体出塔前是与纯净的或浓度较低的吸收剂接触，可使出塔气体的浓度能达最低值，这样可大大提高吸收率。但并流操作也有其自身优点：并流操作可以防止逆流操作时的纵向搅动现象；提高气速时不受液泛的限制，不会限制设备的生产能力。一般吸收操作均采用逆流，以使过程具有最大的推动力。特殊情况下，如吸收质极易溶于吸收剂，此时逆流操作的优点并不明显，为提高生产能力，可以考虑采用并流操作。

#### 3.2.4.1　吸收塔的物料衡算与操作线方程

　　（1）物料衡算　图 3-9 为一处于稳定操作状态下的吸收塔，混合气体自下而上流动，吸收剂则自上而下流动，气、液两相逆流接触。在吸收过程中，混合气体通过吸收塔时，可溶组分不断被吸收，在气相中的浓度逐渐减小，气体总量沿塔高而变；液体因其中不断溶入可溶组分，液相中可溶组分的浓度是逐渐增大的，液体总量也沿塔高而变。但 $V$ 和 $L$ 的量却没有变化，假设无物料损失，对单位时间内进、出吸收塔的吸收质进行衡算：

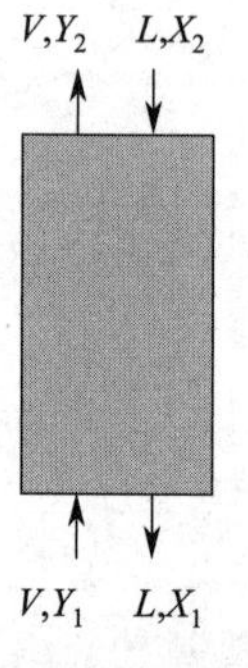

$$VY_1 + LX_2 = VY_2 + LX_1 \tag{3-14}$$

式中　$V$——单位时间内通过吸收塔的惰性气体摩尔流量，kmol/s；

　　　　$L$——单位时间内通过吸收塔的吸收剂摩尔流量，kmol/s；

　　$Y_1$，$Y_2$——进塔及出塔气体中吸收质的摩尔比，kmol 吸收质/kmol 惰性组分；

　　$X_1$，$X_2$——出塔及进塔液中吸收质的摩尔比，kmol 吸收质/kmol 吸收剂。

式（3-14）可改写为：

$$V(Y_1 - Y_2) = L(X_1 - X_2) \tag{3-15}$$

则可得：

$$\frac{L}{V} = \frac{Y_1 - Y_2}{X_1 - X_2} \tag{3-16}$$

图 3-9　吸收塔示意图（$V, Y_2$　$L, X_2$ ／ $V, Y_1$　$L, X_1$）

$L/V$ 称为液气比，即在吸收操作中吸收剂与惰性气体摩尔流量的比值，亦称吸收剂的单位耗用量。

在吸收操作中，气相中吸收质被吸收的物质的量与气相中原有的吸收质的物质的量之比，称为吸收率（或称为回收率），用符号 $\eta$ 表示：

$$\eta = \frac{V(Y_1 - Y_2)}{VY_1} = \frac{Y_1 - Y_2}{Y_1} = 1 - \frac{Y_2}{Y_1} \tag{3-17}$$

式(3-17)可改写成：

$$Y_2 = Y_1(1 - \eta) \tag{3-18}$$

（2）吸收塔的操作线方程与操作线 如图 3-10 所示，取任一截面 $C$—$C$，在 $C$—$C$ 与塔底端之间做吸收质的物料衡算。设截面 $C$—$C$ 上气、液两相浓度分别为 $Y$、$X$，则得：

$$VY_1 + LX = VY + LX_1 \tag{3-19a}$$

将上式可改写成：

$$Y = \frac{L}{V}X + \left(Y_1 - \frac{L}{V}X_1\right) = \frac{L}{V}(X - X_1) + Y_1 \tag{3-19b}$$

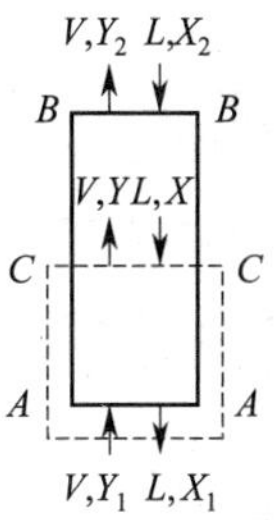

**图 3-10 逆流吸收操作示意图**

式(3-19b)即为逆流吸收塔的操作线方程，它反映了吸收操作过程中吸收塔内任一截面上气相浓度 $Y$ 与液相浓度 $X$ 之间的关系。该操作线方程为一直线方程，其斜率为 $L/V$。

同理：在 $C$—$C$ 截面与塔顶端之间作吸收质的物料衡算，得：

$$VY + LX_2 = VY_2 + LX \tag{3-19c}$$

可将上式改写成：

$$Y = \frac{L}{V}X + \left(Y_2 - \frac{L}{V}X_2\right) = \frac{L}{V}(X - X_2) + Y_2 \tag{3-19d}$$

说明逆流吸收操作的操作线方程过吸收塔的塔底、塔顶截面所对应的状态点 $A$($X_1$，$Y_1$)、$B$($X_2$，$Y_2$)，连接两点绘出操作线方程，如图 3-11 所示。此操作线上任一点 $C$ 代表着塔内相应截面上的气、液相浓度 $Y$、$X$ 之间的对应关系。端点 $A$ 代表塔底的气、液相浓度 $Y_1$、$X_1$ 的对应关系；端点 $B$ 则代表着塔顶的气、液相浓度 $Y_2$、$X_2$ 的对应关系。

在进行吸收操作时，在塔内任一截面上，吸收质在气相中的分压总是要高于与其接触的液相平衡分压，所以吸收操作线的位置总是位于平衡线的上方。与之相应的是在解吸操作中，吸收质在气相中的分压小于与其接触的液相平衡分压，因此解吸操作线总是位于平衡线的下方。

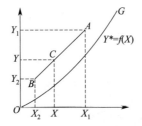

**图 3-11 逆流吸收塔的操作线**

码3-1 吸收塔操作线、平衡线示意图

### 3.2.4.2　吸收剂的用量

吸收剂用量是影响吸收过程的重要因素之一，会影响吸收设备的尺寸和吸收操作费用。

由前知，当 $V$、$Y_1$、$Y_2$ 及 $X_2$ 已知的情况下，吸收塔操作线的一个端点 $B$ 已经固定，而另一个端点 $A$ 的纵坐标为 $Y_1$，横坐标 $X_1$ 将取决于操作线的斜率 $L/V$。

若增大吸收剂用量，则操作线的斜率 $L/V$ 将增大，点 $A$ 将沿 $Y=Y_1$ 的水平线左移，塔底出口溶液的浓度 $X_1$ 减小，操作线远离平衡线，从而过程推动力 $X_1^* - X_1$ 增大，可以减小设备尺寸、节约设备费用（主要是塔的造价），但这也使吸收剂回收、再生等操作费用急剧增加。

反之，若减少吸收剂用量，则操作线的斜率 $L/V$ 将减小，操作线靠近平衡线，从而过程推动力 $X_1^* - X_1$ 减小，要在单位时间内吸收同量的溶质，设备尺寸就要大一些，以致设备费用增大。若吸收剂用量小到使操作线与平衡线相交或相切，如图 3-12 所示，在交点或切点处气液相平衡，吸收推动力为零，若要取得一定的吸收效果，则接触面积必须无限大，显然实际生产是不可能实现的，此种状况下吸收操作线 $A^*B$ 的斜率称为最小液气比，以 $(L/V)_{min}$ 表示，相应的吸收剂用量称为最小吸收剂用量，以 $L_{min}$ 表示。

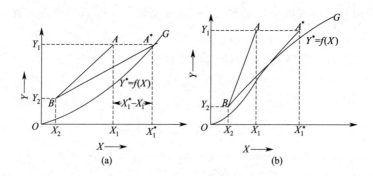

**图 3-12　吸收塔的最小液气比**

由此可见，吸收剂的用量将影响着设备费用与操作费用，因此应选择适宜的液气比，而使两种费用之和最小。根据生产实践经验，一般情况下认为取吸收剂用量为最小吸收剂用量的 1.1～2.0 倍是比较适宜的，即

$$\frac{L}{V} = (1.1 \sim 2.0)\left(\frac{L}{V}\right)_{min} \text{ 或 } L = (1.1 \sim 2.0)L_{min}$$

由式(3-16)可得：

$$\left(\frac{L}{V}\right)_{min} = \frac{Y_1 - Y_2}{X_1^* - X_2} \tag{3-20a}$$

或：

$$L_{min} = V \frac{Y_1 - Y_2}{X_1^* - X_2} \tag{3-20b}$$

其中，$X_1^*$ 为 $A^*$ 点的横坐标，由图中读得。如果平衡线为直线，则可用 $Y = mX^*$ 计算出 $X_1^*$ 的值，然后代入上式即可计算出最小液气比 $(L/V)_{min}$ 或最小吸收剂用

量 $L_{min}$。

**【例题 3-1】** 洗油吸收焦炉气中的芳烃。吸收塔内温度为 27℃，压力为 800mmHg。焦炉气流量为 35.62kmol/h，其中芳烃的摩尔分数为 0.02，要求芳烃吸收率不低于 95％。进入吸收塔顶的洗油为新鲜的吸收剂。若溶剂用量为理论最小用量的 1.5 倍，求每小时送入吸收塔顶的洗油量及塔底流出的溶液浓度。操作条件下的平衡关系为 $Y^* = 0.116X$。

**解** 进塔气体中芳烃的浓度为：$Y_1 = \dfrac{0.02}{1-0.02} = 0.0204$（kmol 芳烃/kmol 惰性气体）

出塔气体中芳烃的浓度为：$Y_2 = 0099 \times (1-0.95) = 0.00102$（kmol 芳烃/kmol 惰性气体）

按照已知的平衡关系式 $Y^* = 0.116X$，根据 $Y_1 = 0.0204$ 得到 $X_1^* = 0.176$，则：

$$L_{min} = V \frac{Y_1 - Y_2}{X_1^* - X_2} = \frac{35.62 \times (0.0204 - 0.00102)}{0.176 - 0.00503} = 4.04 \text{(kmol/h)}$$

$$L = 1.5 L_{min} = 1.5 \times 4.04 = 6.06 \text{(kmol/h)}$$

吸收液浓度可依全塔物料衡算式求出：

$$X_1 = X_2 + \frac{V(Y_1 - Y_2)}{L_S} = \frac{35.62 \times (0.0204 - 0.00102)}{6.06} = 0.1168 \text{(kmol 芳烃/kmol 洗油)}$$

## 🔲 想一想

1. 吸收过程在什么设备中进行？吸收设备结构如何？

2. 吸收塔的尺寸如何确定才能满足吸收需求？

3. 吸收设备如何进行操作？开停车有什么注意事项？吸收过程中有哪些常见的异常现象？如何排除？

# 任务 3.3　吸收设备及操作

## ⚙ 任务要求

1. 能列举常见的吸收设备类型，并能简单说明其特点；

2. 简述填料吸收塔的结构和填料的类型；

3. 根据具体的吸收任务计算所需吸收塔的尺寸，主要包括吸收塔的塔径和填料层高度；

4. 使用吸收设备完成吸收操作，并根据相应的数据判断吸收效果；

5. 判断吸收设备的常见故障，并能够进行及时排除。

### 3.3.1　填料塔的结构

目前工业生产中使用的吸收设备，主要有以下几种类型：填料塔（图 3-13）、板式塔

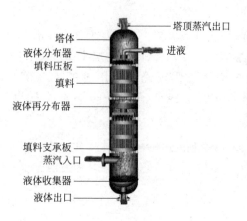

塔体
液体分布器
填料压板
填料
液体再分布器
填料支承板
蒸汽入口
液体收集器
液体出口
塔顶蒸汽出口
进液

图 3-13　填料塔

塔板

图 3-14　板式塔

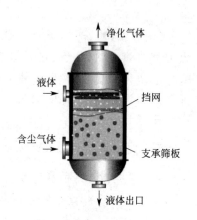

净化气体
液体
含尘气体
挡网
支承筛板
液体出口

图 3-15　湍球塔

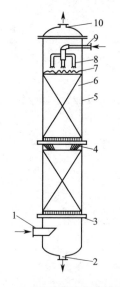

图 3-16　填料塔结构示意图
1—气体进口；2—液体出口装置；
3—填料支承板；4—液体再分布器；
5—塔体；6—填料；7—填料压紧装置；
8—液体分布装置；9—液体进口装置；
10—气体出口装置

（图 3-14）、湍球塔（图 3-15）、喷洒塔和喷射式吸收器等，其中填料塔与板式塔是广泛应用的两类传质设备。

本书以填料塔为例，介绍其结构及操作。

### 3.3.1.1　填料塔结构

如图 3-16 所示。填料塔圆筒形外壳一般由钢板焊接而成。塔体内充填一定高度的填料层，下部有支承装置以支承填料。塔顶液体入口有液体喷洒装置，以保证液体能均匀地喷淋到整个塔截面上。当填料层较高时，塔内填料要分段装填，每段之间设置液体再分布器。为保证出口气体尽量少夹带液沫，在塔顶部装有捕沫器。另外，还有气体进口和液体出口装置。

### 3.3.1.2　填料的种类

填料的种类很多，大致可以分为实体填料与网体填料两大类。实体填料包括环形填料（如拉西环、鲍尔环和阶梯环）、鞍形填料（如弧鞍、矩鞍），如图 3-17 所示，以及栅板填料和波纹填料等，由陶瓷、金属、塑料等材质制成。网体填料主要是由金属丝网制成的各种填料，如鞍形网、$\theta$ 网、波纹网等。几种常见的规整填料见图 3-18。

码3-2　填料塔　　码3-3　填料吸收塔的结构　　码3-4　鲍尔环　　码3-5　弧鞍

码3-6　波纹填料　　码3-7　阶梯环　　码3-8　矩鞍环　　码3-9　拉西环

(a) 拉西环　　　　　　　(b) 鲍尔环　　　　　　　(c) 阶梯环

(d) 弧鞍　　　　　　　　　　　(e) 矩鞍

图 3-17　环形填料及鞍形填料

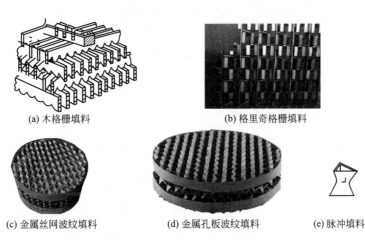

(a) 木格栅填料　　　　　　　　　　(b) 格里奇格栅填料

(c) 金属丝网波纹填料　　　(d) 金属孔板波纹填料　　　(e) 脉冲填料

图 3-18　几种常见的规整填料

 素质拓展阅读

### 新型填料

为了改善气液两相的分布情况，提高分离效率；增大通量，以适应大规模生产的需要；增加空隙率，以减少流动阻力降；以及满足高纯度产品的制备、扩产、设备放大、环保净化等多种需要，科研工作者们做着不懈的努力。以下介绍几种散装新型填料。

（1）套环填料　某石化公司在重芳烃抽提装置的技术改造中，利用新型套环填料替代了原有的扁环填料。新型套环填料解决了原塔泄漏的问题，且有效降低了流体的轴向返混，达到了节能和环保的目的，装置日产量明显提高。

（2）多孔双面填料　多孔双面填料在相同使用环境中比常规填料更加耐压，因此该填料高度比常规散装填料更加稳定，比常规散装填料提高了 $25\%$ 的处理能力。填料表面由于保持原始粗糙度，比常用散装填料有更高的抗腐蚀性，且在加工过程中不需使用磨具反复维修，因此节省了开模费用，降低了生产成本。

（3）改进矩鞍环填料 改进矩鞍环独特的内弯圆弧筋片结构，使填料内部通道更为合理，不仅增加了填料的机械强度，还有效地增强了液相分散度，由它装填的填料塔比现有技术的矩鞍环通量大、阻力小、效率高。

（4）菊花型填料 菊花型填料兼有规整、散装填料之特性。与普通填料相比，菊花型填料通量大，流通量可比普通填料高约 10％；压降小，压降比普通填料降低 5％～15％左右；由于菊花型填料结构为无翻边结构，避免了气液滞留，且自分布性能优良，对气液分布器要求远远低于规整填料。

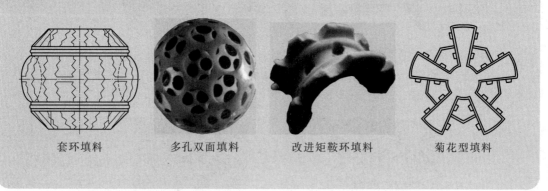

套环填料　　　　多孔双面填料　　　改进矩鞍环填料　　　菊花型填料

### 3.3.1.3 填料塔的附件

填料塔的附件包括填料支承装置、填料压板装置、液体分布装置及液体再分布装置、气液体进口及出口装置等。

（1）填料支承装置 填料塔中，支承装置的作用是支承填料及填料上的持液量，因此支承装置应有足够的机械强度，为了保证不在支承装置上首先发生液泛，其自由截面积应大于填料层中的空隙。常用的支承装置有栅板式和升气管式，如图 3-19 所示。

（2）填料压板装置 用于防止填料随上升气流流失。

（3）液体分布装置 液体分布装置对填料塔的操作影响很大，若液体分布不均匀，则填料层内的有效润湿面积会减少，并可能出现偏流和沟流现象，影响传质效果。

常用的液体分布装置有莲蓬式、弯管式、缺口式、多孔管式、筛孔式等，如图 3-20所示。

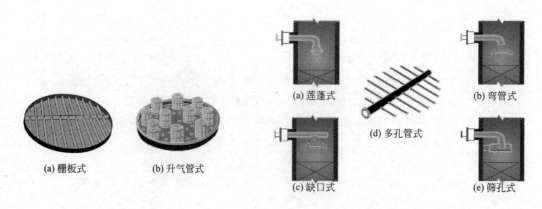

(a) 栅板式　　　　(b) 升气管式

(a) 莲蓬式　　　(b) 弯管式

(d) 多孔管式

(c) 缺口式　　　(e) 筛孔式

图 3-19　填料支承装置　　　　　　图 3-20　液体分布装置

码3-10 栅板支
撑板

码3-11 升气管
支撑板

（4）液体再分布装置　液体在乱堆填料层向下流动时，有一种逐渐偏向塔壁的趋势，即壁流现象。为改善壁流造成的液体分布不均，在填料层中每隔一定高度应设置一液体再分布器。常用的液体再分布器为截锥式再分布器，如图 3-21 所示。

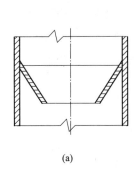

(a)

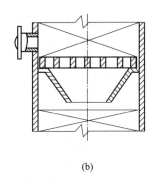

(b)

**图 3-21　截锥式再分布器**

安排再分布装置时，应注意其自由截面积不得小于填料层的自由截面积，以免当气速增大时首先在此处发生液泛。

对于整砌填料，一般不需设再分布装置，因为在这种填料层中液体沿竖直方向流下，没有趋向塔壁的效应。

码3-12　液体
分布器

码3-13　弹溅式
分布器

（5）气液体进口及出口装置　液体的出口装置既要便于塔内排液，又要防止夹带气体，常用的液体出口装置可采用水封装置。当塔的内外压差较大时，又可采用倒 U 形管密封装置。

填料塔的气体进口装置应具有防止塔内下流的液体进入管内，以及使气体在塔截面上分布均匀两个功能，有喇叭口、盘管式进气口。气体出口装置应能保证气流的畅通，并能尽量除去被气体夹带的液体雾沫，故应在塔内装设除雾沫装置，以分离出气体中所夹带的雾沫。常用的除沫装置有折板除雾器、填料除雾器和丝网除雾器等。

码3-14　液体再
分布器

码3-15　除雾
沫器

### 3.3.2 填料塔尺寸的确定

#### 3.3.2.1 塔径的确定

（1）塔径的计算公式　塔径的计算公式如下式：

$$D = \sqrt{\frac{4V_S}{\pi u}} \tag{3-21}$$

式中　$D$——塔径，m；

　　$V_S$——操作条件下混合气体的体积流量，$m^3/s$；

　　$u$——空塔气速，即按空塔截面积计算的混合气体的线速度，m/s。

在吸收过程中，由于吸收质不断进入液相，故混合气体量由塔底至塔顶逐渐减小，在计算塔径时，一般应以塔底的气量为依据。

（2）确定空塔气速　确定适宜的空塔气速 $u$ 是计算塔径的关键。空塔气速通常取液泛速度（$u_F$）的 0.5～0.8 倍。

$$u = (0.5 \sim 0.8)u_F \tag{3-22}$$

式中，$u_F$ 为泛点气速（该值可通过关联图查得），m/s。

#### 3.3.2.2 塔高的确定

填料塔的总高度包括填料层、填料段间空隙以及塔顶、塔底各部分的高度，填料塔的总高度主要取决于填料层高度。而填料层的高度取决于分离任务的大小和吸收速率的大小。分离任务一定时，吸收速率快，所需的相际传质面积小，填料层高度就小。

填料层高度的求解方法主要有等板高度法和传质单元数法，本书着重介绍传质单元数法。

（1）基本计算公式　由物料衡算、传质速率和相平衡关系推导得：

$$Z = \frac{V}{K_Y a \Omega} \int_{Y_2}^{Y_1} \frac{\mathrm{d}Y}{Y - Y^*} \tag{3-23a}$$

$$Z = \frac{L}{K_X a \Omega} \int_{X_2}^{X_1} \frac{\mathrm{d}X}{X^* - X} \tag{3-23b}$$

式中　$Z$——填料层高度，m；

　　$V$——单位时间内通过吸收塔的惰性气体量，kmol/s；

　　$L$——单位时间内通过吸收塔的吸收剂的量，kmol/s；

　　$K_Y$——气相吸收总系数，$kmol/(m^2 \cdot s \cdot kmol$ 吸收质$/kmol$ 惰性组分$)$；

　　$K_X$——液相吸收总系数，$kmol/(m^2 \cdot s \cdot kmol$ 吸收质$/kmol$ 吸收剂$)$；

　　$a$——单位体积填料层所提供的有效接触面积，$m^2/m^3$；

　　$\Omega$——塔的横截面积，$m^2$。

式(3-23a) 和式(3-23b) 分别表示的是以 $Y - Y^*$ 和 $X^* - X$ 为推动力的填料层高度的求解公式。

$a$ 值很难直接测定，常与吸收系数的乘积视为一体，称为体积吸收系数。比如 $K_Y a$ 及 $K_X a$ 分别称为气相体积吸收总系数及液相体积吸收总系数，其单位均为 $kmol/(m^3 \cdot s)$。

（2）传质单元高度与传质单元数　将式(3-23a) 中 $\dfrac{V}{K_Y a \Omega}$ 理解为由过程条件所决定的一

个高度，称为气相总传质单元高度，并以 $H_{OG}$ 表示，即

$$H_{OG} = \frac{V}{K_Y a\Omega} \tag{3-24a}$$

积分号内数值代表所需填料层高度 $Z$ 相当于气相总传质单元高度 $H_{OG}$ 的倍数，称为气相总传质单元数，并以 $N_{OG}$ 表示，即为：

$$N_{OG} = \int_{Y_2}^{Y_1} \frac{dY}{Y - Y^*} \tag{3-24b}$$

于是，式(3-23a) 可写成如下形式：

$$Z = H_{OG} N_{OG} \tag{3-25a}$$

同理，式(3-23b) 可写成：

$$Z = H_{OL} N_{OL} \tag{3-25b}$$

式中，$H_{OL}$ 为液相总传质单元高度，m。

$$H_{OL} = \frac{L}{K_X a\Omega} \tag{3-26a}$$

式中，$N_{OL}$ 为液相总传质数。

$$N_{OL} = \int_{X_2}^{X_1} \frac{dX}{X^* - X} \tag{3-26b}$$

由上式中，我们可发现传质单元数 $N_{OG}$ 和 $N_{OL}$ 中所含的变量只与物系的相平衡及进出口浓度有关，而与设备的形式和设备中的操作条件（如流速）等无关，其数值反映了分离任务的难易程度。而 $H_{OG}$、$H_{OL}$ 则与设备的形式、设备中的操作条件有关，其数值的大小表示完成一个传质单元所需的填料层高度，是吸收设备效能高低的反映。常用吸收设备的传质单元高度约为 $0.15 \sim 1.5 m$，具体数值须由实验测定。下面着重讨论传质单元数的求法。

（3）传质单元数的求法　传质单元数的求取方法主要有图解积分法、解析法和对数平均推动力法，本书着重介绍对数平均推动力法。该法适合符合亨利定律、平衡线是没有拐点的上凹曲线或者为直线的情况。

在平衡线为直线的情况下，此时的平均推动力计算式为：

$$\Delta Y_m = \frac{\Delta Y_1 - \Delta Y_2}{\ln \dfrac{\Delta Y_1}{\Delta Y_2}} = \frac{(Y_1 - Y_1^*) - (Y_2 - Y_2^*)}{\ln \dfrac{Y_1 - Y_1^*}{Y_2 - Y_2^*}} \tag{3-27}$$

则填料层高度的求解公式变为：

$$Z = \frac{V(Y_1 - Y_2)}{K_Y a\Omega \Delta Y_m} \tag{3-28}$$

比较式(3-23a) 与式(3-28) 可知：

$$N_{OG} = \int_{Y_2}^{Y_1} \frac{dY}{Y - Y^*} = \frac{Y_1 - Y_2}{\Delta Y_m} \tag{3-29}$$

同理，液相总传质单元数及液相对数平均吸收推动力的计算式分别为：

$$N_{OL} = \frac{X_1 - X_2}{\Delta X_m} \tag{3-30a}$$

$$\Delta X_m = \frac{\Delta X_1 - \Delta X_2}{\ln \dfrac{\Delta X_1}{\Delta X_2}} = \frac{(X_1^* - X_1) - (X_2^* - X_2)}{\ln \dfrac{X_1^* - X_1}{X_2^* - X_2}} \tag{3-30b}$$

当 $\dfrac{\Delta Y_1}{\Delta Y_2}<2$ 或 $\dfrac{\Delta X_1}{\Delta X_2}<2$ 时，相应的对数平均推动力也可用算术平均值代替，其误差工程上可忽略。

**【例题 3-2】** 用 $SO_2$ 含量为 $1.1\times10^{-3}$（摩尔分数）的水溶液吸收含 $SO_2$ 0.09（摩尔分数）的混合气中的 $SO_2$。已知进塔吸收剂流量为 2100kmol/h，混合气流量为 100kmol/h，要求 $SO_2$ 的吸收率为 80%。在吸收操作条件下，系统的平衡关系为 $Y^*=17.8X$，求气相总传质单元数。

**解**
$$Y_1=\frac{y_1}{1-y_1}=\frac{0.09}{1-0.09}=0.099$$
$$Y_2=Y_1(1-\eta)=0.099\times(1-0.8)=0.0198$$

惰性气体流量：$V=100\times(1-y_1)=100\times(1-0.09)=91(\text{kmol/h})$

$$X_1=X_2+\frac{V}{L_S}(Y_1-Y_2)=1.1\times10^{-3}+\frac{91}{2100}\times(0.099-0.0198)=4.53\times10^{-3}$$

$$\Delta Y_1=Y_1-Y_1^*=Y_1-mX_1=0.099-17.8\times4.53\times10^{-3}=0.0184$$

$$\Delta Y_2=Y_2-Y_2^*=Y_2-mX_2=0.0198-17.8\times1.1\times10^{-3}=2.2\times10^{-4}$$

$$\Delta Y_m=\frac{\Delta Y_1-\Delta Y_2}{\ln\dfrac{\Delta Y_1}{\Delta Y_2}}=\frac{0.0184-2.2\times10^{-4}}{\ln\dfrac{0.0184}{2.2\times10^{-4}}}=4.1\times10^{-3}$$

$$N_{OG}=\frac{Y_1-Y_2}{\Delta Y_m}=\frac{0.099-0.0198}{4.1\times10^{-3}}=19.3$$

### 3.3.3　吸收操作温度、液气比的控制

#### 3.3.3.1　吸收操作温度的控制

实际生产中的吸收往往是多塔串联或吸收-解吸联合操作，放热对吸收体系有着一定的影响。因此，工业吸收流程中常附加一些移除吸收热的措施及设备，最常见的有两种：塔外冷却器和塔内冷却器。

（1）塔外冷却器　常见的塔外冷却器有塔间冷却器和塔段间冷却器两种。

① 塔间冷却器　当吸收过程在一组串联的吸收塔中进行时，可用塔间冷却器，如图 3-22(a) 所示。这种方法较简单，但不能均匀而及时地移走吸收过程中放出的热量。

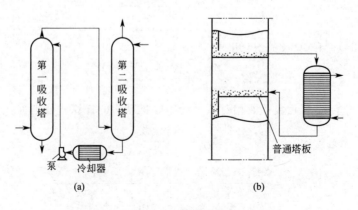

图 3-22　塔间冷却器与塔段间冷却器

② 塔段间冷却器　塔段间冷却器如图 3-22(b) 所示。

塔段间冷却器能较均匀地移除热量，但使吸收塔的高度因板间距的增大而增大，特别当冷却器的数目超过 3～4 个时，塔高增加很多，对操作和维修都带来麻烦。

（2）塔内冷却器　此种冷却器直接装在塔内，如图 3-23 所示。板式塔内常用可移动的 U 形管冷却器。此种冷却器直接安装在塔板上并浸没于液层中，适用于热效应大且介质有腐蚀性的情况。

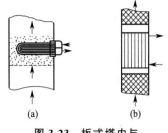

**图 3-23　板式塔内与填料层间的冷却器**

填料塔的塔内冷却器装在两层填料之间，其形式多为竖直的列管式冷却器，吸收液走管内，冷却剂走管间。此种装置同样使塔高增加、设备笨重，设备的制造和维修都更复杂。

#### 3.3.3.2　液气比的控制

液气比是吸收操作的重要操作控制参数。液气比的调节、控制主要应考虑如下几方面的问题。

① 单位时间及单位塔截面积的液体喷淋量称为喷淋密度。喷淋密度可能导致填料表面不能完全润湿而降低了吸收率，若过大，又会引起液泛。为确保填料层的充分润湿，一般认为喷淋密度宜为 $10 \mathrm{m}^3/(\mathrm{m}^2 \cdot \mathrm{h})$。

② 最小液气比的限制取决于预定的生产目的和分离要求，实际上对于指定的吸收塔而言，在液气比小于原设计的 $(L/V)_{\min}$ 时的操作只是不能达到规定的分离要求而已。当放宽分离要求时，最小液气比也可降低。

③ 当吸收与解吸操作联合进行时，加大吸收剂的喷淋量（$L/V$ 增加），虽然能增大吸收推动力，但吸收剂循环量增大使解吸操作恶化，则吸收塔的液相进口浓度将上升。此外，若解吸后吸收剂的冷却不足还将使吸收操作温度上升，吸收效果下降，不利于吸收的进行。

### 3.3.4　吸收塔的操作

#### 3.3.4.1　系统的开车

系统在开车前必须进行置换，合格后，即可进行开车，其操作步骤如下：

① 向填料塔内充压至操作压力；

② 启动吸收剂循环泵，使循环液按生产流程运转；

③ 调节塔顶喷淋量至生产要求；

④ 启动填料塔的液面调节器，使塔底液面保持规定的高度；

⑤ 系统运转稳定后，即可连续导入原料混合气，并用放空阀调节系统压力；

⑥ 当塔内的原料气成分符合生产要求时，即可投入正常生产。

#### 3.3.4.2　系统的停车

填料塔的停车包括短期停车、紧急停车和长期停车。

短期停车（临时停车）操作：

① 通告系统前后工序或岗位；

② 停止向系统送气，同时关闭系统的出口阀；

码3-16　填料
吸收塔吸收
二氧化碳

③ 停止向系统送循环液，关闭泵的出口阀，停泵后，关闭其进口阀；

④ 关闭其他设备的进出口阀门。

系统短期停车后仍处于正压状况。

紧急停车操作：

① 迅速关闭原料混合气阀门；

② 迅速关闭系统的出口阀；

③ 按短期停车方法处理。

长期停车操作：

① 按短期停车操作停车，然后开启系统放空阀，卸掉系统压力；

② 将系统中的溶液排放到溶液贮槽或地沟，然后用清水洗净；

③ 若原料气中含有易燃易爆物，则应用惰性气体对系统进行置换，当置换气中易燃物含量小于 5％，含氧量小于 0.5％时为合格；

④ 用鼓风机向系统送入空气，进行空气置换，置换气中含氧量大于 20％为合格。

### 3.3.4.3　正常操作要点及维护

吸收系统主要由冷却器、泵和填料吸收塔组成，如何才能使这些设备发挥很大的效能和延长使用寿命，应做到严格按操作规程操作，及时进行检查与维护。

正常操作要点：

① 进塔气体的压力和流速不宜过大，否则会影响气、液两相的接触效率，甚至使操作不稳定。

② 进塔吸收剂不能含有杂物，避免杂物堵塞填料缝隙。在保证吸收率的前提下，减少吸收剂的用量。

③ 控制进入温度，将吸收温度控制在规定的范围。

④ 控制塔底与塔顶压力，防止塔内压差过大。压差过大，说明塔内阻力大，气、液接触不良，致使吸收操作过程恶化。

⑤ 经常调节排放阀，保持吸收塔液面稳定。

⑥ 经常检查泵的运转情况，以保证原料气和吸收剂流量的稳定。

⑦ 按时巡回检查各控制点的变化情况及系统设备与管道的泄漏情况，并根据记录表要求做好记录。

正常维护要点：

① 定期检查、清理、更换喷淋装置或溢流管，保持不堵、不斜、不坏。

② 定期检查篦板的腐蚀程度，防止因腐蚀而塌落。

③ 定期检查塔体有无渗漏现象，发现后应及时补修。

④ 定期排放塔底积存脏物和碎填料。

⑤ 经常观察塔基是否下沉，塔体是否倾斜。

⑥ 经常检查运输设备的润滑系统及密封装置，并定期检修。

⑦ 经常保持系统设备的油漆完整，注意清洁卫生。

### 3.3.4.4　异常现象及处理

吸收过程中，由于工艺条件的变化或操作不慎会导致一些异常现象发生。常见异常现象见表 3-3。

表 3-3  吸收过程中常见的异常现象及解决方法

| 异常现象 | 原因 | 解决方法 |
|---|---|---|
| 液泛 | 原料气量过大<br>吸收剂量过大<br>吸收塔液面过高<br>吸收剂黏度大<br>填料堵塞 | 调节进气流量<br>调节适合的液气比<br>调节塔底液封高度<br>更换合适的吸收剂<br>清洗更换填料 |
| 尾气不达标 | 吸收剂用量少<br>吸收操作条件不利吸收<br>吸收剂分布不均匀<br>再生的吸收剂中溶质成分浓度过高 | 调节合适的吸收剂用量<br>调整操作的温度和压力<br>检查液体分布器和再分布器<br>调整再生过程,降低再生吸收剂中溶质的浓度 |
| 塔底跑气 | 进塔原料气量过大<br>塔底液封高度不够 | 降低进塔原料气量<br>调整液封高度 |
| 塔内压差过大 | 进塔原料气量过大<br>进塔吸收剂量过大<br>填料堵塞 | 降低进塔原料气量<br>降低进塔吸收剂量<br>及时清洗或更换填料 |
| 吸收剂用量下降 | 吸收剂贮槽液位低<br>吸收剂泵损坏 | 及时补充吸收剂<br>采用备用泵并维修损坏的泵 |

### 3.3.5  操作技能训练方案

#### 3.3.5.1  训练目的及要求

① 熟悉操作训练用吸收装置的流程和主要设备的结构特点,掌握装置中各种参数测量仪表的工作原理及结构特点,并能正确使用各种仪表。

② 能正确掌握装置的操作要点并做到熟练操作。

③ 能正确地判断和处理操作过程中的不正常现象。

④ 掌握吸收率计算方法,理解影响吸收率的主要因素。

⑤ 能正确记录吸收操作中的各种数据,能对数据进行基本的判断、分析,并对操作过程质量进行正确评价。

#### 3.3.5.2  技能培训任务清单

① 培训任务一  绘制吸收实训装置的流程图,简述装置流程、设备的作用及工作原理。

② 培训任务二  填写装置设备状况记录表。

③ 培训任务三  学习装置操作规程,总结操作要点及操作中的主要注意事项。

④ 培训任务四  练习基本操作,注意观察并及时规范记录操作运行的有关指标性数据。如有异常现象立即紧急停车,在指导教师的带领下对故障进行分析处理。

⑤ 培训任务五  对操作运行数据进行分析、计算和处理。

#### 3.3.5.3  运行数据记录和结果处理要求

本实训操作原始记录和数据处理结果表包括:实训前检查记录表(包括设备规格表及技术参数表)、吸收装置操作原始记录表和数据处理结果汇总表。

## 练一练测一测

**1. 选择题**

(1)与总吸收速率方程式中对应的推动力应为(    )。

A. $Y-Y^*$　　　　B. $Y-X$　　　　C. $X-X^*$　　　　D. $X-Y^*$

(2) 吸收操作中难溶气体的亨利定律中（　　）。

A. $E$ 大，$m$ 大　　B. $E$ 大，$m$ 小　　C. $E$ 小，$m$ 小　　D. $E$ 小，$m$ 大

(3) 氨水的摩尔比应是 0.25kmol 氨/kmol 水，则它的摩尔分数为（　　）。

A. 0.15　　　　B. 0.2　　　　C. 0.25　　　　D. 0.3

(4) 某混合气体由 A 和惰性气体 B 组成，A 和 B 的摩尔比为 1kmolA/kmolB，则 A 的体积分数为（　　）。

A. 1　　　　B. 0.5　　　　C. 0.3　　　　D. 0.1

(5) 当 $X^*>X$ 时，（　　）；当 $Y^*>Y$ 时，（　　）。

A. 发生吸收过程　　　　　　　　　　B. 发生解吸过程

C. 吸收解吸同时发生　　　　　　　　D. 平衡状态

(6) 温度（　　），将有利于解吸的进行。

A. 降低　　　　B. 升高　　　　C. 变化　　　　D. 不变

(7) 在 $y$-$x$ 图上，操作线若在平衡线下方，则表明传质过程是（　　）。

A. 吸收　　　　B. 解吸　　　　C. 相平衡　　　　D. 不确定

(8) "液膜控制"吸收过程的条件是（　　）。

A. 易溶气体，气膜阻力可忽略　　　　B. 难溶气体，气膜阻力可忽略

C. 易溶气体，液膜阻力可忽略　　　　D. 难溶气体，液膜阻力可忽略

(9) 选择吸收剂时应重点考虑的是（　　），不需要考虑的是（　　）。

A. 对溶质的溶解度　　　　　　　　　B. 对溶质的选择性

C. 操作温度下的密度　　　　　　　　D. 操作条件下的挥发度

(10) 通常所讨论的吸收操作中，当吸收剂用量趋于最小用量时，为完成一定的任务（　　）。

A. 回收率趋向最高　　　　　　　　　B. 吸收推动力趋向最大

C. 总费用最低　　　　　　　　　　　D. 填料层高度趋向无穷大

(11) 吸收塔内，不同截面处吸收速率（　　）。

A. 各不相同　　　　B. 基本相同　　　　C. 完全相同　　　　D. 均为 0

(12) 填料塔中安装液体再分布装置，其目的是（　　）。

A. 填料支承　　　　　　　　　　　　B. 改善壁流效应

C. 保证填料充分润湿　　　　　　　　D. 防止液泛

(13) 选择吸收设备时，综合考虑吸收率大、阻力小、稳定性好、结构简单、造价小等因素，一般应选择（　　）。

A. 填料吸收塔　　B. 板式吸收塔　　C. 喷淋吸收塔　　D. 湍球塔

(14) 对一定的分离任务，$Y-Y^*$ 与 $N_{OG}$ 的关系为（　　）。

A. $Y-Y^*$ 大，则 $N_{OG}$ 大　　　　B. $Y-Y^*$ 小，则 $N_{OG}$ 小

C. $Y-Y^*$ 大，则 $N_{OG}$ 小　　　　D. 不确定

(15) 吸收塔内，气体进气管管端向下切成 45°倾斜角，其目的是防止（　　）。

A. 气体被液体夹带出塔　　　　　　　B. 塔内下流液体进入管内

C. 气液传质不充分　　　　　　　　　D. 液泛

(16) 吸收塔操作时，（　　）。

A. 先通入气体后通入喷淋液体

B. 先通入喷淋液体后通入气体

C. 增大喷淋量总是有利于吸收操作的

D. 先通气体或液体都可以

(17) 吸收塔尾气超标，可能引起的原因是（　　　）。

A. 塔压增大　　　　　　　　　　B. 吸收剂降温

C. 吸收剂用量增大　　　　　　　D. 循环吸收剂浓度较高

(18) 在吸收操作中，吸收剂（如水）用量突然下降，产生的原因可能是（　　　）。

A. 溶液槽液位低、泵抽空　　　　B. 水泵坏

C. 水压低或停水　　　　　　　　D. 以上三种原因

(19) 在吸收操作中，吸收剂（如水）用量突然下降，处理的方法有（　　　）。

A. 补充溶液　　　　　　　　　　B. 启动备用水泵或停车检修

C. 使用备用水源或停车　　　　　D. 以上三种方法

**2. 填空题**

(1) 吸收是分离_____混合物的最常用的单元操作，它是利用混合气体中各组分在所选择的吸收剂中的_____差异进行分离。吸收时溶质的传递方向是由_____向_____传递。

(2) 对接近常压的浓度低的溶质气液平衡系统，当总压增大时，亨利系数 $E$_____，相平衡常数 $m$_____，溶解度系数_____。

(3) 增大压力和降低温度可以_____气体在溶剂中的溶解度，对吸收操作_____。

(4) 在常压下，20℃时氨在空气中的分压为 166mmHg，此时氨在混合气中的摩尔分数 $y_A =$_____，摩尔比 $Y_A =$_____。

(5) 吸收过程进行的条件是 $Y$_____$Y^*$，解吸过程进行的条件是 $Y$_____$Y^*$，过程的极限是 $Y$_____$Y^*$。

(6) 气相的实际组成 $Y$ 小于液相呈平衡的组成 $Y^*$（$=mX$），则溶质将由_____相向_____相传递（填气或液）。

(7) 双膜理论认为相互接触的气、液两流体间存在着稳定的相界面，在界面两侧各有一个很薄的膜层，吸收质以_____扩散方式通过这两个膜层，在相界面处气、液两相达到_____。

(8) 由吸收过程的机理可见，吸收过程与精馏过程不同，吸收过程是_____向传质过程，精馏是_____向传质过程。

(9) 双膜理论将吸收过程简化为吸收质只是经由气、液两膜层的_____过程。提高吸收质在膜内的_____速率就能有效地提高吸收速率，因而两膜层阻力也就成为吸收过程的两个基本阻力，双膜理论又称为_____理论。

(10) 当 $V$、$Y_1$、$Y_2$ 及 $X_2$ 一定时，增加吸收剂用量，操作线的斜率_____，吸收推动力_____，操作费用_____。据生产实践经验，一般情况下认为，吸收剂用量为最小吸收剂用量的_____倍是比较适宜的。

(11) 通常所讨论的吸收操作中，当吸收剂用量趋于最小用量时，为完成一定任务所需的填料层高度趋向_____。

(12) 当 $V$、$Y_1$、$Y_2$ 及 $X_2$ 一定时，增加吸收剂用量，则操作线的斜率_____，吸收推动力_____，完成分离任务所需填料层高度将_____。

(13) 当 $V$、$Y_1$、$Y_2$ 及 $X_2$ 一定时，减少吸收剂用量，则所需填料层高度 $Z$ 与液相出口浓度 $X_1$ 的变化趋势为：$Z$_____，$X_1$_____。

(14) $H_{OG}$ 称为＿＿＿＿＿＿＿＿＿＿＿＿＿＿＿，其数值的大小表示完成一个传质单元所需要的高度，是吸收设备＿＿＿＿＿＿高低的反映。

(15) $N_{OG}$ 称为＿＿＿＿＿，其值与物系的相平衡关系及进出口浓度＿＿＿＿＿关，而与设备的形式和设备中的操作条件（如流速）等＿＿＿＿＿关，其数值反映了分离任务的＿＿＿＿＿程度。

(16) 在逆流吸收塔中，对于一定的分离任务，$Y-Y^*$ 与 $N_{OG}$ 的关系为：$Y-Y^*$ 大则 $N_{OG}$＿＿＿＿＿。若吸收过程为气膜控制，若进塔液相组成 $X_2$ 增大，其他条件不变，则气相总传质单元数 $N_{OG}$ 将＿＿＿＿＿。

(17) 在气、液两相进出口浓度相同的情况下，逆流操作传质平均推动力＿＿＿＿＿（填大于、等于、小于）并流传质平均推动力。

(18) 在吸收过程中，由于吸收质不断进入液相，所以混合气体量由塔底至塔顶逐渐＿＿＿＿＿，在计算塔径时一般应以塔＿＿＿＿＿的气量为依据。

(19) 长期停车操作时，要将系统中的溶液排放到＿＿＿＿＿，然后用清水洗净；若原料气中含有易燃易爆物，则应用＿＿＿＿＿对系统进行置换。

**3. 计算题**

(1) 总压为 101.325kPa，温度为 20℃时，1000kg 水中溶解 15kg $NH_3$，此时溶液上方气相中 $NH_3$ 的平衡分压为 2.266kPa。试求平衡时气、液两相中 $NH_3$ 的摩尔分数和摩尔比分别是多少。

(2) 含 $NH_3$ 10%（体积分数）的混合气体，在填料塔中被水吸收，试求氨溶液的最大浓度。已知塔内绝对压力为 202.6kPa。在操作条件下，氨水溶液的平衡关系为：

$$p^* = 267x$$

式中，$p^*$ 为气相中氨的分压，kPa；$x$ 为液相中氨的摩尔分数。

(3) 已知一个大气压、20℃时，稀氨水的相平衡关系为 $Y^* = 0.9X$。现让含氨 10%（体积分数）的氨-空气混合气体与含氨 5%（摩尔分数）的氨-水溶液接触，试通过计算分析说明将发生什么过程。过程的推动力为多少（请用两种不同的方法说明）？

(4) 有一填料吸收塔，用清水吸收氨-空气混合气中的氨，混合气体处理量为 8kmol/h，吸收后氨的含量由 5% 降低到 0.04%（均为摩尔分数）。平衡关系为 $Y^* = 1.4X$，吸收剂用量为 13.3kmol/h。试求：①吸收率；②出塔溶液的浓度。

(5) 在逆流操作的填料塔中，用纯溶剂吸收混合气中溶质组分。已知进塔气相组成为 0.02（摩尔比），溶质回收率为 95%。惰性气体流量为 35kmol/h，吸收剂用量为最小吸收剂用量的 1.5 倍。在操作条件下气液平衡关系 $Y^* = 0.15X$，试求：①尾气组成；②适宜吸收剂用量；③出塔溶液的浓度。

(6) 在 20℃及 101.3kPa 下，用清水分离某气体 A 和空气的混合气体。混合气体中 A 的摩尔分数为 1.3%，经处理后 A 的摩尔分数降到 0.05%。已知混合气的处理量为 100kmol/h，操作条件下平衡关系为 $Y^* = 0.755X$，溶液的出塔浓度为最大浓度的 80%，试求吸收剂用量。

(7) 在一填料吸收塔内，用清水逆流吸收混合气体中的有害组分 A，已知进塔混合气体中组分 A 的浓度为 0.04（摩尔分数，下同），出塔尾气中 A 的浓度为 0.005，出塔水溶液中组分 A 的浓度为 0.012，操作条件下气液平衡关系为 $Y^* = 2.5X$。试求：操作液气比是最小液气比的多少倍？

(8) 某逆流操作的吸收塔，常压下用清水吸收混合气体中的 $H_2S$，使其浓度由 3% 降至 0.2%（均为体积分数），体系符合亨利定律，操作条件下的亨利系数 $E = 5.52 \times 10^4$ kPa，取吸收剂用量为最小用量的 1.5 倍。求操作液气比及液相出口浓度 $X_1$。若改用加压操作，操作压力为 1013kPa，其他操作条件不变，求加压时的操作液气比及液相出口浓度 $X_1$。

（9）某生产车间使用一填料塔，用清水逆流吸收混合气中有害组分 A，已知操作条件下，气相总传质单元高度为 1.5m，进料混合气组成为 0.04（组分 A 的摩尔分数，下同），出塔时其组成为 0.0053，出塔水溶液浓度为 0.0128，操作条件下的平衡关系为 $Y^* = 2.5X$（摩尔比），试求：①$L/V$ 为 $(L/V)_{min}$ 的多少倍；②所需填料层高度。

# 项目4
# 非均相物系分离过程及操作

## 项目引导

在化工生产中，原料、半成品以及排放物等多为混合物。混合物分为均相物系和非均相物系。非均相物系是指物系中存在着两个或两个以上相的混合物，包括气-固（如烟尘）、液-固（如悬浮液）、气-液（如雾）、液-液（如乳浊液）以及固体混合物等。为了实现分离，必须根据混合物的性质差异而采用不同的方法。本项目介绍气-固和液-固非均相物系分离的方法和设备。

## 工程案例1

### 某硫酸厂 SO$_2$ 炉气除尘方案的制定

硫铁矿制硫酸工艺中，硫铁矿经过焙烧得到的炉气，其中除含有转化工序所需要的有用气体 SO$_2$ 和 O$_2$ 以及惰性气体 N$_2$ 之外，还含有三氧化硫、水分、三氧化二砷、二氧化硒、氟化物及矿尘等，这些均为有害物质。在炉气送去转化前，必须先对炉气进行净化，应达到下述净化指标（标准状态）：砷 $<0.001$g/m$^3$；尘$<0.005$g/m$^3$；酸雾$<0.03$g/m$^3$；水分$<0.1$g/m$^3$；氟$<0.001$g/m$^3$。

## 工程案例2

### 氨碱法制纯碱中重碱的过滤

氨碱法制纯碱工艺中，从碳化塔取出的晶浆中含有悬浮的固相 NaHCO$_3$（重碱），体积分数约为 $45\%\sim50\%$，悬浮液中还含有 NaCl、NH$_3$、NH$_4$Cl 等，重碱需要被分离出并送去煅烧以制 Na$_2$CO$_3$（纯碱），母液送去蒸氨。为了保证后续纯碱中 NaCl 含量最低，分离出的重碱还需要经过软水的清洗。

## 想一想

工程案例所述任务中，炉气净化和重碱分离的目的分别是什么？工业生产中为什么要进行非均相物系的分离？有哪些常用的方法？

# 任务 4.1　非均相物系分离基础知识

## 🧭 任务要求

1. 了解非均相物系分离过程在化工生产中的重要性及应用；
2. 了解非均相物系分离依据和方法。

### 4.1.1　非均相物系分离在化工生产中的应用

非均相物系分离在化工生产中的应用主要有以下几个方面：

① 分离得到产品　如从酰化反应器里分离出阿司匹林结晶产品。

② 满足后续生产工艺的需要　如合成氨原料气脱硫，防止硫化物使后续工段催化剂中毒。

③ 回收有用物质　如从催化裂化流化床反应器的出口气体中分离回收贵重的催化剂颗粒。

④ 减少环境污染　如工业生产中的废气和废液在排放前进行处理，满足排放要求，消除安全隐患。

## 👥 素质拓展阅读

### 绿水青山就是金山银山

大自然是人类赖以生存发展的基本条件。尊重自然、顺应自然、保护自然，是全面建设社会主义现代化国家的内在要求。必须牢固树立和践行绿水青山就是金山银山的理念，站在人与自然和谐共生的高度谋划发展。

在工业生产过程中，会产生一定量的废气、废液和废渣，也就是"三废"，"三废"需要采用相应的方法进行处理，方可排放，尽量减少对环境的污染。本项目非均相物系分离过程就可以在生产中用于净化原料气、处理尾气、中间产物的分离等。

### 4.1.2　非均相物系分离依据和方法

在非均相物系中，处于分散状态的物质称为分散相或分散物质，如悬浮液中的固体颗粒、含尘气体中的尘粒。包围分散物质而处于连续状态的物质称为连续相或连续介质，如悬浮液中的液相、含尘气体中的气相。工业生产就是利用分散相和连续相的差异，设法使之相对运动，实现非均相物系的分离。根据分离依据和作用力不同，非均相物系分离方法有以下几种，见表 4-1。

表 4-1　非均相物系分离方法

| 分离方法 | 分离依据 | 操作方法 | 应用举例 |
| --- | --- | --- | --- |
| 沉降分离 | 两相密度差异 | 借助某种机械力，使两相发生相对运动 | 重力沉降、离心沉降、惯性力沉降 |

续表

| 分离方法 | 分离依据 | 操作方法 | 应用举例 |
|---|---|---|---|
| 过滤分离 | 两相相对多孔介质穿透性差异 | 在某种推动力作用下,使两相同时通过多孔介质 | 重力过滤、加压过滤、真空过滤、离心过滤 |
| 静电分离 | 两相导电性差异 | 在电场力作用下,分散相发生运动 | 静电除尘 |
| 湿法分离 | 两相在增湿剂或者洗涤剂中接触阻留情况差异 | 含尘气体与液体密切接触,利用液膜、液网等捕集尘粒 | 文丘里除尘、泡沫除尘 |

## 想一想

工程案例 1 所述任务中,应该选择何种气-固分离的方法和设备? 常见的气-固分离设备有哪些类型?

# 任务 4.2　气-固分离方法和设备

## 任务要求

1. 了解气-固非均相物系分离方法;
2. 掌握降尘室、旋风分离器的结构、工作原理、性能及应用范围;
3. 熟悉袋滤器、文丘里洗涤器、电除尘器的结构、工作原理、性能及应用范围;
4. 了解气-固分离设备的操作和维护方法。

### 4.2.1　典型的气-固分离设备

气态非均相物系分离任务中,绝大多数为气-固分离任务,按捕集粉尘的机理不同,可以分为机械式、过滤式、洗涤式和静电式四类。

#### 4.2.1.1　机械式除尘器

机械式除尘器是一类利用重力、惯性力或者离心力的作用将尘粒从气体中分离的装置,主要包括降尘室、惯性除尘器和旋风分离器。这类设备的特点是结构简单、造价比较低、维护管理方便、耐高温湿烟气、耐腐蚀性气体,对粒径在 $5\mu m$ 以下的尘粒去除率较低。当气体含尘浓度高时,这类设备往往用作多级除尘系统中的前级除尘,以减轻二级除尘的负荷。

(1) 降尘室　含尘气体中尘粒与气体的密度不同,依靠重力作用使尘粒与气体分离的设备称为降尘室。降尘室如图 4-1 所示。当含尘气体进入降尘室后,流通面积增大,流速降低,部分粒子在重力作用下沉降下来。当气体从沉降室入口到出口所需的停留时间大于或等于尘粒从沉降室的顶部沉降到底部所需的沉降时间时,就可以沉降分出。

尘粒在降尘室中的运动情况,如图 4-2 所示,设降尘室的长为 $L$、高为 $H$、宽为 $b$(单位均为 m),某一微粒的沉降速度为 $u_t$(单位为 m/s),气体通过降尘室的气流速度为 $u$(单位为 m/s),降尘室的处理能力为 $V_s$(单位为 $m^3/s$),降尘室的底面积为 $A_t$(单位为 $m^2$)。

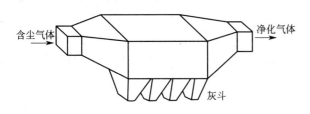

图 4-1　降尘室

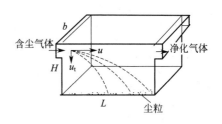

图 4-2　尘粒在降尘室中的运动情况

气体通过降尘室的时间（停留时间）$t_R$：

$$t_R = \frac{L}{u}$$

微粒降到室底所需要的时间（沉降时间）$t_t$：

$$t_t = \frac{H}{u_t}$$

当 $t_R \geqslant t_t$ 时，微粒可被沉降分离，即

$$\frac{L}{u} \geqslant \frac{H}{u_t} \tag{4-1}$$

码4-1　降尘室

降尘室的生产能力：

$$V_s = uHb$$

整理得　　　　　　　　$V_s \leqslant u_t Lb (= u_t A_t) \tag{4-2}$

由式(4-2) 可见，降尘室的生产能力仅与其沉降速度 $u_t$ 和降尘室的底面积 $A_t$ 有关，而与降尘室的高度无关。因此可将降尘室做成多层。图 4-3 为多层降尘室，室内以隔板均匀分成若干层，隔板间距为 $40 \sim 100\text{mm}$。

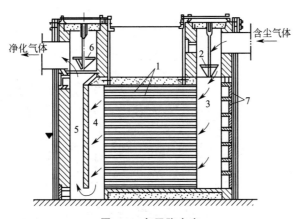

图 4-3　多层降尘室

1—隔板；2,6—调节闸阀；3—气体分配道；4—气体集聚道；5—气道；7—清灰口

降尘室结构简单，流动阻力小，但体积大，分离效率差，适用于分离直径在 $50\mu\text{m}$ 以下的尘粒，一般作为预除尘使用。多层降尘室虽能分离较细小的颗粒并节省地面，但出灰不便。

(2) 惯性除尘器　惯性除尘器是利用惯性力的作用使尘粒从气流中分离出来的除尘装置，如利用含尘气体与挡板撞击或者急剧改变气流方向分离并捕集粉尘。

① 惯性除尘器的除尘机理　惯性除尘器的分离机理如图 4-4 所示。当含尘气流以 $u_1$ 的

速度进入装置后，在 $T_1$ 点较大的粒子（粒径 $d_1$）由于惯性力作用离开曲率半径为 $R_1$ 的气流撞在挡板 $B_1$ 上，碰撞后的粒子由于重力的作用沉降下来而被捕集。直径比 $d_1$ 小的粒子（粒径为 $d_2$）则与气流以曲率半径 $R_1$ 绕过挡板 $B_1$，然后再以曲率半径 $R_2$ 随气流做回旋运动。当粒径为 $d_2$ 的粒子运动到 $T_2$ 点时，将脱离以 $u_2$ 速度流动的气流撞击到挡板 $B_2$ 上，同样也因重力沉降而被捕集下来。因此，惯性除尘器的除尘是惯性力、离心力和重力共同作用的结果。

② 惯性除尘器的分类　惯性除尘器有碰撞式和反转式两类。

碰撞式惯性除尘器（图 4-5）一般是在气流流动的通道内增设挡板构成的。在实际工作中常采用多级挡板，增加撞击的机会，提高除尘效率。

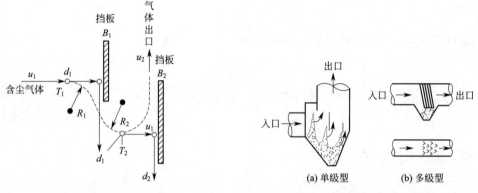

图 4-4　惯性除尘器分离机理示意图　　　　图 4-5　碰撞式惯性除尘器

反转式惯性除尘器是采用内部构件使气流急剧折转，利用气体和尘粒在折转时所受惯性力的不同，使尘粒在折转处从气流中分离出来，可分为弯管型、百叶窗型和多层隔板塔型三种（图 4-6）。

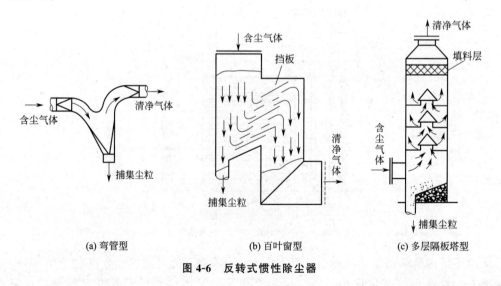

图 4-6　反转式惯性除尘器

惯性除尘器结构简单，除尘效率优于降尘室，但由于气流方向转变次数有限，净化效率也不高，多用于一级除尘或者高效除尘的前级除尘。惯性除尘器适应于捕集粒径在 $10 \sim 20\mu m$ 以上的金属或者矿物性粉尘，压力损失为 $100 \sim 1000Pa$。对于黏结性和纤维性的粉尘，因易堵塞，故不宜采用。

（3）旋风除尘器　离心沉降就是在离心力场中借助惯性离心力的作用，使分散在流体中的颗粒（或液滴）与流体产生相对运动，从而使悬浮物系得到分离的过程。

① 离心沉降速度　当悬浮物系做回转运动时，密度大的悬浮颗粒在惯性离心力的作用下，沿回转半径方向向外运动，此时，颗粒受到惯性离心力、浮力、阻力三个作用力。颗粒在三种力的共同作用下，沿径向向外加速运动，发生沉降。对于层流区的微小颗粒，径向运动的加速度很小，上述三力基本平衡，故可近似求出颗粒与流体在径向的相对运动速度为：

$$u_r = \frac{d^2(\rho_s - \rho)\omega^2 R}{18\mu} = \frac{d^2(\rho_s - \rho)}{18\mu}\frac{u_T^2}{R} \tag{4-3}$$

式中　$d$——颗粒的直径，m；

$\rho_s$——颗粒的密度，$kg/m^3$；

$\rho$——流体的密度，$kg/m^3$；

$\omega$——回转角速度，$rad/s$；

$R$——旋转半径，m；

$\mu$——流体黏度，$Pa \cdot s$；

$u_T$——颗粒做圆周运动的切向速度，$m/s$。

由于离心力场强度远大于重力场强度，故离心沉降速度远大于重力沉降速度。通常用离心分离因数反映离心分离效果，它是粒子在离心场中所受离心力和重力场中所受重力的比值，也是离心力场强度和重力场强度之比，用 $K_C$ 表示。

$$K_C = \frac{\dfrac{u_T^2}{R}}{g} = \frac{\dfrac{(2\pi R n_s)^2}{R}}{g} \tag{4-4}$$

式中　$n_s$——转速，$m/s$。

由式(4-4)可知，要提高 $K_C$，可以通过改变半径 $R$ 和转速 $n_s$ 来实现，但由于设备强度、制造等方面的原因，实际上通常采用提高转速并适当减小半径的方法来获得较大的 $K_C$。

② 旋风分离器的构造与操作原理　旋风分离器是最典型的用于气固非均相物系分离的离心沉降设备。

图 4-7 为一标准型旋风分离器构造示意图，主体上部为圆筒形，下部为圆锥形，锥底下部有排灰口，圆筒形上部装有顶盖，侧面装一与圆筒相切的矩形截面进气管，圆筒的上部中央处装一排气口。各部分的尺寸均以圆筒直径 $D$ 按比例确定。

旋风分离器除尘过程见图 4-8，含尘气体由圆筒侧面的矩形入口以切线方向进入，受器壁约束作用，含尘气体在圆筒和排气管之间的环状空间内向下做螺旋运动。在旋转过程中，颗粒在离心力的作用下被甩向器壁，因本身失去能量而沿器壁落至锥形底排灰口，定期清灰。经过一定程度净化后的气体从圆锥底部自下而上旋转，从顶部出口管中排出。

旋风分离器结构简单、造价较低，没有运动部件，操作不受温度、压力的限制，广泛应用于工业生产中的除尘，一般可以分离 $5\mu m$ 以上的尘粒，对于 $5\mu m$ 以下的尘粒分离效率较低，离心分离因数在 $5\sim2500$ 之间。旋风分离器的缺点是气体流动阻力大，对器壁磨损比较严重，分离效率对气体流量变化比较敏感，不适合用于分离黏稠、湿含量高的粉尘及腐蚀性粉尘。

码4-2　旋风分离器

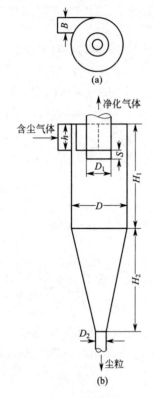

**图 4-7　标准型旋风分离器构造示意图**

$$h = \frac{D}{2}, \; B = \frac{D}{4}, \; D_1 = \frac{D}{2}, \; H_1 = 2D,$$

$$H_2 = 2D, \; S = \frac{D}{8}, \; D_2 = \frac{D}{4}$$

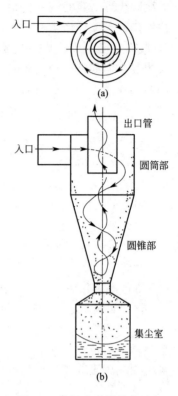

**图 4-8　旋风分离器除尘过程**

③ 旋风分离器的类型　生产中使用的旋风分离器类型很多，有 100 多种，常见的有 XLT（CLT）型、XLP（CLP）型、XLK（CLK）型、XZT 型和 XCX 型五种型号。

工业生产中往往将多个旋风分离器串联或并联使用，分别称为串联式组合形式和并联式组合形式。串联组合的目的是提高除尘效率，愈是后段设置的分离器，气体的含尘浓度愈低，细尘比例愈高，对后段分离器的性能要求也愈高，所以需要效率不同的旋风分离器串联使用。图 4-9 为同直径不同锥体长度的三级串联式旋风分离器设备组。并联使用的目的是增大气体处理量，为便于组合和均匀分配风量，常用相同直径的旋风分离器并联组合，组合方式有双筒并联、单支多筒、双支多筒（图 4-10）和多筒环形等几种。

④ 旋风分离器的分离性能　旋风分离器主要指标是临界直径和气体通过旋风分离器的压降。

a. 临界直径　临界直径是旋风分离器能够 100％除去的最小粒径，用 $d_c$ 表示，可用式（4-5）估算。

$$d_c = \sqrt{\frac{9\mu B}{\pi N \rho_S u}} \tag{4-5}$$

式中　$d_c$——临界直径，m；

　　　　$B$——进气管宽度，m；

$N$——气体在旋风分离器中旋转圈数，对标准型旋风分离器，可以取 $N=5$；

$\rho_S$——颗粒的密度，$kg/m^3$；

$u$——气体做螺旋运动的切向速度，通常可以取气体在进口管中的流速，$m/s$。

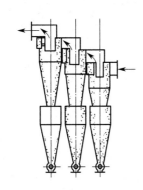

图 4-9    三级串联式旋风分离器

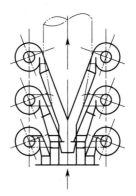

图 4-10    双支多筒并联组合

由式（4-5）可见，气速 $u$ 越大，$d_c$ 越小，表明气速越高，分离效率越高。但气速过大，会将已经沉降的颗粒卷起，反而降低了分离效率，同时使流动阻力急剧上升。$B$ 越小，$d_c$ 越小。因为旋风分离器的各部分尺寸成一定比例，$B$ 越小意味着整个设备尺寸越小，分离效率越高。因此工业生产中，当处理气量很大时，可以并联多个旋风分离器操作，以维持较高的分离效率。

b. 压降    旋风分离器的压力损失可用进口气体动能的某一倍数来表示，即

$$\Delta p = \zeta \frac{\rho u^2}{2} \tag{4-6}$$

式中    $\rho$——气体密度，$kg/m^3$；

$u$——气体在旋风分离器进口处的流速，$m/s$；

$\zeta$——阻力系数，取决于旋风分离器的结构和各部分尺寸的比例，与筒体直径大小无关，一般由经验公式或者实验测取。

对标准型旋风分离器，可依如下经验公式计算阻力系数：

$$\zeta = \frac{16hB}{D_1^2} \tag{4-7}$$

式中    $h$——进气管的高度，$m$；

$B$——进气管的宽度，$m$；

$D_1$——排气管的直径，$m$。

由式（4-6）和式（4-7）分析，压降的大小除了与设备结构和尺寸有关，还取决于气速，气速越小，压降越小。然而气速过小，会使分离效率降低。因而应选择适宜的气速以满足分离效率和压降的要求，一般进口气速在 $10\sim25m/s$ 为宜，最高不超过 $35m/s$，同时压降控制在 $2kPa$ 以下。

⑤ 操作条件对旋风分离器的分离性能的影响    气体和粒子的性质对旋风分离器分离性能的影响见表 4-2。

表 4-2　气体和粒子性质对旋风分离器分离性能的影响

| 特性 | | 分离效率 | 压降 | 特性 | | 分离效率 | 压降 |
|---|---|---|---|---|---|---|---|
| 气体 | 流量增大 | 增大 | 增大 | 粒子 | 密度增大 | 增大 | 无影响 |
| | 密度增大 | 可忽略 | 增大 | | 尺寸增大 | 增大 | 无影响 |
| | 黏度增大 | 降低 | 略增 | | 浓度增大 | 略增 | 略降 |
| | 温度升高 | 降低 | 降低 | | | | |

### 4.2.1.2　过滤式除尘器

过滤除尘器是使含尘气体通过滤材或滤层，将粉尘分离或捕集的设备，依据过滤材料的不同分为袋式除尘器和颗粒层除尘器。

（1）袋式除尘器（袋滤器）　袋滤器的过滤介质是支撑在骨架上呈袋状的滤布，含尘气体可以由滤袋内向外过滤，也可以由外向滤袋内过滤。如图 4-11 所示，含尘气体进入袋滤器，由外向内通过支撑于骨架上的滤布时，洁净气体通过，汇集到净气出口，而尘粒被截留于滤布外表面上。清灰时，开启压缩空气进行反吹，使尘粒落入灰斗。

袋滤器的除尘效率高，可以除去 $1\mu m$ 以下尘粒，常用作最后一级的除尘。袋滤器适应性强，操作弹性大，最适宜处理有回收价值的细小颗粒物，但投资比较高，受滤布耐温耐蚀性限制，不适宜高温（＞300℃）的气体，也不适宜带电荷和黏结性、吸湿性强的尘粒的捕集。否则，不仅会增加分离设备的阻力，甚至由于湿尘黏附在滤袋表面而使分离设备不能正常工作。当尘粒浓度超过尘粒爆炸下限时也不能使用袋滤器。

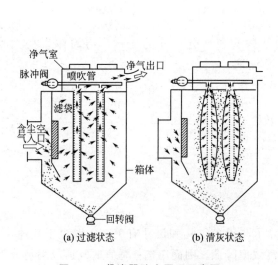

(a) 过滤状态　　　　(b) 清灰状态

**图 4-11　袋滤器除尘原理示意图**

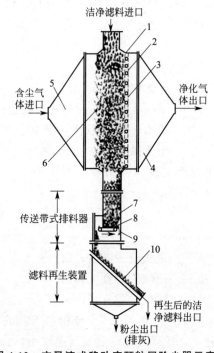

**图 4-12　交叉流式移动床颗粒层除尘器示意图**

1—颗粒滤料层；2—支承轴；3—可移动式环式滤网；

4—气流分布扩大斗（后侧）；5—气流分布扩大斗（前侧）；

6—百叶窗式挡板；7—可调式挡板；

8—传送带；9—轴承；10—过滤滤网

（2）颗粒层除尘器　颗粒层除尘器的过滤介质是颗粒状物料（如硅石、砾石、焦炭等）。如图 4-12 所示，含尘气体进入除尘器，流过由颗粒状物料形成的填料层，洁净气体通过，而尘粒被截留于填料层内部。影响颗粒层除尘器性能的主要因素是床层颗粒的粒径和床层厚度。实践证明在阻力损失允许的情况下，小粒径的颗粒、床层及尘层厚度增加，会增加除尘效率，但阻力损失也会随之增加。颗粒层除尘器的性能还与过滤风速有关，一般颗粒层除尘器的过滤风速取 $30\sim40m/min$，除尘器总阻力约 $1000\sim1200Pa$。对 $0.5\mu m$ 以上的粉尘，过滤效率可达 95% 以上。

颗粒层除尘器耐高温、耐磨损、耐腐蚀，过滤能力不受灰尘比电阻的影响，除尘效率高，能够净化易燃易爆的含尘气体，并可同时除去 $SO_2$ 等多种污染物，维修费用低，因此广泛用于高温烟气的除尘。

### 4.2.1.3　静电除尘器

静电除尘器是利用高压不均匀直流电场的作用分离气体非均相物系的装置。图 4-13 为一立式平板静电除尘器。使含尘或含雾滴的气体通过高压直流电场时，发生电离，产生的离子碰撞并附在尘粒或雾滴上，使之带正、负电荷。带电的尘粒或雾滴在电场的作用下，向着与其电性相反的方向运动，到达电极后即被中和而恢复中性，吸附在电极上，经振动或者冲洗落入灰斗。

静电除尘器能有效地捕集 $0.1\mu m$ 或更小的尘粒或雾滴，除尘效率高达 99%，阻力较小，气体处理量大，可处理温度高达 $500℃$ 的含尘气体，低温操作性能良好。其缺点是设备体积庞大，操作费用较高，维护及管理等均要求严格。目前，静电除尘器主要用于处理气量大，对排放浓度要求较严格，又有一定维护管理水平的行业。

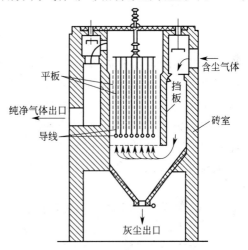

**图 4-13　立式平板静电除尘器**

### 4.2.1.4　洗涤式除尘器

洗涤式除尘器也可以称为湿式除尘器，是使含尘气体与液体密切接触，利用液网、液膜和液滴来捕集尘粒或使粒径增大的装置，并兼备吸收有害气体的作用。工业上常用的此类设备有文丘里洗涤器、泡沫除尘器、湍球塔等。

（1）文丘里洗涤器　文丘里洗涤器是由文丘里管和旋风分离器组合而成，如图 4-14 所示。文丘里管由收缩管、喉管及扩散管三段连接而成。液体由喉管处周围的环夹套的若干径向小孔吸入。含尘气体高速通过喉管时，把液体喷成很细的雾滴，促使尘粒润湿而聚结长大，随后将气流引入旋风分离器或者其他分离设备，以达到气体净化的目的。

文丘里洗涤器构造简单，操作方便，分离效率好，如气体中所含粒径为 $0.5\sim1.5\mu m$ 时，其分离效率可达 99%。但流体阻力大，必须与其他分离设备联合使用，产生的废液必须妥善处理。文丘里洗涤器是湿法除尘中分离效率最高的一种设备，常用于高温烟气的降温和除尘。

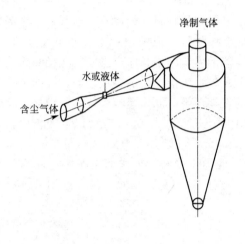

图 4-14    文丘里洗涤器

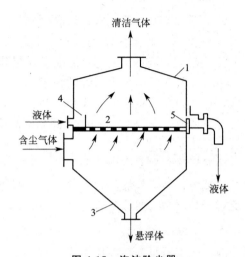

图 4-15    泡沫除尘器
1—外壳；2—筛板；3—锥形底；
4—进液室；5—溢流挡板

（2）泡沫除尘器    如图 4-15 所示，泡沫除尘器外壳是圆形或方形，上下分成两室，中间装有筛板，水或其他液体由上室的一侧靠近筛板处的进液室进入，流过筛板，而气体由下室进入，穿过筛孔与液体接触时，筛板上即产生许多泡沫而形成一层泡沫层，泡沫层内气液混合剧烈，泡沫不断破灭和更新，从而造成捕尘的良好条件。含尘气体经筛板上升时，较大的尘粒被沿筛孔泄漏的液体洗去一部分，由器底排出，气体中的微小尘粒通过筛孔上升被板上泡沫层所截留，并随泡沫层从分离设备的另一侧经溢流板流出。

泡沫除尘器的分离效率较高，若气体中所含的微粒粒径大于 $5\mu m$，分离效率可达 99%，而阻力也仅为 $4\sim23kPa$。但是对设备安装要求严格，特别是筛板是否水平放置对操作影响很大。泡沫除尘器适用于净制含有灰尘或雾沫的气体。

除了应用以上原理外，还可以利用声波、磁力等来除去粉尘和净化气体。如声波除尘器、高梯度磁式除尘器和陶瓷过滤除尘器等，但目前这些类型的除尘器应用较少。

根据除尘器对微细粉尘捕集效率的高低，把除尘器分成高效、中效和低效除尘器。一般来说，袋式除尘器、静电除尘器和文丘里洗涤器属于高效除尘器；旋风分离器属于中效除尘器；而重力沉降室、惯性除尘器属于低效除尘器，常被用于多级除尘系统中的初级除尘。

化工生产中几种常用的气-固分离设备及其性能如表 4-3 所示。

表 4-3    常用的气-固分离设备及其性能

| 设备类型 | 分离效率/% | 压降/Pa | 应用范围 |
|---|---|---|---|
| 重力沉降室 | 50～60 | 50～100 | 除大粒子，>75～100μm |
| 惯性除尘器和一般旋风分离器 | 50～70 | 250～800 | 除较大粒子，下限为 20～50μm |
| 高效旋风分离器 | 80～90 | 1000～1500 | 除一般粒子，10～100μm |
| 袋式除尘器 | 95～99 | 800～1500 | 细尘，<1μm |
| 静电除尘器 | 90～93 | 100～200 | 细尘，<1μm |

在工业案例 1 中炉气净化方案的拟定时，对焙烧硫铁矿所得炉气中杂质的成分及特点进

行了分析，初步确定净化方案如下：

① 粉尘的清除　根据炉气中矿尘粒径的大小，可以采取相应不同的净化方案。对于尘粒较大的（$10\mu m$ 以上）可以采用自由沉降室或者旋风分离器；对于尘粒较小的（$0.1 \sim 10\mu m$）可以采用静电除尘器；对于更小颗粒的粉尘（$0.05\mu m$ 以下）可采用液相洗涤法。

② 砷和硒的清除　焙烧后产生 $As_2O_3$ 和 $SeO_2$，当温度下降时，它们在气体中的饱和含量迅速下降，因此可以采用水或者稀硫酸来降温洗涤炉气。从气体中析出凝固成固相的砷、硒氧化物，一部分被洗涤液带走，其余部分悬浮在气相中成为酸雾冷凝中心。当温度降至 $50^{\circ}C$ 时，气体中的砷、硒氧化物已经降至规定指标以下。炉气净化时，由于采用硫酸溶液或者水洗涤炉气，洗涤液中有相当数量的水蒸气进入气相，使炉气中的水蒸气含量增加。当水蒸气与炉气中的三氧化硫接触时，则可以生成硫酸蒸气。当温度降到一定程度时，硫酸蒸气就会达到饱和，直至过饱和。当过饱和度等于或者大于过饱和度的临界值时，硫酸蒸气就会在气相中冷凝，形成悬浮的小液滴，即为酸雾。

③ 酸雾的清除　酸雾的清除通常用电除雾器来完成，电除雾器的除雾效率和酸雾微粒的直径有关。直径越大，效率越高。

实际生产中采取逐级增大酸雾粒径逐级分离的方法，以提高除雾效率。为了增大酸雾粒径，一方面逐级降低洗涤液酸度，使气体中的水蒸气含量增大，酸雾吸收水分被稀释，使粒径增大；另一方面气体被逐级冷却，酸雾同时也被冷却，气体中的水蒸气在酸雾微粒表面冷凝而增大粒径。另外，可以采取增加电除雾器的段数，在两极电除雾器中间设置增湿塔，降低气体在电除雾器中的流速等措施。

根据以上分析，以硫铁矿为原料的接触法制酸装置的炉气净化流程可以有许多种。下面介绍一种我国自行设计的"文泡冷电"酸洗流程，如图 4-16 所示。

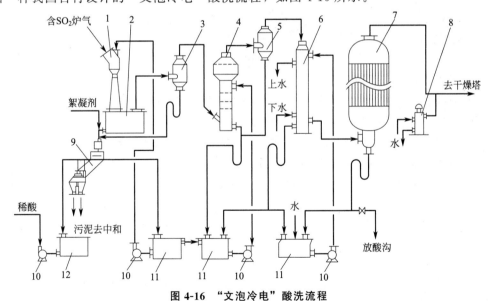

**图 4-16 "文泡冷电"酸洗流程**

1—文氏管；2—文氏管受槽；3,5—复挡除沫器；4—泡沫塔；6—间接冷却塔；7—电除雾器；
8—安全水封；9—斜板沉降槽；10—泵；11—循环槽；12—稀酸槽

由焙烧工序来的含 $SO_2$ 炉气，首先进入文丘里洗涤器（文氏管）1，用 $15\% \sim 20\%$ 的稀酸进行第一级洗涤。洗涤后的气体经复挡除沫器 3 除沫后进入泡沫塔 4，用 $1\% \sim 3\%$ 的稀酸进行第二级洗涤。经两级酸洗后，矿尘、杂质被除去，炉气中的部分 $As_2O_3$ 和 $SeO_2$ 凝固为颗粒被除掉，部分成为酸雾的中心。同时炉气中的 $SO_3$ 也与水蒸气形成酸雾，在凝聚中心形成酸雾颗粒。两级酸洗后的炉气，经复挡除沫器 5 除沫，进入间接冷却塔 6 列管间，使炉气进一步冷却，同时使水蒸气进一步冷凝，并且使酸雾粒径进一步增大。由间接冷却塔 6 出来的炉气进入管束式电除雾器，借助于直流电场，使炉气中的酸雾被除去，净化后的炉气去干燥塔进行干燥。

## 4.2.2 气-固分离设备的操作与维护

对分离设备进行认真的维护和管理，能使其处于最佳的运转状态，并可延长使用寿命。

### 4.2.2.1 气-固分离设备的运转管理

负责运转和管理除尘器的人员必须经过专门的培训，不仅要熟悉和严格执行操作规程，而且要具备以下的知识和能力：

① 熟悉除尘器进出口气体含尘浓度、尘粒的粒径及其变化范围。

② 熟悉除尘器的阻力、除尘效率、风量、温度、压力。如果是湿法除尘，还需了解液体的流量、温度、所需压力。

③ 了解各种仪表、设备的性能，并使其处于良好状态。

④ 掌握设备正常运转时的各种指标，如发现异常，能及时分析原因，并排除故障。

### 4.2.2.2 气-固分离设备的维护

运转中的除尘设备经常因为磨损、腐蚀、漏气或堵塞，致使除尘效率急剧下降，甚至造成事故。为了使除尘器长期保持良好状态，必须定期或不定期地对除尘器及附属设备进行检查和维护，以延长设备的使用寿命，并保证其运行的稳定性和可靠性。

（1）机械式除尘器维护的主要项目

① 及时清除除尘器内各部分的黏附物和积灰。

② 修补磨损、腐蚀严重的部分。

③ 检查除尘器各部分的气密性，如发现缺陷应及时修补或更换密封垫料。

（2）过滤式除尘器维护的主要项目

① 修补滤袋上耐磨或耐高温涂料的损坏部分，以保证其性能。

② 对破损和黏附物无法清除的滤袋进行更换。

③ 对变形的滤袋要进行修理和调整。

④ 清洗压缩空气的喷嘴和脉冲喷吹部分，及时更换失灵的配管和阀门。

⑤ 检查清灰机构可动部分的磨损情况，对磨损严重的部件要及时更换。

（3）电除尘器维护的主要项目

① 定期切断高压电源后对静电除尘器进行全面的清洗。

② 随时检查支架、垫圈、电线及绝缘部分，发现问题及时修理和更换。

③ 检查振打装置及传动和电器部分，如有异常及时修复。

④ 检查烟气湿润装置，清洗喷嘴，对磨损严重的喷嘴进行更换。

（4）洗涤式除尘器维护的主要项目

① 对设备内的淤积物、黏附物进行清除。

② 检查文丘里洗涤器、自激式除尘器的喉部磨损情况，对磨损、磨蚀严重的部位进行

修补或更换。

③ 对喷嘴进行检查和清洗，及时更换磨损严重的喷嘴。

 想一想

工程案例 2 所述任务中，应该选择何种液-固分离的方法和设备？常见的液-固分离设备有哪些类型？

# 任务 4.3　液-固分离方法和设备

## 任务要求

1. 了解液-固非均相物系分离方法；

2. 掌握板框过滤机、离心过滤机、叶滤机等液-固非均相物系分离设备的结构、工作原理、性能及应用范围；

3. 能正确并熟练操作板框过滤机、离心过滤机、转鼓真空过滤机等液-固非均相物系分离设备；

4. 了解液-固分离设备的操作和维护方法。

液-固分离是指将离散的难溶固体颗粒从液体中分离出来的操作，液-固分离主要有两种方法：沉降与过滤。

### 4.3.1　沉降分离

与气-固非均相物系的沉降分离类似，液-固系统的沉降分离也分为两种方法，即重力沉降法与离心沉降法。

#### 4.3.1.1　重力沉降法

利用液-固两相的密度差，将分散在悬浮液中的固体颗粒置于重力场中进行分离，称为重力沉降法，根据分离目的及要求不同，液-固重力沉降可分为三种类型：

（1）澄清　澄清的目的在于回收溶液，要求获得清澈的溶液，基本上不含固体。最终产物除澄清液外，还有浓缩的底流悬浮液。悬浮液可能含液量较高，根据不同的工艺要求，可以进一步回收或作为废弃物处理。

（2）浓缩　浓缩的目的在于回收固体，需要提高悬浮液的浓度，以提高分离效果。

（3）分离作业　该作业是对以上两种作业（即澄清与浓缩）要求同时兼顾的作业。

用于液-固分离的重力沉降设备有多种，分类方法也有多种，根据进料中固体浓度的高低以及分离要求的不同，可分为澄清槽、沉降槽、倾析槽、污水池等；根据设备操作形式不同，可分为间歇式、半连续式和连续式三种。

化工生产和环保部门广泛使用的连续式沉降槽（又称增稠器）如图 4-17 所示。

连续式沉降槽的优点是结构简单、操作处理量大且增稠物的浓度均匀，缺点是设备庞大、占地面积大、分离效率较低等。连续式沉降槽适用于大流量、低浓度、较粗颗粒悬浮液的处理。工业上大多数污水处理都采用连续式沉降槽。

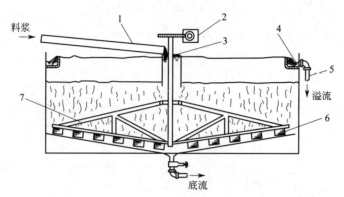

**图 4-17　连续式沉降槽**

1—进料槽道；2—转动机构；3—料井；4—溢流槽；5—溢流管；6—叶片；7—转耙

### 4.3.1.2　离心沉降法

利用液-固两相的密度差，将分散在悬浮液中的固相颗粒置于离心力场中进行分离的操作，称为离心沉降。用于液-固分离的离心沉降设备有很多，可按工作目的、操作方法、结构形式、离心力强度及卸料方式等进行分类。

用于液-固分离的离心沉降过程一般是在无孔的转鼓装置中进行，用无孔转鼓旋转时所产生的离心力来分离悬浮液或矿浆，按转鼓结构和卸渣方式可分为管式高速离心机、室式离心机、无孔转鼓离心机、螺旋卸料离心机、碟式离心机五种类型：

① 管式高速离心机　如图 4-18 所示，转鼓为高径比较大的离心沉降设备称作管式高速离心机。乳浊液或悬浮液由底部进料管送入转鼓，鼓内有径向安装的挡板（图中未画出），以便带动液体迅速旋转。如处理乳浊液，则液体分轻重两层各由上部不同的出口流出；如处理悬浮液，则只用一个液体出口，微粒附着于鼓壁上，经相当时间后停车取出。管式高速离心机的离心分离因数和转速非常高。

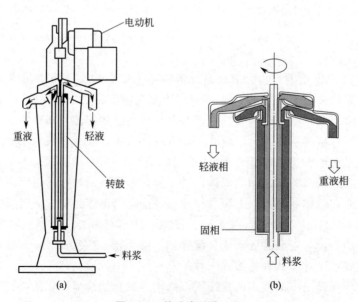

**图 4-18　管式高速离心机**

管式高速分离机适用于处理固体颗粒粒度为 $0.01 \sim 100 \mu m$，固体密度大于 $0.01 g/cm^3$，体积分数小于1%的难分离悬浮液或者乳浊液，常用于油水、细菌、微生物、蛋白质的分离及香精油、硝酸纤维素的澄清作业。与其他高速离心机相比，其容量小、效率低，故不宜处理固相含量高的悬浮液。

② 室式离心机 室式离心机的构造如图 4-19 所示。室式离心机的转鼓内有若干个同心圆筒组成的若干同心环状分离室，各分离室的流道串联。悬浮液自中心进料管加入转鼓内的第一分离室中，由内向外依次流经各分离室。受逐渐增大的离心力作用，悬浮液中的粗颗粒沉降到靠内的分离室壁上，细颗粒则沉降到靠外的分离室壁上，澄清的分离液经溢流口或由向心泵排出。运转一段时间后，当分离液澄清度达不到要求时，需停机清理沉渣。

码4-4 管式高速离心机　　　码4-5 碟式离心机

室式离心机清洗较为困难，清洗时间较长，且为人工卸料。因此这种离心机一般用于处理颗粒粒度大于 $0.1\mu m$、固体体积分数为 4%~5% 的悬浮液，常用于果汁、酒类、饮料及清漆等的澄清作业。

③ 无孔转鼓离心机 无孔转鼓离心机的转鼓壁上无孔，当悬浮液加入高速旋转的转鼓内时，随转鼓一起旋转，悬浮液受到离心力的作用，颗粒按密度大小依次分层沉淀到转鼓上，密度大的颗粒在转鼓壁上，密度小的颗粒在内层（即靠近中心）。无孔转鼓离心机是间歇操作的，通常用于处理粒度为 $5\sim40\mu m$、液固密度差大于 $0.05g/cm^3$、固体浓度小于 10% 的悬浮液。无孔转鼓离心机常用的有三足式离心机和卧式刮刀卸料离心机两种。

④ 螺旋卸料离心机 螺旋卸料离心机主要由高转速的转鼓、与转鼓转向相同而转速不同的螺旋和差速器等部件组成。当要分离的悬浮液进入离心机转鼓后，高速旋转的转鼓产生强大的离心力，把比液相密度大的固相颗粒沉降到转鼓内壁，由于螺旋和转鼓存在转速差，利用二者的相对运动把沉积在转鼓内壁的固相推向转鼓小端出口处排出，分离后的清液从离心机另一端排出。差速器（齿轮箱）的作用是使转鼓和螺旋之间形成一定的转速差。

螺旋卸料离心机适宜分离含固相体积分数在 10%~80%、固相颗粒直径在 $0.05\sim5mm$（$0.2\sim2mm$ 效果尤佳）范围内的线状或结晶状的固体颗粒的悬浮液，如柠檬酸、古龙酸、盐、硫铵、尿素等。螺旋卸料离心机适用于化工、制药、食品、冶金、矿山等行业固液分离。

⑤ 碟式（盘式）离心机 碟式离心分离机也称盘式离心机，结构如图 4-20 所示。碟式离心机的转鼓内装有许多倒锥形碟片，各碟片在两个相同位置上都开有小孔，当各碟片叠起时，可形成几个通道。原料液从顶部中心管 1 加入碟式离心机内，流到底部后再上升，经各碟片小孔形成的孔道，在各碟片间分布成若干薄液层。分离乳浊液时，在离心力作用下重液沿径向往外移动，最后从重液出口 3 流出；轻液沿碟片外侧向中央移动，由轻液出口 4 流出。分离悬浮液时，固体颗粒沿碟片向外缘下滑，沉积于转鼓的周边，当累积至一定量时，停机卸出。转鼓的转速一般为 4700~8500r/min。此种离心机可用作

分离或澄清两种情况。

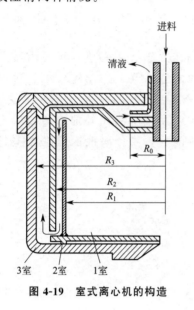

图 4-19　室式离心机的构造

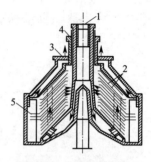

图 4-20　碟式离心机
1—顶部中心管；2—倒锥底盘；
3—重液出口；4—轻液出口；
5—隔板

## 4.3.2　过滤分离

过滤分离是分离悬浮液常用的单元操作之一，与沉降分离相比，过滤分离操作可以使悬浮液的分离更加迅速、更彻底。在某些场合，过滤是沉降的后续操作。

### 4.3.2.1　过滤原理

过滤是含有固体颗粒的悬浮液在推动力的作用下通过多孔介质，固体颗粒被多孔介质截留，液体则通过，从而使悬浮液中的液、固两相得以分离的操作。图 4-21 为过滤操作示意图。原有的悬浮液称为滤浆或料浆，多孔性介质称为过滤介质，过滤介质截留的固体颗粒层称为滤饼和滤渣，通过介质的清液称为滤液。

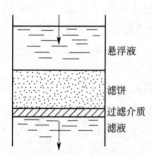

图 4-21　过滤操作示意图

### 4.3.2.2　过滤介质

过滤介质是整个过滤过程的关键，应具有足够的机械强度和尽可能小的流动阻力，还应具有相应的耐腐蚀性和耐热性。工业上常用的过滤介质有以下几种。

（1）织物介质　织物介质为用天然纤维，包括棉、麻、丝、毛等和合成纤维织成的滤布，也有用金属丝如铜、不锈钢等编织成的滤网等。这类过滤介质应用较广泛，清洗及更换也很方便，可根据需要采用不同编织方法控制其孔道的大小。

（2）堆积的粒状介质　可用砂、木炭等物堆积，也可用玻璃等非编织纤维堆积而成。这类过滤介质多用于处理含固体颗粒量很少的悬浮液的过滤。

（3）多孔性固体介质　如多孔性陶瓷板或管、多孔塑料板或由金属粉末烧结而成的多孔性金属陶瓷板及管等。此类介质主要用于过滤含有少量微粒的悬浮液的间歇式过滤设备中。

#### 4.3.2.3 助滤剂

码4-6 过滤过程

助滤剂是一种坚硬且形状不规则的小固体颗粒，加入后可以改变滤饼的结构，增加滤饼的刚性。可作为助滤剂的物质通常是一些不可压缩的粉状或纤维状固体，常用的有硅藻土、珍珠岩、炭粉、石棉粉等。

助滤剂的使用方法有两种：一种是将助滤剂加入待过滤的悬浮液中一起过滤，这样所得到的滤饼较疏松，压缩性小，孔隙率较大；另一种是将其配成悬浮液，先预涂在过滤介质表面上形成一层助滤剂滤饼层，然后再进行悬浮液的过滤，这样可以防止细小的颗粒将滤布孔道堵死。

#### 4.3.2.4 过滤操作的分类

过滤操作按过滤机理可以分为滤饼过滤和深层过滤。

码4-7 架桥现象

（1）滤饼过滤　滤饼过滤又称为表面过滤。过滤的开始阶段，特别细小的颗粒会与滤液一起穿过介质层使得滤液浑浊，随着过滤的进行，颗粒在介质的孔道中和孔道上产生"架桥"现象（图 4-22），从而使得尺寸小于孔道直径的颗粒也能被拦截。随着被拦截的颗粒越来越多，在过滤介质上游形成滤饼层，滤液逐渐变清。滤饼形成后，过滤操作才真正有效，滤饼本身起到了主要过滤介质的作用。滤饼过滤常用于分离固体含量较高（固体体积分数大于1%）的悬浮液，可以得到滤液产品，也可以得到滤饼产品，这种过滤形式被广泛地应用于化工、食品、冶金等行业。

（2）深层过滤　深层过滤的过滤介质层很厚，内部的孔道弯曲而细长，悬浮液通过孔道时，细小的颗粒被截留并黏附在孔道中（图 4-23），在过滤介质表面不形成滤饼。深层过滤是利用介质床层内部通道作为过滤介质的操作。介质内部通道会随着截留颗粒的增多而逐渐变小，因此必须定期更换或者清洗再生。

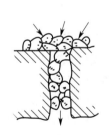

图 4-22　"架桥"现象

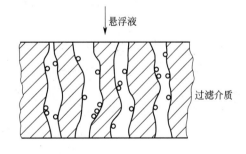

图 4-23　深层过滤

深层过滤适合悬浮液中含有的固体颗粒尺寸很小（小于 $5\mu m$），且含量很少（固相体积分数在 0.1% 以下）的情况。

化工生产中所处理的悬浮液浓度往往较高，其过滤操作多属滤饼过滤，故本任务着重讨论滤饼过滤。

#### 4.3.2.5 过滤推动力

要使过滤操作得以进行，必须保持一定的推动力，即在滤饼和介质的两侧之间保持有一定的压差。根据推动力的不同，过滤操作可分为：重力过滤、离心过滤、加压过滤与真空过滤。

（1）重力过滤　依靠悬浮液本身的液柱产生的压强，设备简单，但推动力小，过滤速率慢，适合处理固体含量少且容易过滤的悬浮液，压差一般不超过 50kPa。

（2）离心过滤　利用离心力来实现液固分离，过滤速率快，设备复杂，投资费用和动力消耗大，多用于颗粒度相对较大，液体含量较少的悬浮液分离。

（3）加压过滤　给悬浮液加压，获得的推动力较大，过滤速率快，调整压力方便，受设备耐压性以及滤布强度、滤饼压缩性等因素限制，压差一般不超过 0.5MPa。

（4）真空过滤　在滤液侧抽真空，可以获得较大过滤速率，但操作的真空度受液体沸点等因素限制，不能过高，压差一般在 85kPa 以下。

### 4.3.2.6　过滤操作周期

过滤操作分连续和间歇两种形式，但都存在操作周期，主要包括过滤、洗涤、卸渣、清理等阶段。核心为过滤步骤，其余均为辅助步骤，但又不可缺少。应尽量缩短过滤辅助时间，提高生产效率。

### 4.3.2.7　过滤速率和影响因素

过滤速率是指单位时间内获得的滤液体积，表明了设备的生产能力。影响过滤速率的因素如下：

（1）过滤面积　增大过滤面积可增大过滤速率。

（2）悬浮液的黏度　黏度越小，过滤速率越快，在条件允许时，提高悬浮液的温度可以使黏度减小，增大过滤速率。在不影响滤液的情况下可以将滤浆加以稀释再进行过滤。

（3）过滤推动力　增大滤渣和过滤介质两侧的压强差，可以增大过滤速率。一般来说，对于不可压缩滤饼，增大推动力可以增大过滤速率，但对于可压缩滤饼，加压却不能有效地增大过滤速率。

（4）过滤介质和滤饼　滤饼是过滤阻力的主要来源，当滤饼厚度增大到一定程度，过滤速率会变得很小，操作再进行下去不经济，这时需要将滤饼卸除，进行下一个周期操作。过滤介质的作用是促进滤饼的形成，要根据悬浮液中的颗粒选用合适的过滤介质。

### 4.3.2.8　常用过滤设备

（1）板框压滤机　压滤机以板框式最为普遍。板框压滤机由许多块滤板和滤框交替排列组装而成，滤板和滤框靠支耳架在一对横梁上，通过压紧装置将其压紧，如图 4-24（a）所示。滤板和滤框多为方形，构造如图 4-24（b）所示。在滤板和滤框外侧铸有小钮或其他标志，便于组装时按顺序排列。滤板（非洗涤板）以一钮为记，滤框以二钮为记，洗涤板以三钮为记。板框按 123212321……的顺序安装。滤板具有棱状的表面，凸起部分支撑滤布，凹处沟槽形成滤液的通道，在上面开有小孔。滤框两侧覆以滤布，形成容纳

码4-8　板框压滤机洗涤过程

滤浆和滤饼的空间，滤布的角上对应位置开有小孔。三者的小孔位置一致，当板、框叠合后即形成料液和洗涤液的通道。滤板分为洗涤板和非洗涤板，其区别是洗涤板有暗孔，与板面两侧相通。

板框压滤机为间歇操作，每个操作循环由装合、过滤、洗涤、卸饼、清理五个阶段组成。过滤时，悬浮液在压力作用下经料液通道由滤框上的暗孔进入各个滤框内，滤液分别穿过滤框两侧的滤布进入滤板板面上的沟槽，沿沟槽流至滤液出口排出，滤渣被滤布截留并沉积在框内。洗涤滤渣时，使洗涤水进入洗水通道，从洗涤板角上暗孔进入洗涤板两侧上沟槽，洗涤水在压力作用下，依次穿过板框内滤布—滤饼—滤布，最后沿滤板板面沟槽流至滤

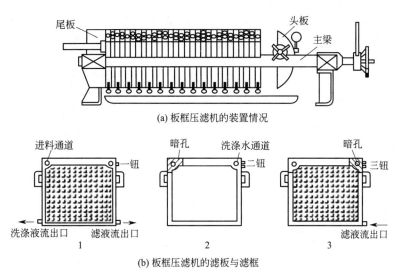

(a) 板框压滤机的装置情况

(b) 板框压滤机的滤板与滤框

**图 4-24  板框压滤机的装置简图**

1—滤板；2—滤框；3—洗涤板

液出口排出，这种方法称为横穿洗涤法。对于明流式板框压滤机，其过滤阶段和洗涤阶段的液体流动过程如图 4-25 所示。

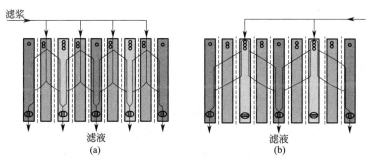

**图 4-25  明流式板框压滤机的过滤 (a) 和洗涤 (b)**

板框压滤机的滤板和滤框可用金属、塑料或木材制造。其结构简单，过滤面积大且占地面积小，滤饼含水少，对物料适应能力强。其缺点是操作不连续，劳动强度大。此类压滤机适用于中小规模的生产及有特殊要求的场合。近年来研制出多种自动操作的板框压滤机，使过滤效率和劳动强度都得到很大的改善。

（2）叶滤机  叶滤机（图 4-26）主要由一个垂直放置或水平放置的密闭圆柱滤槽和许多滤叶组成，滤叶是叶滤机的过滤元件，由金属多孔板或者金属网制成，内部具有空间，外罩滤布。许多滤叶连接成组，其各出口管汇集至一个总管，置于密闭的壳体内。图 4-27 为滤叶的构造。

过滤时悬浮液在压力下加入机壳内，滤液穿过滤布进入滤叶的空腔，汇集到总管排出机外，颗粒沉积于滤布外侧形成滤饼，滤饼厚度通常为 5~35mm，视滤渣的性质及操作情况而定。若滤饼需要洗涤，则进行洗涤，路径与滤液相同。洗涤过后，开启滤槽的下半部，用压缩空气、蒸汽或清水卸除滤饼。叶滤机也是间歇操作设备。

叶滤机设备紧凑，密闭操作，改善了劳动环境，滤布不需要装卸，降低了劳动强度。其缺点是滤布更换比较困难，构造较为复杂，造价较高，洗涤不均匀等。加压叶滤机主要用于悬浮液含固体量少（约为1%）和需要的是液体而不是固体的场合。例如用在饮料、药品等加工工业，所得产品包括啤酒、果汁等。此外还用来过滤植物油、矿物油以及含脱色炭的滤浆。

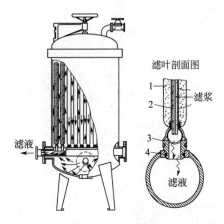

图 4-26　叶滤机
1—滤饼；2—滤布；3—拔出装置；4—橡胶圈

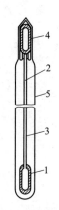

图 4-27　滤叶的构造
1—空框；2—金属网；3—滤布；4—顶盖；5—滤饼

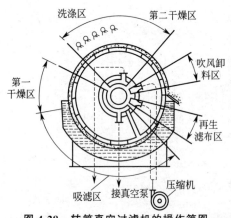

图 4-28　转筒真空过滤机的操作简图

（3）转筒真空过滤机　转筒真空过滤机结构主要包括转鼓、滤浆槽、搅拌槽、搅拌器和分配头。转筒沿着径向被隔板分成若干个独立的扇形小滤室，在小滤室的圆弧形外壁上覆以滤布，形成了圆柱形过滤面。每个滤室都有圆孔通向分配头。分配头由固定盘和转动盘构成，固定盘固定不动，其上开有槽（孔），分别与真空滤液罐、真空洗涤液罐、压缩空气管相连。转动盘固定在转筒上与其一起旋转，其上有数个圆孔，分别接入转筒端面独立的扇区。转筒转动时，转动盘（扇格）上的小孔依次与固定盘上的槽（孔）连通，使扇格有时与真空源相通，有时与压缩空气源相通。转筒真空过滤机的操作见图 4-28。

转筒真空过滤机过滤过程见表 4-4。分配头是转筒真空过滤机的关键部件，既使不同位置的扇格同时进行相应的不同操作，又使每个扇格都依次进行吸液过滤、洗涤吸干、吹松卸渣等阶段，完成一个操作周期。

表 4-4　转筒真空过滤机过滤过程

| 操作阶段 | 操作条件 | 操作内容 |
| --- | --- | --- |
| 吸液过滤 | 真空 | 扇格处于滤浆中，扇格上圆孔与真空滤液罐连通，扇格在真空状态下抽吸滤液，在滤布外侧形成滤饼 |
| 洗涤吸干 | 真空 | 扇格过滤面离开滤浆槽，该扇格上方喷淋洗涤液清洗滤饼，并真空抽吸至洗涤液罐，转至无喷淋位置，真空使滤饼中的滤液及洗涤液进一步吸至洗涤液罐，吸干滤饼 |
| 吹松卸渣 | 压缩空气 | 压缩空气由扇格内向外吹松滤饼，随后用刮刀将滤饼刮下 |
| 滤布再生 | 压缩气体 | 压缩空气吹落滤布上的颗粒，疏通滤布孔隙，使滤布再生 |

转筒真空过滤机具有操作连续化、自动化、允许料液浓度变化范围大等优点，因此节省

人力、生产能力大，但附属设备多，投资费用高，过滤面积不大，洗涤不够充分，滤饼含液量较高，所处理滤浆温度不能过高，适用于处理量不大、易过滤的悬浮液，在化工、医药、制碱、采矿等工业中均有应用。

（4）离心过滤机　离心过滤机的主要部件是转鼓，转鼓上开有很多孔，鼓的内壁覆以滤布。图 4-29 为离心过滤机的工作原理。悬浮液加入鼓内并随之旋转，液体受离心力作用穿过滤布及转筒上的小孔流出，而固体颗粒则被截留在转筒内壁的滤布上。与重力过滤相比，离心过滤不仅过滤速率快、时间短，而且所得的滤饼含液量较少。

离心过滤可分为间歇操作和连续操作两种，间歇操作分为人工卸料和自动卸料。三足式离心过滤机是间歇操作、人工卸料的立式离心过滤机，卧式刮刀卸料离心过滤机和活塞往复式卸料离心过滤机是自动卸料连续操作的离心过滤机。

图 4-30 为三足式离心过滤机，目前仍是国内应用最广、制造数目最多的一种离心过滤机。三足式离心过滤机的主要部件是一个篮式转鼓，外壳和机座借三根拉杆弹簧悬挂于三脚支架上，以减轻运动时的振动。操作时，将悬浮液加入转鼓，启动电机，转鼓高速旋转，离心力使滤液穿过滤布和转鼓集中于机座底部排出，滤渣沉积于转鼓内滤布上。必要时需要对滤渣进行洗涤，然后停车卸料，清洗设备。

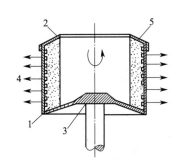
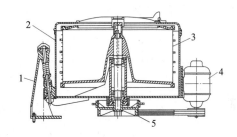

**图 4-29　离心过滤机原理示意图**
1—转筒壁；2—顶盖；3—筒底；4—滤液；5—滤饼

**图 4-30　三足式离心过滤机**
1—支脚；2—外壳；3—转筒；4—电机；5—皮带轮

三足式离心过滤机结构简单，制造方便，运转平稳，适应性强，滤渣颗粒不易受损伤；缺点是操作周期长，生产能力低，卸料不方便，劳动强度大，转动部件检修不方便。三足式离心过滤机适用于过滤周期较长、处理量不大、要求滤渣含液量较低的场合，近年来已在卸料方式等方面不断改进，出现了自动卸料及连续生产的三足式离心过滤机。

工程案例 2 中，重碱的过滤目前常用转鼓式真空过滤机，其简要流程见图 4-31。

由碳化塔底部取出的碱液，经出碱液槽 1 流入过滤机 3 的料槽内，由于真空系统的作用，母液经过滤布空隙被抽入转鼓内，而重碱结晶则被截留在滤布上。转鼓的滤液和同时被吸入的空气一同进入分离器 5，滤液由分离器底部流出，进入母液桶 6，用母液泵 7 送往吸氨工序，气体由分离器上部出来，经净氨洗涤后排空。滤布上的重碱，用来自洗水高位槽 2 的洗水洗涤，经吸干后的重碱被刮刀刮落于皮带运输机 4 上，然后送往煅烧炉煅烧成纯碱。

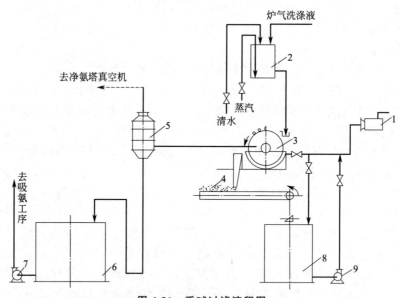

**图 4-31　重碱过滤流程图**

1—出碱液槽；2—洗水高位槽；3—过滤机；4—皮带运输机；5—分离器；
6—母液桶；7—母液泵；8—碱液桶；9—碱液泵

## 4.3.3　液-固分离设备的操作和维护

为了克服过滤机间歇操作的问题，人们开发了各种类型的连续过滤设备，其中以转筒真空过滤机应用最为广泛。下面介绍转筒真空过滤机的操作及维护。

### 4.3.3.1　开车前检查和准备

① 检查滤布　滤布保持清洁无损，不能有干浆。

② 检查滤浆　滤浆槽内不能有沉淀物或杂物。

③ 检查转鼓与刮刀之间的距离，一般为 1～2mm。

④ 检查真空系统真空度和压缩空气系统压力是否符合要求。

⑤ 给分配头、主轴瓦、压辊系统、搅拌器和齿轮等传动机构加润滑脂和润滑油，检查和补充减速机的润滑油。

### 4.3.3.2　开车操作

① 开车启动　观察各传动机构运转情况，如果运行平稳、无振动、无碰撞声，可试空车和洗车 15min。

② 正常生产　开启滤浆进口阀向滤槽内注入滤浆，当液面达到滤槽高度的 1/2 时，再打开真空、洗涤、压缩空气等阀门，开始过滤。

③ 检查　经常检查滤槽内液面高低，保持液面高度，高度不够会影响滤饼厚度；经常检查各管路、阀门是否有渗漏，如有应停车修理；定期检查真空度，压缩空气压力是否达到要求，洗涤水分布是否均匀；定时分析过滤效果，如滤饼厚度、洗涤水是否达标等。

### 4.3.3.3　停车操作

① 关闭滤浆入口阀，再关闭洗涤水阀、真空和压缩机阀门。

② 洗车，除去转鼓和滤槽内的物料。

### 4.3.3.4 常见故障及处理方法

转筒真空过滤机常见故障及处理方法见表 4-5。

**表 4-5 转筒真空过滤机常见故障与处理方法**

| 常见故障 | 原因 | 处理方法 |
|---|---|---|
| 分配头振动 | ①分配头与套筒轴的间隙小或者缺油<br>②轴头螺栓拧得过紧<br>③各连接管线刚性大，或两个分配头同轴度偏差大 | ①调整间隙，加润滑油<br>②调松螺母<br>③调整管线或者校正找直 |
| 滤饼厚度达不到要求、滤饼不干 | ①真空度达不到要求<br>②滤槽内滤浆液面低<br>③滤布长时间未清洗或者清洗不干净 | ①检查真空管路无漏气<br>②增加进料量<br>③清洗滤布 |
| 真空度过低 | ①分配头磨损漏气<br>②真空泵效率低或者管路漏气<br>③滤布有破损<br>④错气窜风 | ①检修分配头<br>②检查真空泵和管路<br>③更换滤布<br>④调整操作区域 |
| 搅拌器振动 | ①轴瓦缺油或者磨损<br>②连杆不同心<br>③框架腐蚀薄，强度不够<br>④销轴过紧或者过松 | ①修理或者加油<br>②修理或者更新<br>③更新或者加固<br>④更换销轴 |

### 4.3.3.5 注意事项与日常维护

① 保持各转动部位润滑良好，不可缺油。

② 随时检查紧固件的工作情况，发现松动应及时拧紧，发现振动应及时查明原因。

③ 滤槽内不能有物料沉淀和杂物。

④ 备用过滤机定期转动一次。

## 练一练测一测

**1. 选择题**

(1) 下列哪一个分离过程不属于非均相物系的分离过程？（　　）

A. 沉降　　　　　B. 结晶　　　　　C. 过滤　　　　　D. 离心分离

(2) 微粒在降尘室内能除去的条件为：停留时间（　　）它的沉降时间。

A. 不等于　　　　B. 大于或等于　　　C. 小于　　　　D. 大于或小于

(3) 降尘室的生产能力（　　）。

A. 只与沉降面积 $A$ 和颗粒沉降速度 $u_t$ 有关

B. 与 $A$、$u_t$、降尘室高度 $H$ 有关

C. 只与沉降面积 $A$ 有关

D. 只与 $u_t$ 和 $H$ 有关

(4) 欲提高降尘室的生产能力，主要的措施是（　　）。

A. 提高降尘室的高度　　　　　　　　B. 延长沉降时间

C. 增大沉降面积　　　　　　　　　　D. 增大降尘室开口尺寸

(5) 悬液分离是利用离心力分离（　　）混合物的设备。

A. 气液　　　　　B. 气固　　　　　C. 液固　　　　　D. 液液

（6）在讨论旋风分离器分离性能时，临界直径这一术语是指（　　）。

A. 旋风分离器效率最高时的旋风分离器的直径

B. 旋风分离器允许的最小直径

C. 旋风分离器能够全部分离出来的最小颗粒的直径

D. 能保持层流流型时的最大颗粒直径

（7）拟采用一个降尘室和一个旋风分离器来除去某含尘气体中的灰尘，则较适合的安排是（　　）。

A. 降尘室放在旋风分离器之前　　　　B. 降尘室放在旋风分离器之后

C. 降尘室和旋风分离器并联　　　　　D. 方案 A、B 均可

（8）要除去气体中含有的 $5 \sim 50 \mu m$ 的粒子，要求除尘效率较高时，宜选用（　　）。

A. 除尘气道　　　B. 旋风分离器　　　C. 离心机　　　D. 电除尘器

（9）对滤饼进行洗涤，其目的是：①回收滤饼中的残留滤液；②除去滤饼中的可溶性杂质。正确的结论是：（　　）。

A.①②　　　　　　B.①　　　　　　C.②　　　　　　D. 都不对

（10）污水处理厂的污水池是（　　）设备。

A. 重力沉降　　　B. 离心沉降　　　C. 过滤　　　　D. 静电除尘

（11）现有一乳浊液要进行分离操作，以下设备中能使用的设备为（　　）。

A. 沉降器　　　B. 三足式离心过滤机　C. 碟式离心机　　D. 板框压滤机

（12）过滤操作中滤液流动遇到的阻力是（　　）。

A. 过滤介质阻力　　　　　　　　　B. 滤饼阻力

C. 过滤介质和滤饼阻力之和　　　　D. 无法确定

（13）助滤剂应具有的性质是（　　）。

A. 颗粒均匀，柔软，可压缩　　　　B. 颗粒均匀，坚硬，不可压缩

C. 粒度分布广，坚硬，不可压缩　　D. 颗粒均匀，可压缩，易变形

（14）用过滤方法分离悬浮液时，悬浮液的分离宜在（　　）下进行。

A. 高温　　　　B. 低温　　　　C. 常温　　　　D. 任何温度

（15）以下过滤设备中，可连续操作的是（　　）。

A. 箱式叶滤机　　B. 真空叶滤机　　C. 回转真空过滤机　D. 板框压滤机

（16）转筒真空过滤机中，使过滤室在不同部位时能自动地进行相应的不同操作的部件是（　　）。

A. 转鼓本身　　　　　　　　　　　B. 随转鼓转动的转动盘

C. 与转动盘紧密接触的固定盘　　　D. 分配头

**2. 填空题**

（1）非均相物系指＿＿＿＿＿＿＿＿＿＿＿＿，由＿＿＿＿和＿＿＿＿等组成。

（2）悬浮液属于液体非均相物系，其中分散相为＿＿＿＿＿＿，连续相为＿＿＿＿＿。

（3）为提高生产能力，可将降尘室做成＿＿＿＿＿＿＿（单层、多层），降尘室一般作＿＿＿＿＿＿使用。

（4）旋风分离器是利用＿＿＿作用来分离气体中尘粒或者液滴的设备。其上部为＿＿＿，下部为＿＿＿＿＿。

（5）文丘里洗涤器是由文丘里管和＿＿＿＿＿＿组合而成的除尘装置，文丘里管由＿＿＿＿＿、＿＿＿＿＿、＿＿＿＿＿组成。

（6）泡沫除尘器适用于净制含有_____或_____气体的设备。

（7）根据推动力的不同，过滤操作可分为：_____、_____、_____、_____。

（8）过滤介质主要有_____、_____、_____。在过滤操作中预涂在过滤介质表面或预混于溶液中的固体物料称为_____。

（9）若过滤操作要求在卸渣前对滤渣进行洗涤，用于这种情况的板框压滤机的滤板有两种，一种是板上没有洗涤液通道的，称为_____，以一钮为记；另一种是板上开有洗涤液通道的，称为_____，以三钮为记。滤框以二钮为记。板框压滤机组合时，一般将板、框按_____顺序安装。

**3. 简答题**

（1）工业生产中常见的非均相物系的分离方法有哪些？分别是如何实现分离的？

（2）离心沉降与重力沉降的区别在哪里？

（3）绘制标准型旋风分离器的结构示意图，并说明其工作过程及各部位的作用。

（4）列举常用的湿式除尘设备，说明它们的结构特点。

（5）液-固分离应用于哪些方面？有哪些分离方法和设备？

（6）离心机有哪些类型？各用于什么场合？

（7）简单说明板框压滤机的工作过程及操作注意事项。

（8）简述沉降与过滤的异同点。

# 项目5
# 干燥过程及操作

## 项目引导

干燥是除去固体物料中少量湿分的单元操作，在化工生产中的应用很广泛，干燥在其他行业部门也得到广泛的应用，如在农副产品的加工、造纸、纺织、制革、木材加工和食品加工中，干燥都是必不可少的操作。

如奶粉的生产：奶粉是将牛奶除去水分后制成的粉末，适宜保存，它是以新鲜牛奶或羊奶为原料，用冷冻或加热的方法，除去其中几乎全部的水分，干燥后添加适量的维生素、矿物质等加工而成的冲调食品。最好的奶粉制作方法是美国人帕西于1877年发明的喷雾法。这种方法是先将牛奶真空浓缩至原体积的1/4，成为浓缩乳，然后以雾状喷到有热空气的干燥室里，脱水后制成粉，再快速冷却过筛，即可包装为成品。奶粉要求水分为3.0%～5.0%，水分含量高易造成奶粉结块、变色，贮藏期缩短，还可能导致营养素损失、微生物滋长等问题。目前行业的水分平均水平控制在4%左右。

## 想一想

1. 物料中湿分去除的方法有哪些？
2. 干燥的方法有哪些？
3. 常用的干燥方法中湿分是怎样从物料中被除去的？

# 任务 5.1　干燥基础知识

## 任务要求

1. 了解湿物料除湿的方法及特点；
2. 归纳干燥的原理，并能记住干燥的类型；
3. 解释对流干燥中传热和传质过程。

### 5.1.1　工业常用的除湿方法

物料常用的除湿方法有如下几种。

（1）机械除湿法　利用重力或离心力除湿，如沉降、过滤、离心分离等方法，但这类方法只能除去湿物料中部分湿分，其除湿程度不高。

（2）物理除湿法　利用某种吸湿性能比较强的化学药品（如无水氯化钙、苛性钠）或吸附剂（如分子筛、硅胶）来吸收或吸附湿物料中的湿分。这种方法费用较高，只适用于小批量物料除湿。

（3）干燥　利用热能使湿分汽化加以除去的方法，即用加热的方法使湿分或其他溶剂汽化，除去固体物料中湿分的操作。

虽然机械除湿法消耗能量较少，但是只能除去物料中的一部分水分。在化工生产中，为了使除湿的操作经济而有效，常先用机械除湿法除去物料中的大部分湿分后再进行干燥，以获得合格产品。

## 5.1.2　工业生产中常用干燥方法的认识

由于干燥是利用热能使物料中的湿分汽化加以除去的操作，因此，根据热能传递方式的不同可将干燥分为以下几类。

（1）传导干燥　湿物料与加热壁面直接接触，热量靠热传导由壁面传给湿物料，湿分蒸气靠抽气装置排出，如滚筒干燥、冷冻干燥、真空耙式干燥等。

（2）对流干燥　对流干燥又称为直接加热干燥。载热体（干燥介质）将热能以对流方式传给与其直接接触的湿物料，以供给湿物料中湿分汽化所需要的热量，并将其蒸气带走，如气流干燥、喷雾干燥、流化干燥、回转圆筒干燥和厢式干燥等。

（3）辐射干燥　热量以辐射传热方式投射到湿物料表面，被吸收后转化为热能，蒸气靠抽气装置排出，如红外线干燥。

（4）介电加热干燥　将需要干燥的物料置于高频电场内，由于高频电场的交变作用使物料加热而达到干燥的目的。

上述四种干燥过程，目前在工业上应用最普遍的是对流干燥。通常使用的干燥介质是空气，被除去的湿分是水分，本书将以空气为干燥介质、水分为湿分为例介绍干燥过程。而各种干燥方式有的是连续操作，有的是间歇操作；根据操作压力不同，有的是常压操作，有的是真空操作。

### 素质拓展阅读

### 新型干燥技术——冷冻干燥

冷冻干燥是将待干燥物快速冻结后，再在高真空条件下将其中的冰升华为水蒸气而去除的干燥方法。整个过程保持低温冻结状态，避免了高温对食品的影响，能够最大限度地保持原料的营养、色泽、形态和风味，并且制品含水量低，复水性好，被一致认为是目前生产高品质食品的最好的干制方法。近年来，冷冻干燥技术被广泛地应用于食品、药品、保健品等行业，有效地提高了食品的质量和附加值。

## 5.1.3　对流干燥过程分析

在对流干燥过程中，干燥介质（即热气流）将热能传至物料表面，再由表面传至物料的内部，这是一个传热过程；水分从物料内部以液态或气态扩散，透过物料层而达

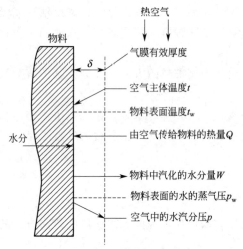

图 5-1　热空气与物料之间的传热与传质

到表面，再通过物料表面的气膜而扩散至热气流的主体，这是一个传质过程。可见，物料的干燥过程属于传热与传质相结合的过程。

为了使干燥过程能够进行，必须使被干燥物料表面所产生水汽（或其他蒸气）的压力大于干燥介质中水汽（或其他蒸气）的分压，压差愈大，干燥过程进行愈快。图 5-1 表明在对流干燥过程中，热空气与被干燥物料表面间的传热与传质情况。

### 想一想

1. 干燥过程中干燥介质如何选择比较合理？

2. 常用的干燥介质有着什么样的特性？什么样状态的干燥介质可以进行物料中湿分的去除？

3. 物料中的水分有哪些类型？哪些是可以除去的？哪些是不能被干燥除去的？可以除去的水分除去的难易程度一样吗？

4. 干燥过程中干燥介质的用量如何确定？干燥过程的快慢如何衡量？

# 任务 5.2　干燥过程分析

### 任务要求

1. 能根据实际情况选定合适的干燥介质；
2. 能记住干燥介质（湿空气）的相关性质，并能推断什么性质的湿空气能进行干燥；
3. 能说出湿物料中水分的类型，并能判定其是否可以被除去以及过程的难易程度；
4. 能根据实际情况计算干燥过程中所需的湿空气的用量；
5. 能判定干燥过程的快慢。

### 5.2.1　干燥介质的选择

在对流干燥中，干燥介质可采用空气、惰性气体、烟道气和过热蒸汽，既作为载热体，又作为载湿体。干燥介质的选择取决于物料的性质、可利用的热源及干燥过程的工艺。在对流干燥过程中，最常用的干燥介质是不饱和热空气。

### 5.2.2　干燥介质的性质

对流干燥过程中一般以一定温度的不饱和空气作为干燥介质，这样的空气是由绝干空气和水汽组成的混合物，称为湿空气。干燥过程要确定空气的用量，首先必须了解湿空气的性质和湿物料中水分的性质，通常湿空气的性质都是以 1kg 绝干空气为基准。

（1）空气中水汽分压 $p$　根据道尔顿分压定律，湿空气的总压力 $p_t$ 等于绝干空气的分

压 $p_g$ 与水汽的分压 $p$ 之和。当总压一定时，空气中水汽的分压 $p$ 愈大，空气中水汽的含量亦愈高。湿空气中水汽与绝干空气分压之比等于其物质的量之比，即：

$$\frac{p}{p_g} = \frac{n_w}{n_g} = \frac{p}{p_t - p} \tag{5-1}$$

式中　$n_w$——湿空气中水汽的物质的量，kmol；

　　　$n_g$——湿空气中绝干空气的物质的量，kmol。

（2）湿度 $H$　又称湿含量或绝对湿度。其定义为：每 1kg 绝干空气所带有的水汽量，单位为 kg 水汽/kg 绝干空气，该值表明空气中水汽的含量。

$$H = \frac{湿空气中水汽的质量}{湿空气中绝干空气的质量}$$

因气体的质量等于气体的物质的量乘以分子量，则：

$$H = \frac{M_w n_w}{M_g n_g} \tag{5-2}$$

式中　$M_w$——水汽的摩尔质量，18kg/kmol；

　　　$M_g$——空气的平均摩尔质量，29kg/kmol。

将水和空气的分子量及式(5-1)代入式(5-2)中，可得：

$$H = \frac{M_w p}{M_g(p_t - p_g)} = \frac{18}{29} \times \frac{p}{p_t - p} = 0.622 \frac{p}{p_t - p} \tag{5-3}$$

由式(5-3)可知，湿空气的湿度与总压及其中的水汽分压有关，即 $H = f(p_t, p)$。当总压一定时，湿度 $H$ 只与水汽分压 $p$ 有关。

若湿空气中的水汽分压 $p$ 等于同温度下的水的饱和蒸气压 $p_s$ 时，说明此湿空气已被水汽饱和，称为饱和湿空气，此时湿空气的含水量为该空气温度下的最大含水量，其湿度称为饱和湿度，用 $H_s$ 表示，即：

$$H_s = 0.622 \frac{p_s}{p_t - p_s} \tag{5-4}$$

由于水的饱和蒸气压仅与温度有关，因此，空气的饱和湿度是总压和温度的函数，显然，饱和的湿空气是不能作为干燥介质的。

（3）相对湿度 $\phi$　在一定的温度和总压下，湿空气中水汽分压 $p$ 与同温度下的水的饱和蒸气压 $p_s$ 之比的百分数称为相对湿度，用符号 $\phi$ 表示，即

$$\phi = \frac{p}{p_s} \times 100\% \tag{5-5}$$

当相对湿度 $\phi = 100\%$ 时，表示湿空气中的水汽已达饱和，此时的湿空气已不能再吸收水汽。$\phi = 0$ 表示空气中水蒸气分压为零，即为绝干空气。一般湿空气都属于不饱和空气，且只有不饱和的湿空气才能作为干燥介质。

相对湿度 $\phi$ 值越低，表明该空气吸收水汽的能力越强，能反映出空气干燥能力的大小。而湿度 $H$ 只能表示出水汽含量的绝对值，不能表示湿空气的吸湿能力。

（4）湿空气比体积　1kg 绝干空气及其所带有的 $H$kg 水汽所占有的总容积，称为湿空气的比体积，用符号 $\nu_H$ 表示，亦称湿容积，单位为 m³/kg 绝干空气。比体积影响着湿空气

的体积，因此也间接影响着风机型号的确定。

1kg 绝干空气及其含有 $H$kg 的水汽的总体积，即湿空气的比体积为：

$$\nu_H = \nu_g + H\nu_w = (0.772 + 1.244H) \times \frac{T}{273} \times \frac{101.3}{p} \tag{5-6}$$

在常压下上式可简化为：

$$\nu_H = \nu_g + H\nu_w = (0.772 + 1.244H) \times \frac{T}{273} \tag{5-7}$$

湿度达到饱和状态时的容积，称为饱和湿容积，用符号 $\nu_{HS}$ 表示：

$$\nu_{HS} = (0.772 + 1.244H_s) \times \frac{T}{273} \tag{5-8}$$

若已知湿空气中绝干空气的质量流量，则湿空气的体积流量为：

$$V_s = L\nu_H \tag{5-9}$$

式中，$L$ 为绝干空气的质量流量，kg 绝干空气/s。

（5）湿空气的比热容  在常压下，将 1kg 绝干空气及其所带有的 $H$kg 水汽加热，使其温度升高 1K 所需的热量，称为湿空气的比热容，用符号 $C_H$ 表示，单位为 kJ/（kg 绝干空气·K），即：

$$C_H = C_g + HC_w \tag{5-10a}$$

式中  $C_g$——绝干空气的比热容，kJ/（kg 绝干空气·K）；

$C_w$——水汽的比热容，kJ/（kg 水汽·K）。

在工程计算中，通常取 $C_g = 1.01$kJ/（kg 绝干空气·K），而取 $C_w = 1.88$kJ/（kg 水汽·K），所以有：

$$C_H = 1.01 + 1.88H \tag{5-10b}$$

（6）湿空气的焓  焓是指物质所含有的热能。湿空气的焓是 1kg 绝干空气的焓 $i_g$ 及其所带有的 $H$kg 水蒸气的焓（$i_wH$）之和，用符号 $I_H$ 表示，即：

$$I_H = i_g + i_wH \tag{5-11}$$

上述焓值是以湿空气在 273K 时的焓值为零为基准来计算的。因此对于温度为 $T$ 和湿度为 $H$ 的湿空气，其焓应该等于 $H$kg 273K 的水变成的 273K 的水蒸气所需的汽化潜热与湿空气从 273K 升温到 $T$ 时所需的显热之和，即：

$$I_H = (C_g + C_wH)(T - 273) + r_0H \tag{5-12}$$

式中，$r_0$ 为 273K 时水的汽化潜热，常取值为 2492kJ/kg。

将 $C_g$、$C_w$ 及 $r_0$ 值代入上式得：

$$I_H = (1.01 + 1.88H)(T - 273) + 2492H \tag{5-13}$$

（7）露点 $T_d$  将不饱和的湿空气在总压和湿度不变的情况下进行冷却，达到饱和时的温度称为露点，用符号 $T_d$ 表示。露点是湿空气的物理性质之一。空气在冷却过程中，直到出现第一个露珠之前，其湿度不变，当温度达到露点时，空气中的水汽便开始凝结成露珠，此时的空气湿度为饱和湿度。若温度从露点继续冷却时，则空气中部分水蒸气呈露珠凝结下来。

（8）干球温度 $T$ 和湿球温度 $T_w$　图 5-2 为普通温度计和湿球温度计。普通温度计的感温球暴露在空气中，所测得的温度称为空气的干球温度。干球温度为空气的真实温度，简称空气的温度，用符号 $T$ 表示，单位为 K 或℃。

温度计的感温球用湿纱布包裹，纱布用水保持湿润，这时的温度计称为湿球温度计。将湿球温度计放在湿空气中所显示的温度称为空气的湿球温度，用符号 $T_w$ 表示，单位也是 K 或℃。

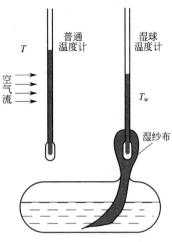

图 5-2　普通温度计和湿球温度计

码5-1　湿球温度

码5-2　湿空气的
几个温度的认识

湿球温度计的工作原理如图 5-2 所示。设有大量的不饱和湿空气，其温度为 $T$，湿度为 $H$，该空气以较高的速度（通常气速＞5m/s，以减少辐射和热传导的影响）流过湿球温度计的湿纱布表面，若开始时设湿纱布中水分的初温高于空气的露点，水汽自湿纱布表面汽化，所需潜热来自湿纱布中水的显热，使水温下降。当水温低于空气的干球温度时，热量由空气传向湿纱布中的水分，传热速率随着两者温度差的增大而增大，当由空气传入湿纱布的传热速率恰好等于湿纱布表面水分汽化所需的传热速率时，湿纱布中的水温即保持恒定，此时的温度称为湿球温度。因此，湿球温度实际上是湿纱布中水分的温度，并不代表空气的真实温度，但与空气的不饱和程度有关，也是表明湿空气状态或性质的一个参数。

当将普通温度计和湿球温度计同时放在不饱和的湿空气中时，显示的湿球温度 $T_w$ 低于干球温度 $T$。

湿球温度是由空气的干球温度及湿度或相对湿度所控制，对于某一定干球温度的湿空气，其相对湿度愈低，则水分从湿纱布表面扩散至空气中的推动力愈大，水分的汽化速率愈快，传热速率也愈大，所达到的湿球温度愈低。但是对于饱和的湿空气，则其湿球温度等于干球温度。

由上面表示湿空气性质的三个温度，即干球温度 $T$、湿球温度 $T_w$、露点 $T_d$ 的定义可看出，对于不饱和的湿空气，它们的关系为：

$$T > T_w > T_d$$

而对于饱和的湿空气，则有：

$$T = T_w = T_d$$

## 5.2.3　湿物料中水分的性质

### 5.2.3.1　物料含水量的表示方法

在干燥过程中，物料的含水量通常用湿基含水量或干基含水量表示。

（1）湿基含水量　湿基含水量是指在整个湿物料中水分所占的质量分数或质量百分比，用符号 $w$ 表示，即：

$$w = \frac{湿物料中水分的质量}{湿物料的总质量} \times 100\%$$

这是习惯上常用的含水量的表示方法，但是用这种方法表示物料在干燥过程中最初和最终含水量时，由于干燥过程中，湿物料的总量是变化的，计算基准不同，给计算带来不便。

（2）干基含水量　干基含水量是以绝干物料为基准的湿物料中含水量的表示方法，与空气湿度的定义相仿，它是指湿物料中水分的质量与绝干物料的质量之比，用符号 $X$ 表示（单位为 kg 水/kg 绝干物料），即：

$$X = \frac{湿物料中水分的质量}{湿物料中绝干物料的质量} \tag{5-14}$$

在物料衡算中，用干基含水量计算比较方便，上述两种含水量之间的换算关系为：

$$X = \frac{w}{1-w}$$

$$w = \frac{X}{1+X} \tag{5-15}$$

例如现有 100kg 湿物料，其中含水分 20kg 及绝干物料 80kg，则其湿基含水量为：

$$w = \frac{20}{100} \times 100\% = 20\%$$

干基含水量为：

$$X = \frac{20}{80} = 0.25(\text{kg 水/kg 绝干物料})$$

### 5.2.3.2　物料中所含水分的性质

（1）水分与物料的结合方式　物料中的水分可分为吸附水分、毛细管水分和溶胀水分，此外还有化学结合水，但化学结合水的去除不属于干燥操作的范围。

吸附水分是附着在物体表面的水分，它的性质和纯态水相同，在任何温度下其蒸气压都等于同温度下纯水饱和蒸气压。

毛细管水分是指多孔性物料孔隙中所含的水分，这种水分在干燥过程中借毛细管的吸引作用，转移到物料表面。物料的孔隙较大时，所含的水分同吸附水分一样，蒸气压等于同温度下水的饱和蒸气压。反之，物料的孔隙甚小时，所含水分的蒸气压小于同温度下水的饱和蒸气压。

溶胀水分是物料组成的一部分，它渗透入物料的细胞内，溶胀水分的存在会使物料的体积增大。

（2）结合水分和非结合水分　根据物料中水被除去的难易程度，物料中的水分可分为结合水分和非结合水分。

结合水分包括物料细胞壁内的溶胀水分，物料内含有固体溶质的溶液中的水分，以及物料内毛细管中的水分等。结合水分与物料的结合力强，其蒸气压小于同温度下纯水的饱和蒸气压，在干燥过程中较难除去。非结合水分是指存在于物料表面的吸附水分，以及较大空隙中的水分等。非结合水分与固体物料的结合力弱，其蒸气压等于同温度下纯水的饱和蒸气压，故非结合水分是容易除去的水分。

（3）平衡水分和自由水分　根据在一定干燥条件下，物料的水分能否用干燥方法除去，又可划分为平衡水分和自由水分。

在物料和干燥介质一定的情况下，若物料中水分汽化产生的蒸气压大于空气中水汽的分压，则物料中的水分将汽化，直到物料表面产生的水的蒸气压与空气中水蒸气的分压相等为止，这时干燥过程达到平衡，物料中的水分不再减少，此时仍然存留在物料中的水分称为平衡水分，又称为平衡含水量。平衡水分的数值与物料的性质有关，橡胶、沙子等非吸水性物料的平衡含水量就比烟草、纸张、木料等吸水性物料要小得多。常见物料的平衡含水量与空气相对湿度的关系如图 5-3 所示。另外，与物料接触的空气的温度越高，平衡含水量就越小；空气的相对湿度越大，平衡含水量也越大。

由此可见，平衡水分就是在一定的干燥条件下，物料中不能被除去的那部分水分。反之，在一定的干燥条件下能用对流干燥方法除去的水分，就称为自由水分。当物料的含水量大于平衡含水量时，含水量与平衡含水量之差称为自由水分。

物料中的平衡水分不仅与物料性质有关，而且还取决于空气的状态，即使同一种物料若空气的状态不同，则其平衡水分和自由水分的值也不相同。上述几种水分的关系见图 5-4，也可表示为：

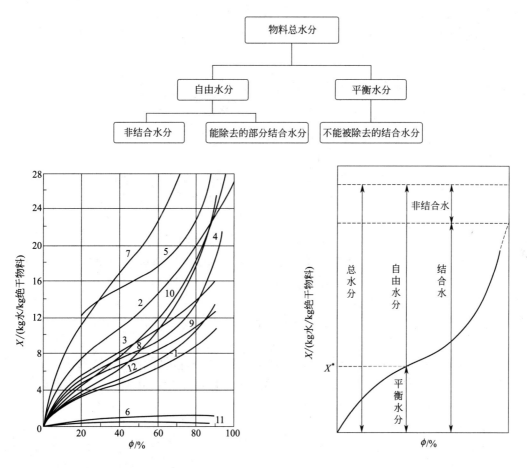

**图 5-3　常见物料的平衡含水量与空气相对湿度的关系**
1—新闻纸；2—羊毛；3—硝化纤维；4—丝；
5—皮革；6—陶土；7—烟叶；8—肥皂；
9—牛皮胶；10—木材；11—玻璃绒；12—棉花

**图 5-4　几种水分的关系**

## 5.2.4　空气用量的确定——干燥过程的物料衡算

空气的用量决定了风机的风量、预热器的热负荷、干燥器尺寸的大小。通过物料衡算可

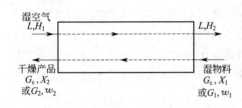

湿空气
$L, H_1$

$L, H_2$

干燥产品
$G_c, X_2$
或$G_2, w_2$

湿物料
$G_c, X_1$
或$G_1, w_1$

**图 5-5　连续干燥器的物料衡算**

确定干燥产品流量、物料的水分蒸发量、空气消耗量。

有一干燥器如图 5-5 所示，已知的条件是：单位时间（或每批量）物料的质量、物料在干燥前后的含水量、湿空气进入干燥器的状态（主要指温度、湿度等）。

设 $G_1$ 为进入干燥器的湿物料质量（单位为 kg/s 或 kg/h）；$G_2$ 为出干燥器的产品质量（单位为 kg/s 或 kg/h）；$G_c$ 为湿物料中绝干物料的质量（单位为 kg 绝干物料/s 或 kg 绝干物料/h）；$w_1$、$w_2$ 为干燥前后物料的湿基含水量；$X_1$、$X_2$ 为干燥前后物料的干基含水量（单位为 kg 水/kg 绝干物料）；$L$ 为绝干空气的质量流量（单位为 kg 绝干空气/s 或 kg 绝干空气/h）；$H_1$、$H_2$ 为进、出干燥器的湿空气的湿度（单位为 kg 水/kg 绝干空气）；$W$ 为水分蒸发量（单位为 kg 水/h）。

设在干燥器中无物料损失，则在干燥前后物料中绝干物料的质量不变，即：

$$G_c = G_1(1-w_1) = G_2(1-w_2) \tag{5-16}$$

（1）水分蒸发量　水分蒸发量计算式如下：

$$W = G_1 - G_2 = G_1 \frac{w_1 - w_2}{1 - w_2} = G_2 \frac{w_1 - w_2}{1 - w_1} \tag{5-17}$$

若物料以干基含水量表示，则水分蒸发量可用下式计算：

$$W = G_c(X_1 - X_2) \tag{5-18}$$

（2）空气消耗量　对图 5-5 所示连续干燥器做水分的物料衡算，则有：

$$G_c X_1 + L H_1 = L H_2 + G_c X_2$$

将上式变形后得：

$$L(H_2 - H_1) = G_c(X_1 - X_2) = W \tag{5-19}$$

式(5-19) 即为干燥器的物料衡算式，此式也进一步说明，干燥器内湿物料中水分减少量等于干燥介质空气中的水分增加量，即干燥器内的水分蒸发量 $W$。

由式 (5-19) 可得，绝干空气量为：

$$L = \frac{W}{H_2 - H_1} \tag{5-20}$$

由上式可见，空气的消耗量与湿空气的初始湿度 $H_1$ 及最终的湿度 $H_2$ 有关。如以 $H_0$ 表示空气在预热器前的湿度，因空气经预热器前后的湿度不变，故 $H_0 = H_1$，则式(5-20) 又可写成：

$$L = \frac{W}{H_2 - H_0} \tag{5-21}$$

将上式两边同除以 $W$，得：

$$l = \frac{L}{W} = \frac{1}{H_2 - H_1} = \frac{1}{H_2 - H_0} \tag{5-22}$$

式中，$l$ 为蒸发 1kg 水分所消耗的绝干空气量，称为单位空气消耗量，kg 绝干空气/kg 水分。由上式可知，单位空气消耗量 $l$ 仅与 $H_2$、$H_0$ 有关，而与路径无关。由于 $H_0$ 是由空气的初温 $T_0$ 及相对湿度 $\phi_0$ 所决定，$l$ 将随着 $T_0$ 和 $\phi_0$ 的增加而增大，因此对同一干燥过程而言，夏季的空气消耗量比冬季大，选择风机等装置时，须按全年中最大空气消耗量而定。

风机所需的风量是根据湿空气的体积 $V_s$ 而定。湿空气的体积可由式(5-19)决定,即:

$$V_s = L\nu_H = L(0.772 + 1.244H) \times \frac{T}{273} \qquad (5-23)$$

注意:上式中空气的温度 $T$ 和湿度 $H$ 需由风机所安装位置的湿空气的状态而定。

**【例题 5-1】** 现有一干燥器,处理湿物料量为 800kg/h。要求物料干燥后含水量由 30% 减至 4%(均为湿基)。干燥介质为空气,初温为 15℃,相对湿度为 50%,经预热器加热到 120℃进入干燥器,出干燥器的温度为 45℃,相对湿度为 80%。试求:

(1)干燥产品量。

(2)水分蒸发量 $W$。

(3)空气消耗量 $L$、单位空气消耗量 $l$。

(4)风机装在进口处,求风机的风量 $V_s$。

**解** (1)由题意知干燥原料量 $G_1 = 1000$kg 湿物料/h;$w_1 = 30\%$;$w_2 = 4\%$。

因为干燥前后绝干物料不变,即 $G_c = G_1(1-w_1) = G_2(1-w_2)$

干燥产品量:

$$G_2 = \frac{G_1(1-w_1)}{1-w_2} = \frac{800 \times (1-30\%)}{1-4\%} = 583.3 (\text{kg 产品/h})$$

(2)方法一:$W = G_1 - G_2 = 800 - 583.3 = 216.7$ (kg 水/h)

方法二:$W = G_1 \dfrac{w_1 - w_2}{1 - w_2} = 800 \times \dfrac{0.3 - 0.04}{1 - 0.04} = 216.7 (\text{kg 水/h})$

方法三:$G_c = G_1(1-w_1) = 800 \times (1-0.3) = 560 (\text{kg 绝干物料/h})$

$$X_1 = \frac{w_1}{1-w_1} = \frac{0.3}{1-0.3} = 0.429 (\text{kg 水/kg 绝干物料})$$

$$X_2 = \frac{w_2}{1-w_2} = \frac{0.04}{1-0.04} = 0.0417 (\text{kg 水/kg 绝干物料})$$

$W = G_c(X_1 - X_2) = 560 \times (0.429 - 0.0417) = 216.8 (\text{kg 水/h})$

(3)由 $T$-$H$ 图查得,空气在 $T_0 = 15 + 273 = 288$(K),$\phi_0 = 50\%$ 时湿度为 $H_0 = 0.005$kg 水/kg 绝干空气;在 $T_2 = 45 + 273 = 318$(K),$\phi_2 = 80\%$ 时湿度为 $H_2 = 0.052$kg 水/kg 绝干空气,空气通过预热器湿度不变,即 $H_0 = H_1$。

$$L = \frac{W}{H_2 - H_1} = \frac{W}{H_2 - H_0} = \frac{216.7}{0.052 - 0.005} = 4610 (\text{kg 绝干空气/h})$$

$$l = \frac{1}{H_2 - H_0} = \frac{1}{0.052 - 0.005} = 21.3 (\text{kg 绝干空气/kg 水})$$

(4)因风机安装在新鲜空气进口处,所以:

$$\nu_H = \nu_{H0} = (0.772 + 1.244H_0) \times \frac{T_0}{273} = (0.772 + 1.244 \times 0.005) \times \frac{288}{273} = 0.822 (\text{m}^3/\text{h})$$

$$V_s = L\nu_H = 4610 \times 0.822 = 3790 (\text{m}^3/\text{h})$$

## 5.2.5 干燥速率及影响因素

### 5.2.5.1 干燥速率

干燥速率为每单位时间内在单位干燥面积上汽化的水分量,用微分式表示为:

$$U = \frac{\mathrm{d}W}{A\,\mathrm{d}\tau} \tag{5-24}$$

式中　$U$——干燥速率，$kg/(m^2 \cdot s)$；

　　　　$W$——汽化水分量，kg；

　　　　$A$——干燥面积，$m^2$；

　　　　$\tau$——干燥所需时间，s。

因为　　　　　　　　　　　$\mathrm{d}W = -G_c\mathrm{d}X$

故上式可写成：　　　$U = \dfrac{\mathrm{d}W}{A\,\mathrm{d}\tau} = -\dfrac{G_c\mathrm{d}X}{A\,\mathrm{d}\tau} \tag{5-25}$

式中　$G_c$——湿物料中绝干物料的质量，kg；

　　　　$X$——湿物料的干基含水量，kg 水/kg 绝干物料。

上式中的负号表示物料含水量随着干燥时间的增加而减少。

物料的干燥速率可由实验测定。测定方法如下：在实验过程中将各个时间间隔 $\Delta\tau$ 内物料失重 $\Delta W$、物料表面温度 $\theta$ 记录下来，直至物料质量不变为止，此时物料中所含水分即为平衡水分，然后取出物料测量获得物料与空气的接触面积 $A$。

例如，图 5-6 就是某物料在恒定干燥条件下，干燥过程中物料的含水量 $X$ 与干燥时间 $\tau$、物料表面温度 $\theta$ 之间的关系曲线，此曲线称为物料的干燥曲线。图 5-7 表示物料的干燥速率 $U$ 与物料的含水量 $X$ 之间的关系曲线，称为干燥速率曲线。

由图 5-7 可看出，物料的干燥过程可简化为两个阶段。

（1）恒速干燥阶段　图 5-7 中 $AB$ 段为物料预热阶段，此段时间很短，在干燥计算中往往忽略不计。图中 $BC$ 段，物料的干燥速率从 $B$ 到 $C$ 保持恒定值，且为最大值，不随物料含水量的变化而变化。

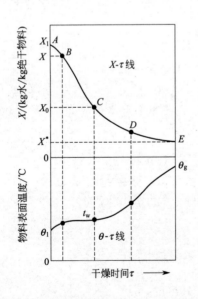

图 5-6　某物料在恒定干燥条件下的干燥曲线

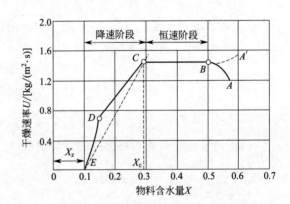

图 5-7　恒定干燥条件下的干燥速率曲线

该阶段物料很湿，其表层的水分很多，可认为是非结合水分，当物料在恒定干燥情况下进行干燥时，物料表面与空气之间的传热和传质情况与测定湿球温度时的情况相同，物料表面的温度始终保持为空气的湿球温度。

在等速干燥阶段中由于物料内部的水分能及时扩散到物料表面，使物料表面始终保持湿润，因而水分的汽化与自由水表面汽化无异。这时干燥速率主要取决于表面水分的汽化速率，因此恒速干燥阶段又可称为表面汽化控制阶段或干燥第一阶段。

（2）降速干燥阶段 降速干燥阶段如图 5-7 中 $CDE$ 段表示。干燥速率曲线的转折点（$C$ 点）称为临界点，该点的含水量称为临界含水量 $X_c$。当物料的含水量降至临界含水量以下时，物料的干燥速率开始逐渐降低。该阶段中除去的是物料中的部分结合水分。

此阶段物料内部水分的扩散速率已小于表面水分在湿球温度下的汽化速率，物料表面渐渐形成"干区"，因此水分的汽化表面逐渐向物料内部移动，从而使热量、质量传递途径加长，阻力增大，造成干燥速率下降。到达 $E$ 点后物料的含水量已降到平衡含水量 $X^*$（即平衡水分），再继续干燥亦不可能降低物料的含水量。故降速干燥阶段又称为内部扩散控制阶段或干燥第二阶段。

降速干燥阶段的干燥速率主要取决于物料本身的结构、形状和大小，而与空气的性质关系很小。该阶段空气传给湿物料的热量大于水分汽化所需的热量，故物料的温度不断上升，最后接近于空气的干球温度。

### 5.2.5.2 干燥速率的影响因素

影响干燥速率的因素主要有物料的状况、干燥介质的状态、干燥设备的结构和物料的流程等几个方面。下面对其中主要影响因素进行介绍。

（1）湿物料的性质和形状 包括湿物料的物理结构、化学组成、形状及大小、物料层的厚薄、水分与物料的结合方式等。在干燥第一阶段，由于物料的干燥相当于自由水面的汽化，因此物料的性质对干燥速率影响很小。但物料的形状、大小影响物料的临界含水量。在干燥第二阶段物料的性质和形状对干燥速率起决定性的影响。

（2）湿物料本身的温度 湿物料本身的温度越高，则干燥速率越大。在干燥器中湿物料的温度又与干燥介质的温度和湿度有关。

（3）物料的含水量 物料的最初、最终的含水量及临界含水量决定了干燥各阶段所需时间的长短。

（4）物料的堆积方式 物料的堆积方式和物料层的厚薄影响其临界含水量的大小。对细粒物料，可使其分散或悬浮在气流中，若悬浮受到限制，则可加强搅拌。而对于既不能悬浮又不能搅拌的大块物料，则可将其悬挂而使其全部表面暴露在气流之中。

（5）干燥介质的温度和湿度 当干燥介质（热空气）的湿度不变时，其温度越高，则干燥速率越大，但要以不损害被干燥物料的品质为原则。对于某些热敏性物料，更应考虑选择合适的温度。有些干燥设备采用分段中间加热方式可以避免过高的介质温度。此外还要防止由于干燥过快，物料表面形成硬壳而减小之后的干燥速率，使总的干燥时间加长。

当干燥介质（热空气）的温度不变时，空气的相对湿度越低，水分汽化越快，干燥速率越快，尤其是在表面汽化控制阶段最为显著。

（6）干燥介质的流速和流向 在干燥的第一阶段，增加热空气的流速，可以提高物料的干燥速率；在内部扩散控制阶段，气速对干燥速率的影响则不大。

热空气的流动方向与物料的汽化表面垂直时，干燥速率最快，平行时则较差。其原因可用气体边界层的厚薄来解释，即干燥介质流动方向与汽化表面垂直时的边界层的厚度要比成平行时的边界层厚度要薄。

## 想一想

1. 干燥过程在什么样的设备中进行？每种设备各有什么特点？分别适合干燥什么样的物料？

2. 干燥过程的影响因素有哪些？如何调节有利于干燥过程？

3. 干燥操作有哪些注意事项？

# 任务 5.3　干燥设备及操作

## 任务要求

1. 说明各干燥设备的结构及工作原理，能归纳干燥物料的类型；

2. 解释干燥过程的影响因素；

3. 进行干燥操作，并能根据相关数据测定干燥速率曲线；

4. 进行干燥设备的简单维护和故障排除。

干燥器是指一种通过加热使物料中的湿分汽化逸出，以获得规定湿含量的固体物料的机械设备。根据被干燥物料的形状和性质、干燥产品的要求以及生产规模和生产能力的不同，可选择的干燥方法和干燥设备也是多种多样的。

### 5.3.1　认识干燥设备

由于被干燥物料的形状（如块状、粒状、浆状及膏状等）和性质（耐热性、含水量、黏性、酸碱性、防爆性等）不同，生产规模或生产能力差别很大，对于干燥后的产品要求（含水量、形状、强度及粒径等）也不尽相同，因此在化工生产中，不仅干燥流程有差异，所用的干燥设备的形式也是多种多样的。下面介绍几种常用的对流干燥设备。

#### 5.3.1.1　转筒干燥器

转筒干燥器是回转圆筒干燥器的简称，其结构如图 5-8 所示。它的主体是一个与水平线略成倾斜（一般为 $0.5°\sim6°$）的旋转圆筒，圆筒的全部重量支承在滚轮上，筒身被带动而旋转。

圆筒的转速一般为 $1\sim8r/min$。热空气与物料一般呈逆流并直接接触（在食品工业中为防止干燥介质污染物料，则采用热夹套通过筒壁间接加热）。为了使干燥介质与物料接触良

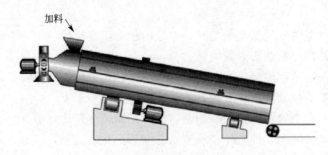

**图 5-8　转筒干燥器**

好，在转筒壁上装有抄板，抄板有多种形式，图 5-9 是三种比较常用的抄板形式，抄板的个数与筒径之比为 $n_0/D=6\sim8$。抄板的高度要大到不至于被干燥器的底部料层把其尖端埋起来，约为滚筒内径的 $1/12\sim1/8$。

码5-3 转筒干燥器工作原理

转筒干燥器的特点是：生产能力大；能适应被干燥物料的性质变化，即加入物料的水分、黏度等有很大变化时也能适用；耐高温，能用高温热风干燥。但缺点是热效率较低（仅为 50% 左右），结构复杂，传动部件需经常维修，且消耗钢材量多，基建费用较高，占地面积大。转筒干燥器适用于大量生产的粒状、块状、片状物料的干燥。所处理的物料含水量范围为 $3\%\sim50\%$，产品含水量可降到 0.1% 左右。

(a) 直立抄板    (b) 45°抄板    (c) 90°抄板

**图 5-9　常用的抄板形式**

### 5.3.1.2　厢式干燥器

图 5-10 为一间歇操作的常压厢式干燥器，又称为盘架式干燥器。一般小型的称为烘箱，大型的称为烘房。其主要结构是一外壁绝热的厢式干燥室，厢内支架上放有浅盘，或将浅盘装在小车上推入厢内，被干燥物料堆放在盘中，一般物料层厚度为 $10\sim100\text{mm}$。新鲜空气由风机送入，经加热器预热后沿挡板均匀地进入下部几层放料盘，经中间加热器加热后进入中部几层放料盘，再经中间加热器加热后进入最上部几层放料盘，然后使部分废气排出，余下的循环使用，以提高热利用率，废气循环量可以通过调节门进行调节。当热空气在物料上掠过时即起干燥作用。空气的流速由物料的粒度而定，一般为 $1\sim10\text{m/s}$。

码5-4 厢式干燥器工作原理

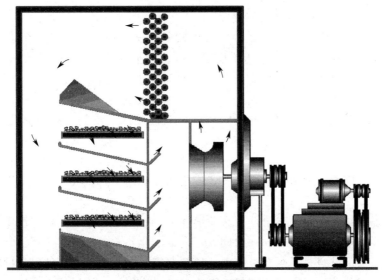

**图 5-10　常压厢式干燥器**

厢式干燥器的优点是结构简单，制造较容易，适应性较强。它适用于干燥粒状、片状及膏状物料，较贵重的物料，批量小、干燥程度要求较高、不允许粉碎的易碎脆性物料，以及随时需要改变风量、温度和湿度等干燥条件的情况。其缺点是干燥不均匀，由于物料层是静止的，故干燥时间较长，此外装卸物料时的劳动强度大。

### 5.3.1.3　带式干燥器

码5-5　带式干燥器工作原理

带式干燥器是最常使用的连续式干燥装置，如图 5-11 所示，是在一个长方形的干燥室或隧道中，装有带式运输设备。传送带多为网状，气流与物料成错流，物料在被运送的过程中不断地与空气接触而被干燥。传送带可以是多层的，带宽为 1~3m，长为 4~50m。通常在物料的运动方向上分成许多区段，每个区段都可设风机和加热器。在不同区段上，气流方向及气体的温度、湿度和速度都可不同。由于被干燥物料的性质不同，传送带可用帆布、涂胶布、橡胶或金属丝网等制成。

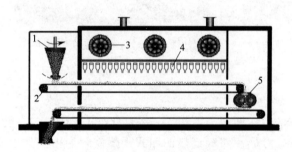

**图 5-11　带式干燥器**

1—加料器；2—传送带；3—风机；4—热空气喷嘴；5—压碎机

带式干燥器中的物料在干燥过程中，物料以静止状态堆积于金属丝网或其他材料制成的水平循环输送带上进行通风干燥，故物料翻动少，不受扰动和冲击，无破碎等损坏，可保持物料的形状，且利于防止粉尘公害，可同时连续干燥多种固体物料。带式干燥器适用于干燥粒状、块状和纤维状物料，但热效率不高，约为 40%。

### 5.3.1.4　流化床干燥器

码5-6　单层圆筒流化床干燥器工作原理

流化床干燥器又称为沸腾床干燥器，也是固体流态化技术在干燥中的具体应用。图 5-12 为单层圆管流化床干燥器，热空气由多孔分布板底部送入，经多孔分布板而均匀分布并与板上湿物料直接接触。当气速增加到一定程度时颗粒层开始松动，当气速再增加至某一个数值时，颗粒将悬浮于上升的热气流中。此时的床层称为流化床。沸腾干燥就是指在流化状态下的干燥。

流化状态下颗粒在热气流中上下翻动，相互碰撞、混合，气固两相间充分接触实现热量、质量传递，气固之间的接触面积很大，传热、传质速率高，故流化床干燥器是一种高效干燥设备。

流化床干燥器结构简单，造价低，活动部件少，操作维修方便，特别适用于处理颗粒状物料，而且粒径一般在 30μm~6mm 之间。

流化床干燥器的缺点是：运行过程中，颗粒在床层内高度混合，易引起物料的返混和短路，使其在床层内的停留时间不够均匀。因此，单层流化床干燥器仅应用于易干燥、处理量大而对产品质量要求不太高的场合，不适于处理含水量较高和易于黏结的物料。

对于干燥质量要求高或所需干燥时间较长的物料，可采用多层或多室流化床干燥器，见图 5-13。

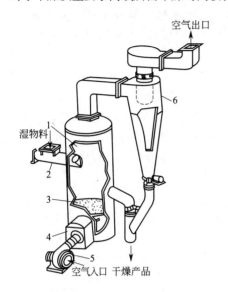

**图 5-12　单层圆管流化床干燥器**

1—沸腾室；2—加料器；3—多孔分布板；4—预热器；

5—风机；6—旋风分离器

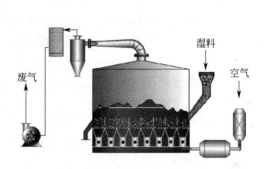

**图 5-13　多室流化床干燥器**

码5-7　多室流
化床干燥器
工作原理

码5-8　流化床
干燥器

码5-9　气流干
燥气工作原理

### 5.3.1.5　气流干燥器

气流干燥器是一种在常压条件下，连续、高速的流态化干燥设备。其结构如图 5-14 所示，它是利用高速的热气流将细粉或颗粒状的湿物料分散悬浮于气流中，并和热气流做并流流动，在此过程中物料受热而被干燥。气流干燥是并流干燥过程的一种形式，在化工、制药、染料、塑料等部门得到广泛的应用。

气流干燥的特点如下：

① 干燥强度大　由于干燥管内气速较高，气固两相混合近似于一单相系统，干燥的有效面积大大提高，此外传热系数很大，其平均值为 $2300\sim7000\mathrm{W/(m^2 \cdot s \cdot K)}$。

② 干燥时间短　气固两相接触时间短，干燥时间一般在 $0.5\sim2\mathrm{s}$，更适宜于热敏性物料或低熔点物料。

③ 热效率高　因为气固两相间是并流操作，可以采用高温的热介质进行干燥，高温气体和湿物料接触后，由于物料处于表面汽化的恒速干燥阶段，故物料温度为

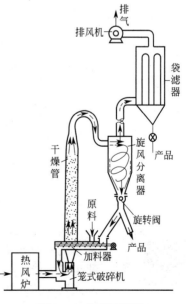

**图 5-14　气流干燥器**

气体的湿球温度,一般不超过 60~65℃,而当干燥后期,气流温度已经由于物料中水分蒸发吸热而大为下降,所以产品温度不会超过 70~90℃。

高温干燥介质的应用,能提高气固间的传热、传质速率,且在干燥等量物料时,还可以大大降低干燥介质的用量,从而使设备体积变小,更有效地利用热能,提高干燥器热效率。

④ 设备简单  无其他转动部件,又由于干燥器体积较小,故散热面积很小,热损失一般占总传热量的 5%以下,设备占地面积也很小,且流程简化,可实现操作自动化。

⑤ 适用范围广  气流干燥可应用于各种粒状、粉状物料。对于高温的膏糊状物料,可以在干燥器的底部串联一粉碎机,湿物料及高温热风可直接通入粉碎机内部,使膏糊状物料边干燥边粉碎,然后进入气流干燥管继续进行干燥,从而成功地解决了膏糊状物料难于连续干燥的问题。

气流干燥的缺点:由于气流速度较快,粒子在气流输送过程中有一定的磨损和破碎;系统阻力较大,一般在 2.94~3.92kPa 之间,故需要用高压或中压离心通风机,动力消耗大;由于气固悬浮并流操作,干燥后的物料均需由旋风分离器等各种捕集器予以分离,所以系统收尘负荷较重。对于易产生静电或干燥时放出易燃、易爆、有毒气体的物料不宜应用气流干燥。

### 5.3.1.6 喷雾干燥器

喷雾干燥器是采用雾化器将料液分散成雾滴,并利用热干燥介质(通常为热空气)干燥雾滴而获得产品的一种干燥技术。图 5-15 为喷雾干燥器的流程。料液可以是溶液、乳浊液或悬浮液,也可是熔融液或膏糊液。干燥产品可根据生产需要制成粉体、颗粒、空心球或团粒。

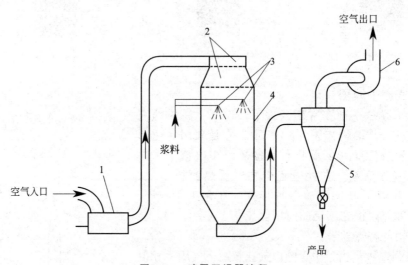

**图 5-15  喷雾干燥器流程**
1—燃烧炉;2—空气预分布器;3—喷头;4—干燥塔;5—旋风分离器;6—风扇

码5-10  喷雾干燥器工作原理

喷雾干燥器的优点是:干燥时间短,特别适用于干燥热敏性物料,产品为疏松的空心颗粒,溶解性能好,质量好,操作稳定;能连续化、自动化生产;能避免干燥过程中粉尘飞扬,改善劳动条件;可由料液直接得到粉末状产品。其缺点是:体积对流传热系数小;设备体积庞大;基建费用较大;操作弹性较小及热利用率低,能量消耗大。

**素质拓展阅读**

> ### 新型技术发展规律
>
> 新型流化床干燥器是针对传统流化床干燥器无法干燥稠液体提出来的。新型气流干燥器是因直管式气流干燥器干燥管过高而改良升级的。新型的机械设备大多是遵循否定之否定规律进行的升级改造。它揭示了事物发展的前进性与曲折性的统一，表明了事物的发展不是直线式前进而是螺旋式上升的。否定之否定规律的原理对人们正确认识事物发展的曲折性和前进性，具有重要的指导意义。

## 5.3.2　干燥器的选择

由于工业生产中被干燥的物料种类繁多，对产品质量的要求又各不相同，因此选择合适的干燥器非常重要。若选择不当，将导致产品质量达不到要求，或是热利用率低，动力消耗高，甚至设备不能正常运行。通常，干燥器选型应考虑以下各项因素：

① 产品的质量　例如在医药工业中许多产品要求无菌，避免高温分解，此时干燥器的选型首先从保证质量上考虑，其次才考虑经济性等问题。

② 物料的特性　物料的特性不同，采用的干燥方法也不同。物料特性包括物料形状、含水量、水分结合方式、热敏性等。例如对于散粒状物料，多选用气流干燥器和沸腾床干燥器。

③ 生产能力　生产能力不同，干燥方法也不尽相同。例如当干燥大量浆液时可采用喷雾干燥器，而生产能力低时可用滚筒干燥器。

④ 劳动条件　某些干燥器虽然经济适用，但劳动强度大、条件差，且生产不能连续化。这样的干燥器特别不适宜处理高温、有毒、粉尘多的物料。

⑤ 经济性　在符合上述要求下，应使干燥器的设备费用和操作费用最低。

⑥ 其他要求　例如设备的制造、维修、操作及设备尺寸是否受到限制等。

另外，根据干燥过程的特点和要求，还可采用组合式的干燥器。例如，对于最终含水量要求较高的可采用气流-沸腾干燥器；对于膏状物料，可采用滚筒-气流干燥器。

## 5.3.3　影响干燥操作的因素

确定适宜的工艺条件有助于提高干燥效果。对于某一干燥过程，干燥器、干燥介质一定，湿物料进出干燥器的含水量 $X_1$、$X_2$ 和进料温度由工艺条件决定。空气的湿度一般取决于当地大气状况，有时也采用部分废气循环以调节进入干燥器的空气湿度。能调节的参数只有干燥介质的流量，干燥介质进出干燥器的温度 $t_1$、$t_2$，出干燥器时废气的湿度 $H_2$。有利于干燥过程的最佳操作条件，通常由实验测定，其选择原则如下。

### 5.3.3.1　干燥介质的选择

干燥介质的选择，取决于干燥过程的工艺及可利用的热源。在对流干燥中，干燥介质可采用空气、惰性气体、烟道气和过热蒸汽。当干燥操作温度不太高、且氧气的存在不影响被干燥物料的性能时，可采用热空气作为干燥介质。对于某些易氧化的物料，或从物料中蒸发出易燃易爆的气体时，则应采用惰性气体为干燥介质。烟道气适用于高温干燥，但要求被干燥的物料不怕污染，而且不与烟气中的 $SO_2$ 和 $CO_2$ 等气体发生作用。由于烟道气温度高，故可强化干燥过程，缩短干燥时间。此外，还应考虑介质的经济性及来源。

### 5.3.3.2　流动方式的选择

气体和物料在干燥器中的流动方式，一般可分为并流、逆流和错流。

在并流操作中，物料的移动方向与介质的流动方向相同。与逆流操作相比，若气体初始温度相同，并流时物料的出口温度可较逆流时低，被物料带走的热量就少。就干燥强度和经济效益而言，并流优于逆流，但并流干燥的推动力沿程逐渐下降，后期变得很小，使干燥速率降低，因而难以获得含水量低的产品。

在逆流操作中，物料移动方向和介质流动方向相反，整个干燥过程中的干燥推动力较均匀，它适用于：在物料含水量高时，不允许采用快速干燥的场合；在干燥后期，可耐高温的物料；要求干燥产品的含水量很低。

在错流操作中，干燥介质与物料间运动方向相互垂直。各个位置上的物料都与高温、低湿的介质相接触，因此干燥推动力比较大，又可采用较高的气体速度，所以干燥速率很高。

### 5.3.3.3　干燥介质进口温度和湿度的确定

干燥介质的进口温度高，可强化干燥过程，提高其经济性，因此干燥介质预热后的温度应尽可能高一些，但要注意保持在物料允许的最高温度范围内，以避免物料性状发生变化。在水蒸发量一定的前提下，降低干燥介质的进口湿度 $H_1$，可降低所需空气流量 $L$，从而降低操作费用。$H_1$ 降低的同时可降低物料的平衡含水量 $X^*$，加快干燥速率，因而在可能的条件下应设法降低干燥介质的进口湿度。

### 5.3.3.4　干燥介质的流量的影响

增加空气的流量可以增加干燥过程的推动力，提高干燥速率。但空气流量的增加，会造成热损失增加，热利用率下降，同时还会使动力消耗增加；气速的增加，会造成产品回收负荷增加。生产中，要综合考虑流量的变化对干燥速率、操作费用等的影响，合理选择。

### 5.3.3.5　干燥介质的出口温度和湿度的影响

提高干燥介质的出口湿度，可使一定量的干燥介质带走的水汽量增加，并减少空气用量及传热量，从而降低操作费用。但空气中水蒸气分压增大，传质推动力降低。如果要维持相同的干燥能力，必然要增大设备尺寸，因而设备投资费用增大。因此，必须做经济上的核算才能确定最佳的干燥介质出口湿度。

干燥介质的出口温度太高，废气带走的热量多，热损失大。如果介质的出口温度太低，则含有相当多水汽的废气可能在出口处或后面的设备中析出水滴（达到露点），这将破坏正常的干燥操作。

## 5.3.4　干燥操作技能训练方案

### 5.3.4.1　操作技能训练要求与任务

① 熟悉实训室干燥装置的流程和主要设备，理解现场设备的工作原理及结构特点；

② 掌握装置的操作要点，能正确并熟练操作相关设备；

③ 对装置操作中的不正常现象会判断和处理；

④ 理解影响干燥操作效果的因素，能正确记录干燥操作中的数据，能对数据进行基本的判断、分析，并对操作过程质量进行正确评价；

⑤ 掌握干燥曲线、速率曲线的绘制方法，熟悉影响干燥速率的因素，了解提高干燥效率和干燥器热效率的主要措施。

### 5.3.4.2　技能训练任务及记录（以卧式流化床为例）

（1）开车准备

① 流程图的识读；

② 熟悉现场装置及主要设备、仪表、阀门的位号、功能、工作原理和使用方法；

③ 按照要求制订操作方案；

④ 公用工程（电）的引入并确保正常；

⑤ 原料（被干燥物料）的准备（原料的配制以及含水量的测定）；

⑥ 检查流程中各管线、阀门是否处于正常开车状态；

⑦ 装置上电，检查各仪表状态是否正常，动设备试车。

（2）开车

① 按正确的开车步骤开车；

② 根据指令调进料、空气流量、温度、压力到指定值。

（3）正常操作

① 能按指令改变进料、空气流量、操作温度等参数到指定值；

② 按照要求巡查各温度、压力、流量值并做好记录，能及时判断各指标是否正常；

③ 观察正常操作中原料的变化状况以及流化床的操作状况并确认，指出可能影响其操作的因素；

④ 按照要求巡查动设备（鼓风机、进料器）的运行状况，确认并做好记录；

⑤ 产品（被干燥后的物料）的采出及产品含水量的测定；

⑥ 能测定、绘制干燥速率曲线。

（4）停车

① 按正常的停车步骤停车；

② 检查停车后各设备、阀门的状态，确认后做好记录。

（5）事故处理

① 会观察、分析因空气流量过大或过小引起的系统操作异常，并掌握恢复至正常操作状态的办法；

② 会观察、分析因加热介质流量过大或过小引起的异常现象，并掌握恢复至正常操作状态的办法。

（6）设备维护

① 鼓风机的开、停、正常操作及日常维护；

② 进料器的开、停、正常操作及日常维护；

③ 卧式流化床的构造、工作原理、正常操作及维护；

④ 换热器的构造、工作原理、正常操作及维护；

⑤ 旋风分离器的构造、工作原理、正常操作及维护；

⑥ 布袋除尘器的构造、工作原理、正常操作及维护；

⑦ 主要阀门（空气流量调节、热介质流量调节）的位置、类型、构造、工作原理、正常操作及维护；

⑧ 温度、流量、压力传感器的测量原理，温度、压力显示仪表及流量控制仪表的使用。

## 🖊 练一练测一测

**1. 选择题**

(1) 干燥过程继续进行的必要条件是 (　　　)。

A. 物料表面的水蒸气压力大于空气中水蒸气分压

B. 空气主体的温度大于物料表面的温度

C. 空气的湿度小于饱和湿度

D. 空气的量必须是大量的

(2) 以下关于对流干燥的特点，不正确的是 (　　　)。

A. 对流干燥过程是气、固两相热、质同时传递的过程

B. 对流干燥过程中气体传热给固体

C. 对流干燥过程中湿物料的水被汽化进入气相

D. 对流干燥过程中湿物料表面温度始终恒定于空气的湿球温度

(3) 当空气的湿度 $H$ 一定时，总压一定，空气的温度上升，则该空气的相对湿度 $\phi$ 将 (　　　)。

A. 上升　　　　　B. 不变　　　　　C. 下降　　　　　D. 以上三种情况都有可能发生

(4) 当湿空气湿度不变，温度不变，而空气的压力增加时，则空气的相对湿度 $\phi$ 将 (　　　)。

A. 上升　　　　　B. 下降　　　　　C. 不变　　　　　D. 无法判断

(5) 空气的相对湿度为 50% 时，干球温度 $t$、湿球温度 $t_w$、露点 $t_d$ 之间关系为 (　　　)。

A. $t=t_w=t_d$　　　B. $t<t_w<t_d$　　　C. $t>t_w>t_d$　　　D. $t>t_w=t_d$

(6) 当空气的 $t=t_w=t_d$，说明空气的相对湿度 $\phi$ (　　　)。

A. $=100\%$　　　B. $>100\%$　　　C. $<100\%$　　　D. 不能确定

(7) 恒速干燥阶段，物料的表面温度等于空气的 (　　　)。

A. 干球温度　　　B. 湿球温度　　　C. 露点　　　　　D. 绝热饱和温度

(8) 在一定干燥条件下，物料中不能被除去的那部分水称为 (　　　)。

A. 结合水分　　　B. 平衡水分　　　C. 临界水分　　　D. 非自由水分

(9) 干燥操作过程要保证空气流速、温度不变的原因是 (　　　)。

A. 干燥进行得彻底　　　　　　　　B. 干燥速率快

C. 保证干燥条件恒定　　　　　　　D. 干燥物料不受损

(10) 流化床干燥器尾气含尘量大的原因是 (　　　)。

A. 风量大　　　　　　　　　　　　B. 物料层高度不够

C. 热风温度低　　　　　　　　　　D. 风量分布不均匀

(11) 若需从牛奶液中直接制得奶粉，可选用 (　　　)。

A. 沸腾床干燥器　　B. 气流干燥器　　C. 转筒干燥器　　D. 喷雾干燥器

**2. 填空题**

(1) 干燥这一单元操作，既属于传质过程，又属于_____。

(2) 传导干燥中热能是以_____方式传给湿物料的；辐射干燥热能是以_____的形式由辐射器发射，射至湿物料表面被其吸收再转变为热能，将水分加热汽化而达到干燥

目的。

（3）对流干燥又称为_____干燥。干燥介质将热能以_____方式传给与其直接接触的湿物料，以供给湿物料中水分汽化所需的热量，并将汽化产生的水蒸气带走。

（4）在对流干燥过程中，作为干燥介质的湿空气，既是_____，又是_____。

（5）对流干燥过程连续进行的必要条件是：物料表面的水蒸气压力必须_____干燥介质空气中水蒸气分压。

（6）空气的相对湿度 $\phi$ 值愈小，表示湿空气偏移饱和程度_____，干燥时的吸湿能力_____。

（7）$\phi=100\%$ 时，说明空气为_____；$\phi=0$ 时，说明空气为_____。

（8）在对流干燥流程中空气经过预热器后，其温度_____，湿度_____，焓值_____，相对湿度_____，吸湿能力_____。

（9）空气的干、湿球温度相差越大，表明空气的相对湿度越_____。对一定湿度的湿空气进行预热升温，温度升得越高，相对湿度就_____，空气的吸湿能力就_____。

（10）根据在一定条件下水分能否用对流干燥的方法除去，物料所含水分可划分为_____水分和_____水分；根据水分被除去的难易程度，物料中的水分可划分为_____水分和_____水分。

（11）干燥操作的恒速干燥阶段属于_____控制，其干燥速率与物料的含水量_____，而主要取决于_____速度和_____状态。降速干燥阶段属于_____控制，故干燥速率主要取决于_____等，而与外部条件_____。

（12）由恒定干燥条件下的典型干燥速率曲线知，物料在干燥过程中有一个转折点 $C$，此点称为_____，$C$ 点将整个干燥过程分为_____干燥阶段和_____干燥阶段这两个阶段。前一阶段为_____控制，后一阶段为_____控制。

（13）在恒定干燥条件下，要使物料中除去同样多的水分，恒速干燥阶段所需的时间_____降速干燥阶段所需的时间。

（14）在一定的干燥条件下，物料层愈厚，临界含水量_____。

（15）气流干燥器是一种在常压条件下，连续、高速的_____化干燥方法。它是利用高速的热气流将_____状的湿物料分散悬浮于_____流中，并和热气流做_____流动，在此过程中物料受热而被干燥。气流干燥器结构简单，主要构造有：_____管、_____机、热源、_____器及_____收集器等。

（16）流化床干燥器又称为_____床干燥器，也是固体_____化技术在干燥中的具体应用。流化床干燥器结构_____，造价_____，活动部件_____，操作维修方便，特别适用于处理颗粒状物料。

（17）与气流干燥器相比，流化床干燥器内物料停留时间_____，而且可以_____调节，能除去物料内部的结合水分，产品的最终含水量可降得很_____；操作时热空气的流速较低，物料磨损_____，废气中粉尘含量_____，容易收集，操作费用_____。

（18）喷雾干燥器是采用_____器将料液分散成雾滴，并利用热_____干燥雾滴而获得产品的一种干燥技术，原料液可以是溶液、乳浊液或悬浮液。

**3. 计算题**

（1）某物料湿基含水量由 10％ 干燥至 2％，湿物料处理量为 300kg/h，求其干燥前后干基含水量和绝干物料处理量。

（2）在常压下，采用一台连续操作的干燥器来处理某湿物料，其生产能力为 1000kg 湿物料/h，通过干燥器的物料的含水量由 10% 减至 2%（湿基），干燥介质为空气，其初温 $t_0 = 20℃$，初始湿度为 $H_0 = 0.008$kg 水/kg 绝干空气，此空气经预热到 120℃ 后进入干燥器，空气离开干燥器时温度为 40℃、湿度 $H_2$ 为 0.05kg 水/kg 绝干空气。若风机安装在新鲜空气入口处，试求：

① 水分蒸发量。

② 干燥产品量。

③ 空气消耗量为多少 kg 干空气/h？

（3）在一连续干燥器中干燥盐类结晶，每小时处理湿物料 1000kg，经干燥后物料的含水量由 40% 减至 5%（均为湿基），以热空气为干燥介质，初始湿度 $H_1$ 为 0.009kg 水/kg 绝干空气，离开干燥器时湿度 $H_2$ 为 0.039kg 水/kg 绝干空气，假定干燥过程中无物料损失，试求：

① 水分蒸发量；

② 绝干空气消耗量；

③ 干燥产品量。

**4. 简答题**

（1）机械除湿的方法有哪些？各有什么特点？

（2）常用的干燥方法有哪几种？对流干燥的特点是什么？

（3）干燥的一半流程是怎样的？试画出简图。

（4）干燥湿物料前，为什么要将冷空气预热？

（5）若湿物料在干燥器内干燥的时间无限长，是否会得到绝干物料？为什么？

（6）喷雾操作前用水进行一次预喷雾操作的目的是什么？

# 项目6
# 蒸馏过程及操作

## 项目引导

均相液体混合物的分离目前常用的方法有三种：蒸发、蒸馏和萃取。蒸发用于不挥发性的溶质组分与挥发性的溶剂组分之间部分分离，蒸发是浓缩溶液的操作；萃取用于混合液中各组分挥发性相差很小、混合液中待分离组分浓度很稀（稀溶液）、高温下混合物中组分易分解的液体混合物物系的分离。当溶液中各组分均具挥发性且挥发性相差较大时，若分离任务量大且各组分的含量相差不大，不需要很高的温度就能使各组分汽化且加热后组分不会分解，化学性质不变，这类均相液体混合物的分离一般采用蒸馏的方法。

蒸馏是根据均相液态混合物中各组分挥发度的不同，用部分汽化、部分冷凝的方法分离液态混合物的一种操作过程。蒸馏操作应用广泛，历史悠久。如炼油企业将原油通过蒸馏分离为汽油、煤油、轻柴油等；空气液化后，利用蒸馏的方法分离出纯氧和纯氮；从粮食发酵的醪液中利用蒸馏方法提炼饮料酒或酒精。

在液体混合物中，饱和蒸气压高、沸点低的纯组分称为易挥发组分或轻组分，而饱和蒸气压低、沸点高的纯组分则称为难挥发组分或重组分。如乙醇和水混合液，在 1atm（101325Pa）下，乙醇沸点是 78.5℃，水的沸点是 100℃，因此，乙醇是易挥发组分或轻组分，水是难挥发组分或重组分。

蒸馏分离的依据是液体混合物中各组分之间挥发性的差异。将液体混合物加热至泡点温度以上使之部分汽化必然产生气液两相系统，则在气相中易挥发组分含量 $y_A$ 必然大于剩余液体中易挥发组分的含量 $x_A$，即 $y_A > x_A$，若此时将气相的蒸气冷凝下来，则冷凝液中易挥发组分含量必高于原料液中易挥发组分含量，即 $y_A > x_F$，剩余液中易挥发组分含量必低于原料液中易挥发组分含量，即 $x_A < x_F$，这样就实现了混合物的部分分离。

液体混合物中组分之间挥发性的差异可用相对挥发度来表示。通常，纯液体的挥发度是指该液体在一定温度下的饱和蒸气压。

溶液中各组分的蒸气压因组分间的相互影响要比纯态时的低，故溶液中各组分的挥发度 $\nu$ 可用它在蒸气中的分压和与之平衡液相中的摩尔分数之比来表示，即：

$$\nu_A = \frac{p_A}{x_A}, \ \nu_B = \frac{p_B}{x_B}$$

对于理想溶液，因符合拉乌尔定律，则：

$$p_A = p_A^0 x_A, \ p_B = p_B^0 x_B$$
$$\nu_B = p_B^0, \ \nu_A = p_A^0$$

注意：①挥发度 $\nu$ 是指气液平衡时某一组分平衡分压与其在液相中摩尔分数的比值；②理想溶液的某一组分挥发度 $\nu$ 等于气液平衡时，该组分在平衡温度下的饱和蒸气压。

相对挥发度是溶液中两组分的挥发度之比，即溶液中易挥发组分的挥发度与难挥发组分的挥发度之比，以 $\alpha_{AB}$ 或 $\alpha$ 表示，则：

$$\alpha = \frac{\nu_A}{\nu_B} - \frac{p_A/x_A}{p_B/x_B}$$

若操作压强不高，气相遵循道尔顿分压定律，故上式可写为：

$$\alpha = \frac{py_A/x_A}{py_B/x_B} = \frac{y_A x_B}{y_B x_A} \qquad (6\text{-}1)$$

式(6-1)即为相对挥发度的一般定义式。相对挥发度的数值可由实验测得。

对理想溶液，则有：

$$\alpha = \frac{p_A^0}{p_B^0}$$

上式表明，理想溶液中各组分的相对挥发度等于同温度下，两纯组分的饱和蒸气压之比。由于 $p_A^0$ 及 $p_B^0$ 均随温度沿相同方向变化，因而两者的比值变化不大，故一般可将 $\alpha$ 视为常数，计算时可取平均值。

对于两组分溶液：

由式(6-1)得： $\qquad \dfrac{y_A}{y_B} = \alpha \dfrac{x_A}{x_B} \qquad$ 或 $\qquad \dfrac{y_A}{1-y_A} = \alpha \dfrac{x_A}{1-x_A}$

若 $\alpha > 1$，$\dfrac{y_A}{y_B} > \dfrac{x_A}{x_B} \left( \alpha = \dfrac{\nu_A}{\nu_B} = \dfrac{p_A^0}{p_B^0} \right)$，$p_A^0 > p_B^0$ 表示组分 A 较组分 B 易挥发。

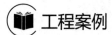
码6-1 $t\text{-}x\text{-}y$ 图

若 $\alpha = 1$，$y_A = x_A$，说明受热汽化后的气相组成与原溶液组成相同，因此，不能用普通蒸馏方法分离该混合液。

由上式解出 $y_A$，略去下标可得：

$$y = \frac{\alpha x}{1+(\alpha-1)x} \qquad (6\text{-}2)$$

式(6-2)即为用相对挥发度表示的气液平衡关系，也称为蒸馏的气液相平衡方程。

当 $\alpha$ 为已知时，可利用上式求得 $x\text{-}y$ 关系。

蒸馏的气液相平衡关系有多种表示方法，常见的有相图表示，如 $p\text{-}x\text{-}y$ 图（蒸气压组成图）、$t\text{-}x\text{-}y$ 图（沸点组成图）、$y\text{-}x$ 图（相平衡图）。这些图在基础化学中已经介绍。

## 📖 工程案例

### 某化工厂甲醇水溶液分离方案的制订和分离过程的实施

甲醇是一种用途广泛的有机化工产品，也是性能优良的洁净能源与车用燃料。世界上对甲醇的需求量近年来大幅度增加。

某年产 50000t 甲醇的联醇厂，粗甲醇的分离分两个阶段，先在预分离塔中脱除二甲醚等轻组分。然后将甲醇再送入主分离塔，进一步把高沸点的重馏分杂质分离，就可以制得纯度在 99% 以上的精甲醇。已知主分离塔的进料流量为 220m³/h，其进料组成为：甲醇 92%，水 7%，少量的二甲醚、烷烃、乙醇，以及微量的其他杂质。要求得到纯度在 99% 以上的精甲醇。

要将甲醇含量 92% 的甲醇水溶液提纯到含量 99% 以上，显然这是一个典型的均相液体混合物的分离任务。由于液体混合物中甲醇和水均具有挥发性，而且甲醇比水更容易挥发，所以不能使用蒸发方法。由于原料液中甲醇占绝大多数，若用萃取的方法分离甲醇和水，很难找到合适的萃取剂。考虑到甲醇与水的挥发性相差较大，沸点相差较大且沸点都不是很高，因此，采用蒸馏方法分离。

 **想一想**

蒸馏的方式有哪些？设备、流程是什么样的？

# 任务 6.1  蒸馏设备

**任务要求**

1. 掌握各种蒸馏方式的特点、适用场合；
2. 掌握精馏的原理、设备结构及流程；
3. 掌握各种类型的塔板结构、特点。

## 6.1.1  常见蒸馏方式

### 6.1.1.1  简单蒸馏

简单蒸馏又称微分蒸馏，是一种单级蒸馏操作，常以间歇方式进行，如图 6-1 所示。将一批料液加入蒸馏釜中，在恒压下加热至沸腾，使液体不断汽化。陆续产生的蒸气经冷凝后作为顶部产品，其中易挥发组分相对富集。在蒸馏过程中，釜内液体的易挥发组分含量不断下降，蒸气中易挥发组分的含量也相应地随之降低。因此，产品通常是分罐收集，最终将釜液一次性排出。

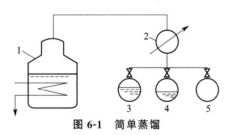

**图 6-1  简单蒸馏**

1—蒸馏釜；2—冷凝器；3～5—产品受液槽

码6-2  简单蒸馏

### 6.1.1.2  平衡蒸馏

平衡蒸馏又称闪蒸，是一种单级连续的蒸馏操作。其流程如图 6-2 所示。原料经泵加压后连续地进入加热器，经加热升温至高于分离器压力下的沸点，然后经节流阀减压至预定压强。由于压强的突然降低，液体成为过热液体，其高于沸点的显热随即转变为潜热，发生自蒸发，液体部分汽化。气、液两相在分离器中分开，气相为顶部产物，其中易挥发组分获得了增浓。

 **想一想**

简单蒸馏与平衡蒸馏的异同点。

### 6.1.1.3 精馏

由简单蒸馏和平衡蒸馏分析可知：对混合液进行加热使之部分汽化能使混合液分离，同理，若对混合蒸气进行部分冷凝也能实现分离目的。但一次部分汽化或一次部分冷凝只能使混合物有一定程度的分离，若要使混合物能较完全分离，则需同时进行多次部分汽化和多次部分冷凝操作，这就是精馏。

码6-3 平衡蒸馏

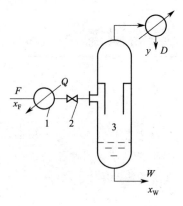

图 6-2 平衡蒸馏装置与流程

1—加热器；2—节流阀；3—分离器

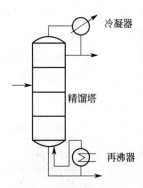

图 6-3 精馏塔示意图

图 6-3 就是工厂常用精馏装置示意图。在这个图中核心设备是精馏塔，仅有精馏塔还不能完成精馏操作，必须配备塔底再沸器和塔顶冷凝器，有时还要配备原料液预热器、回流液泵等附属设备，才能实现整个操作。塔底再沸器的作用是提供一定量的上升蒸气流，冷凝器的作用是提供塔顶液相产品及保证有适宜的液相回流，从而使精馏能连续稳定地进行。

精馏分离具有如下特点：

① 通过精馏分离可以直接获得所需要的产品，产品纯度高；

② 精馏分离的适用范围广，它不仅可以分离液体混合物，而且可用于气态混合物的分离；

③ 精馏过程适用于各种组成混合物的分离；

④ 精馏操作是通过对混合液加热建立气液两相体系，所得到的气相还需要再冷凝，因此，精馏操作耗能较大。

### 🗒 想一想

工业上如何利用多次部分汽化和多次部分冷凝的原理实现连续的高纯度物料的分离？

## 6.1.2 精馏原理

### 6.1.2.1 汽化过程与冷凝过程

图 6-4 为苯与甲苯混合物的 $t$-$x$-$y$ 图。设在 1atm 下，苯-甲苯混合液的温度为 $t_1$，组成为 $x_1$，

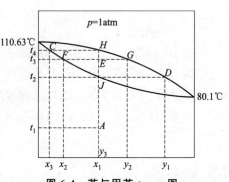

图 6-4 苯与甲苯 $t$-$x$-$y$ 图

（1atm＝101325Pa）

其状况以 $A$ 点表示，将此混合液加热，当温度到达 $t_2$（$J$ 点），液体开始沸腾，所产生的蒸气组成为 $y_1$（如 $D$ 点），$y_1$ 与 $x_1$ 成平衡，而且 $y_1 > x_1$，当继续加热，且不从物系中取出物料，使其温度升高到 $t_3$（$E$ 点），这时物系内气液两相共存，液相的组成为 $x_2$（$F$ 点），蒸气相的组成为与 $x_2$ 成平衡的 $y_2$（$G$ 点），且 $y_2 > x_2$。若再升高温度达到 $t_4$（$H$ 点），液相终于完全消失，而在液相消失之前，其组成为 $x_3$（$C$ 点）。这时蒸气量与最初的混合液量相等，蒸气组成为 $y_3$，并与混合液的最初组成 $x_1$ 相同。再加热到 $H$ 点以上，蒸气组成为过热蒸气，温度升高而组成不变，为 $y_3$。自 $J$ 点向上至 $H$ 点的前阶段，称为部分汽化过程，若加热到 $H$ 点或 $H$ 点以上则称全部汽化过程，反之当自 $H$ 点开始进行冷凝，则至 $J$ 点以前的阶段称为部分冷凝过程，至 $J$ 点及 $J$ 点以下称为全部冷凝过程。部分汽化和部分冷凝过程实际上是混合液分离过程。

### 6.1.2.2 精馏原理——多次部分汽化和多次部分冷凝

全部汽化、全部冷凝与部分汽化、部分冷凝的区别：①是否从物系中取出物料；②温度范围不同。

将液体进行一次部分汽化、部分冷凝，只能起到部分分离的作用，因此这种方法只适用于要求粗分或初步加工的场合。

显然，要使混合物中的组分得到几乎完全的分离，必须进行多次部分汽化和部分冷凝的操作过程。

多次部分汽化：在图 6-5 中，将混合液自 $A$ 点加热到 $B$ 点，使其在 $B$ 点温度 $t_1$ 下部分汽化，这时混合液分成气液两相，气相浓度为 $y_1$，液相为 $x_1$，气液两相分开后再将 $x_1$ 饱和液体单独加热到 $C$ 点，在温度 $t_2$ 下部分汽化，这时又

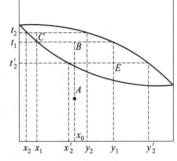

**图 6-5　多次部分汽化 $t\text{-}x\text{-}y$ 图**

出现新的平衡，获得 $x_2$ 的液相及与之平衡的气相 $y_2$，如果依次类推，只要部分汽化的次数足够多，最终可得易挥发组分苯含量很低的液相，即可获得近似于纯净的甲苯。

多次部分冷凝：将上述 $y_1$ 蒸气分离出来冷凝至 $t_2'$，即经部分冷凝至 $E$ 点，可以得到浓度为 $y_2'$ 的气相及 $x_2'$ 的液相，$y_2'$ 与 $x_2'$ 成平衡，依次类推，只要气相部分冷凝的次数足够多最后可得接近于纯净的气态苯。

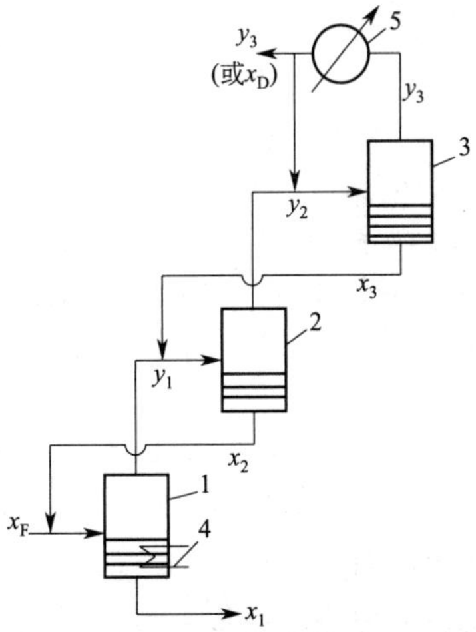

### 6.1.2.3 部分汽化、部分冷凝的工程实施模型

由图 6-5 的分析可知，要使混合物中的组分得到几乎完全的分离，必须进行多次部分汽化和部分冷凝。那么工程上是如何实施的呢？图 6-6 就是多次部分汽化获得较纯易挥发组分的过程示意图。如去掉第一级和第二级冷凝器与第二级和第三级加热器，则当第一级所产生的蒸气 $y_1$ 与第三级下降的液体 $x_3$ 直接混合时，由于液相温度 $t_3$ 低于气相温度 $t_1$，因此高温的蒸气将加热低温的液体 $x_3$，而使液体部分汽化，蒸气本身则被部分冷凝。由此可见，不同温度且互不平衡的气液两相接触时，必然会同时产生传热和传质的双重作用。所以，使上一级的液相回流（如液相 $x_3$）与下一级的气相（如气相 $y_1$）直接接触，可省去逐级使用的中间加热器和冷凝器。

**图 6-6　多次部分汽化示意图**

1～3—分离器；4—加热器；5—冷凝器

　　总之，精馏就是将挥发度不同的组分所组成的混合液，在精馏塔中多次而且同时进行部分汽化和部分冷凝，以获得几乎纯净的易挥发组分和几乎纯净的难挥发组分的过程。

　　回流和汽化是精馏得以连续稳定操作的必不可少的两个条件，所以精馏塔必须包括冷凝器与再沸器。

### 6.1.3　认识精馏装置的流程

#### 6.1.3.1　最基本的精馏装置流程

　　最基本的精馏装置流程如图 6-7(a) 所示，包括精馏塔、再沸器、冷凝器三个主要设备。原料液直接从塔中间某个位置连续进入精馏塔中，塔底部溶液经再沸器一部分被汽化为蒸气回到塔内后从塔底逐板上升，剩余的残液排出塔外；塔顶蒸气进入冷凝器冷凝为液体后，一部分作为馏出液连续排出作为塔顶产品，另一部分作为回流液，依靠重力从塔顶连续返回塔内。

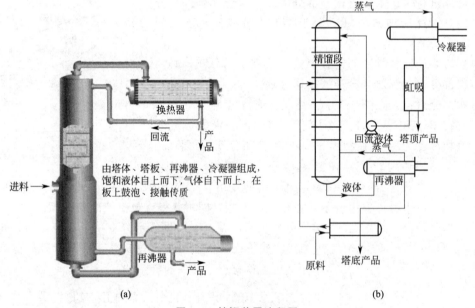

(a)　　　　　　　　　　　　　　　(b)

**图 6-7　精馏装置流程图**

码6-4　板式
精馏塔

　　加料板把精馏塔分为两段：加料板以上的部分，气体每经过一块塔板就被部分冷凝一次，气相中的难挥发组分就被部分冷凝下来，可见塔的上半部完成了上升蒸气的精制，即除去其中的难挥发组分，因而称为精馏段；加料板以下（包括加料板）的部分，即塔的下半部完成了下降液体中难挥发组分的提浓，因为在塔的下半部分液体依靠重力向下流淌的过程中，每经过一块塔板都与塔底上来的热蒸气接触，在接触的过程中液体被加热部分汽化，由于汽化的主要是易挥发组分，可见塔的下半部完成了下降液体中的易挥发组分的提取，因而称为提馏段。当然这里的"提馏"二字是针对易挥发组分而言的。对于难挥发组分而言则相反，加料板以下部分是精制段，而以上部分则是提取段。

　　一个完整的精馏塔应包括精馏段和提馏段。仅有提馏段或仅有精馏段的塔只能在其一端得到一种高纯度的产品，而在另一端得到的是一种纯度不高，仅经过粗分离的产品。

在连续精馏塔内，回流液与上升的蒸气逆流接触，同时发生热量传递和物质传递。因而回流液体在下降过程中被部分汽化，并将轻组分向气相传递而重组分含量逐渐增多。蒸气在上升过程中被部分冷凝，并将重组分向液相传递而轻组分含量逐渐增多。最终在塔顶获得较纯的轻组分，而在塔底获得较纯的重组分。

在精馏装置中，冷凝器顾名思义其作用就是将塔顶引出的蒸气全部冷凝成液体，一部分作为塔顶产品取出，另一部分作为塔顶液相回流，以维持塔的正常操作。冷凝器就是间壁式换热器，可以是 U 形管式的也可以是浮头式的换热器。

塔底再沸器也叫重沸器，是管壳式换热器的一种特殊形式，安装于塔的底部。其作用是使塔底液体中轻组分汽化后重新返回塔内，以提供精馏所需的热量。再沸器有釜式再沸器和热虹吸式再沸器两种形式，详细内容请查阅有关资料。

### 6.1.3.2 其他的精馏装置流程

图 6-7(b) 是一个强制回流的精馏装置的流程，与基本流程相比多了一个原料液预热器和回流液泵，此流程适用于分离要求高，所需的精馏塔高度比较高的情况。装置工作流程说明如下：原料液在预热器中利用塔釜产品加热到指定温度后，送入精馏塔的进料板，与塔上部下来的液体和塔下部上来的蒸气，进行传热与传质。然后，气相逐板上升，每经过一块塔板被部分冷凝一次，最后离开塔顶进入全凝器全部冷凝，冷凝后的液体通过冷凝液贮槽，分为两部分，一部分作为塔顶产品取出，另一部分利用回流泵送到精馏塔顶的第一块塔板上，作为整个塔的回流液（也就是整个塔中多次蒸气部分冷凝的冷却剂），逐板向下流；而加料板上的液体则逐板下流，在下流的过程中与底部上升的蒸气进行接触，每接触一次被部分汽化一次，最后的液体流入塔底再沸器中，在再沸器中加热进行最后一次部分汽化，汽化产生的蒸气回到塔内逐板上升，作为精馏塔内液体多次部分汽化的热源；最后剩下的不被汽化的液体就是易挥发组分含量很少、难挥发组分含量很多的塔釜产品。由于塔釜再沸器出来的液体温度很高，因此可作为预热原料液的热源。

码6-5　板式塔内流体的流动

由此可见，不管是重力回流，还是用泵进行强制回流，只要是精馏装置就必须有回流。回流是精馏区别于简单蒸馏的标志。只有保证一定程度的回流，才能创造气液两相充分接触的条件，才能保证塔内正常的浓度分布和温度分布，为塔内物质传递、热量传递提供必需的传质与传热推动力，达到多次而且同时进行部分冷凝和部分汽化的目的。其中的液相回流还可以取走塔内多余的热量，维持全塔的热平衡，以利于产品质量的控制。

因此，塔顶液相回流与塔底蒸气回流是精馏能实现高效分离的工程手段，是精馏操作能够连续稳定进行的必备条件。

## 6.1.4　精馏塔内传质过程分析

精馏分离是根据溶液中各组分挥发度（或沸点）的差异，使各组分得以分离。它通过气、液两相的直接接触，使易挥发组分由液相向气相传递，难挥发组分由气相向液相传递，是气、液两相之间的传递过程。

现以第 $n$ 板（图 6-8）为例来分析精馏过程和原理。

塔板的形式有多种，最简单的一种是板上有许多小孔（称筛板塔），每层板上都装有降液管，来自下一层（$n+1$ 层）的蒸气通过板上的小孔上

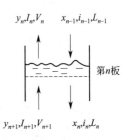

图 6-8　第 $n$ 板的质量和热量衡算图

升，而上一层（$n-1$ 层）来的液体通过降液管流到第 $n$ 板上，在第 $n$ 板上气液两相密切接触，进行热量和质量的交换。进、出第 $n$ 板的物流有四种：

① 由第 $n-1$ 板溢流下来的液体量为 $L_{n-1}$，其组成为 $x_{n-1}$，温度为 $t_{n-1}$；

② 由第 $n$ 板上升的蒸气量为 $V_n$，组成为 $y_n$，温度为 $t_n$；

③ 由第 $n$ 板溢流下去的液体量为 $L_n$，组成为 $x_n$，温度为 $t_n$；

④ 由第 $n+1$ 板上升的蒸气量为 $V_{n+1}$，组成为 $y_{n+1}$，温度为 $t_{n+1}$。

因此，当组成为 $x_{n-1}$ 的液体及组成为 $y_{n+1}$ 的蒸气同时进入第 $n$ 板，由于存在温度差和浓度差，气液两相在第 $n$ 板上密切接触进行传质和传热的结果会使离开第 $n$ 板的气液两相平衡。若气液两相在板上的接触时间长，接触比较充分，那么离开该板的气液两相相互平衡，通常称这种板为理论板（$y_n$、$x_n$ 平衡）。精馏塔中每层板上都进行着与上述相似的过程，其结果是上升蒸气中易挥发组分浓度逐渐增大，而下降的液体中难挥发组分越来越浓，只要塔内有足够多的塔板数，就可使混合物达到所要求的分离纯度（共沸情况除外）。

精馏操作涉及气、液两相间的传热和传质过程。塔板上两相间的传热速率和传质速率不仅取决于物系的性质和操作条件，而且还与塔板结构有关，因此它们很难用简单方程加以描述。引入理论板的概念，可使问题简化。

所谓理论板，是指在其上气、液两相都充分混合，且传热和传质过程阻力为零的理想化塔板。因此不论进入理论板的气、液两相组成如何，离开该板时气、液两相达到平衡状态，即两相温度相等，组成互相平衡。

实际上，由于板上气、液两相接触面积和接触时间是有限的，因此在任何形式的塔板上，气、液两相难以达到平衡状态，即理论板是不存在的。理论板仅用作衡量实际板分离效率的依据和标准。通常，在精馏计算中，先求得理论板数，然后利用塔板效率予以修正，即求得实际板数。引入理论板的概念，对精馏过程的分析和计算是十分有用的。

## 6.1.5　精馏设备类型选择

精馏塔有板式塔与填料塔两类，一般处理量大时用板式塔，处理量小则多用填料塔。在精馏中，目前普遍采用板式塔，而填料塔在吸收中的应用则更加广泛。在此我们重点讨论板式塔。

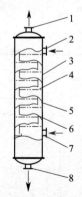

**图 6-9　板式塔结构图**

1—气体出口；2—液体入口；

3—塔壳；4—塔板；5—降液管；

6—出口溢流堰；7—气体入口；

8—液体出口

### 6.1.5.1　板式塔结构

板式塔（图 6-9）是一种应用极为广泛的气液传质设备，它由一个通常呈圆柱形的壳体及其中按一定间距水平设置的若干塔板所组成。板式塔正常工作时，液体在重力作用下自上而下通过各层塔板后由塔底排出；气体在压差推动下，经均匀分布在塔板上的开孔由下而上穿过各层塔板后由塔顶排出，在每块塔板上皆贮有一定的液体，气体穿过板上液层时，两相接触进行传质。

为有效地实现气液两相之间的传质，板式塔应具有以下两方面的功能：

① 在每块塔板上气液两相必须保持密切而充分的接触，

为传质过程提供足够大而且不断更新的相际接触表面，减小传质阻力；

② 在塔内应尽量使气液两相呈逆流流动，以提供最大的传质推动力。

板式塔具有空塔速度较快、生产能力较大、效率稳定、造价低、检修清理方便的特点。

### 6.1.5.2　塔板类型

塔板可分为有降液管式塔板（也称溢流式塔板或错流式塔板）及无降液管式塔板（也称穿流式塔板或逆流式塔板）两类，在工业生产中，以有降液管式塔板应用最为广泛，在此只讨论有降液管式塔板。

（1）泡罩塔板　泡罩塔板（图 6-10）是工业上应用最早的塔板，它主要由升气管及泡罩构成。泡罩安装在升气管的顶部，分圆形和条形两种，以前者使用较广。泡罩有 $\phi 80\text{mm}$、$\phi 100\text{mm}$、$\phi 150\text{mm}$ 三种尺寸，可根据塔径的大小选择。泡罩的下部周边开有很多齿缝，齿缝一般为三角形、矩形或梯形。泡罩在塔板上为正三角形排列。

码6-6　泡罩塔板操作示意

图 6-10　泡罩塔板

操作时，液体横向流过塔板，靠溢流堰保持板上有一定厚度的液层，齿缝浸没于液层之中而形成液封。升气管的顶部应高于泡罩齿缝的上沿，以防止液体从中漏下。上升气体通过齿缝进入液层时，被分散成许多细小的气泡或流股，在板上形成鼓泡层，为气液两相的传热和传质提供大量的界面。

泡罩塔板的优点是操作弹性较大，塔板不易堵塞；缺点是结构复杂、造价高，板上液层厚，塔板压降大，生产能力及板效率较低。泡罩塔板已逐渐被筛孔塔板、浮阀塔板所取代，在新建塔设备中已很少采用。

（2）筛孔塔板　筛孔塔板（图 6-11）简称筛板，塔板上开有许多均匀的小孔，孔径一般为 $3 \sim 8\text{mm}$。筛孔在塔板上为正三角形排列。塔板上设置溢流堰，使板上能保持一定厚度的液层。

操作时，气体经筛孔分散成小股气流，鼓泡通过液层，气液间密切接触而进行传热和传质。在正常的操作条件下，通过筛孔上升的气流，应能阻止液体经筛孔向下泄漏。

筛板的优点是结构简单、造价低，板上液面落差小，气体压降低，生产能力大，传质效率高。其缺点是筛孔易堵塞，不宜处理易结焦、黏度大的物料。

图 6-11　筛孔塔板

应予指出，筛板塔的设计和操作精度要求较高，过去工业上应用较为谨慎。近年来，由于设计和控制水平的不断提高，筛板塔的操作非常精确，故应用日趋广泛。

（3）浮阀塔板　浮阀塔板（图6-12）具有泡罩塔板和筛孔塔板的优点，应用广泛。浮阀的类型很多，国内常用的有F1型、V-4型及T型等。

**图6-12　浮阀塔板**

浮阀塔板的结构特点是在塔板上开有若干个阀孔，每个阀孔装有一个可上下浮动的阀片，阀片本身连有几个阀腿，插入阀孔后将阀腿底脚拨转90°，以限制阀片升起的最大高度，并防止阀片被气体吹走。阀片周边冲出几个略向下弯的定距片，当气速很低时，由于定距片的作用，阀片与塔板呈点接触而坐落在阀孔上，在一定程度上可防止阀片与板面的黏结。

码6-8　浮阀
工作原理

操作时，由阀孔上升的气流经阀片与塔板间隙沿水平方向进入液层，增加了气液接触时间，浮阀开度随气体负荷而变。在低气量时，开度较小，气体仍能以足够的气速通过缝隙，避免过多的漏液；在高气量时，阀片自动浮起，开度增大，使气速不致过大。

浮阀塔板的优点是结构简单，造价低，生产能力大，操作弹性大，塔板效率较高。其缺点是处理易结焦、高黏度的物料时，阀片易与塔板黏结；在操作过程中有时会发生阀片脱落或卡死等现象，使塔板效率和操作弹性下降。

（4）喷射型塔板　上述几种塔板，气体是以鼓泡或泡沫状态和液体接触，当气体垂直向上穿过液层时，使分散形成的液滴或泡沫具有一定向上的初速度。若气速过高，会造成较为严重的液沫夹带，使塔板效率下降，因而生产能力受到一定的限制。为克服这一缺点，近年来开发出喷射型塔板，大致有以下几种类型。

① 舌型塔板　舌型塔板（图6-13）在塔板上冲出许多舌孔，方向朝塔板液体流出口一侧张开。舌片与板面成一定的角度，有18°、20°、25°三种（一般为20°），舌片尺寸有50mm×50mm和25mm×25mm两种。舌孔按正三角形排列，塔板的液体流出口一侧不设溢流堰，只保留降液管，降液管截面积要比一般塔板设计得大些。

**图6-13　舌型塔板**

操作时，上升的气流沿舌片喷出，其喷出

速度可达 20～30m/s。当液体流过每排舌孔时，即被喷出的气流强烈扰动而形成液沫，被斜向喷射到液层上方，喷射的液流冲至降液管上方的塔壁后流入降液管中，流到下一层塔板。

舌型塔板的优点是：生产能力大，塔板压降低，传质效率较高。其缺点是：操作弹性较小，气体喷射作用易使降液管中的液体夹带气泡流到下层塔板，从而降低塔板效率。

② 浮舌塔板　与舌型塔板相比，浮舌塔板（图 6-14）的结构特点是其舌片可上下浮动。因此，浮舌塔板兼有浮阀塔板和固定舌型塔板的特点，具有处理能力大、压降低、操作弹性大等优点，特别适宜于热敏性物系的减压分离过程。

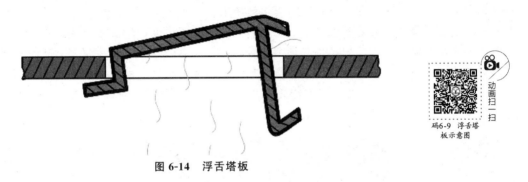

码6-9　浮舌塔板示意图

**图 6-14　浮舌塔板**

③ 斜孔塔板　斜孔塔板（图 6-15）在板上开有斜孔，孔口向上与板面成一定角度。斜孔的开口方向与液流方向垂直，同一排孔的孔口方向一致，相邻两排开孔方向相反，使相邻两排孔的气体向相反的方向喷出。这样，气流不会对喷，既可得到水平方向较大的气速，又阻止了液沫夹带，使板面上液层低而均匀，气体和液体不断分散和聚集，其表面不断更新，气液接触良好，传质效率提高。

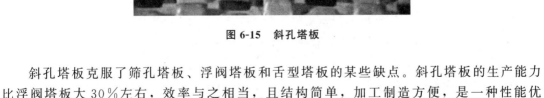

码6-10　精馏设备

**图 6-15　斜孔塔板**

斜孔塔板克服了筛孔塔板、浮阀塔板和舌型塔板的某些缺点。斜孔塔板的生产能力比浮阀塔板大 30％左右，效率与之相当，且结构简单，加工制造方便，是一种性能优良的塔板。

## 素质拓展阅读

### 新型立体喷射塔板

塔板作为塔内核心部件，它为气液两相间的传热和传质提供了有效的接触场所，是分离效率的决定性因素。以下介绍一种新型立体喷射塔板。

新型立体喷射塔板的结构主要包括气孔和帽罩，升气孔按一定规律布置在塔板上，作为气相进入帽罩的通道。帽罩罩在升气孔上，帽罩尺寸大于升气孔的尺寸，并且帽罩与塔板之间留有一定的底隙，作为液相进入帽罩的通道。帽罩为气液传质提供了空间，帽罩上开有一定数量的筛孔，作为气液传质后气相与液相的流通通道。新型立体喷射塔板的工作过程为：由下一层塔板上升的气体从板孔进入罩内，气体通过板孔时被加速，使板上液体由罩底部缝隙被压入罩内，并与上升的高速气流接触后，改变方向被提升拉成环状膜，向上运动。气液两相在罩内进行充分的接触、混合，然后经罩体筛孔垂直喷射，气液开始分离，气体上升进入上一层塔板，滴落回原塔板。

新型立体喷射塔板技术在西北油田某天然气处理装置上已成功投入应用，应用效果良好，具有运行参数要求不苛刻、减少能量消耗、便于生产操作等优点。

# 任务 6.2　精馏过程分析

## 任务要求

1. 掌握精馏塔的物料衡算；
2. 掌握精馏塔的塔板数的确定方法和加料位置的确定方法；
3. 掌握塔径和塔高的确定方法；
4. 会确定产品流量和组成。

精馏过程的设计型计算，通常已知条件是原料液的流量、组成及分离程度，下面需要进一步计算和确定的内容有：①确定产品流量和组成；②选定操作条件和进料状况等；③确定精馏塔的塔板数和加料位置；④确定塔径和塔高。

## 6.2.1 精馏操作参数的确定

### 6.2.1.1 全塔物料衡算

对图 6-16 所示的连续精馏塔作全塔的物料衡算，并以单位时间为基准，即：

$$\begin{cases} F=D+W & 总物料 \\ Fx_F=Dx_D+Wx_w & 易挥发组分 \end{cases} \tag{6-3}$$

式中　$F$——原料液流量，kmol/h；

　　　$D$——塔顶产品（馏出液）流量，kmol/h；

　　　$W$——塔底产品（釜残液）流量，kmol/h；

　　　$x_F$——原料液中易挥发组分的摩尔分数；

　　　$x_D$——馏出液中易挥发组分的摩尔分数；

　　　$x_W$——釜残液中易挥发组分的摩尔分数。

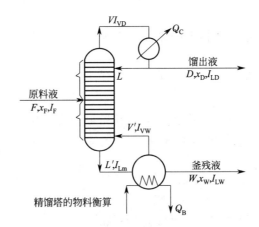

**图 6-16　精馏塔物料衡算示意图**

在精馏计算中，分离程度除用两种产品的摩尔分数表示外，有时还用回收率表示。
塔顶易挥发组分的回收率：

$$\eta_D=\frac{Dx_D}{Fx_F}\times100\% \tag{6-4}$$

塔底难挥发组分的回收率：

$$\eta_W=\frac{W(1-x_W)}{F(1-x_F)}\times100\%$$

【**例题 6-1**】　每小时将 15000kg 含苯 40% 和甲苯 60% 的溶液，在连续精馏塔中进行分离，要求釜底残液中含苯不高于 2%（以上均为质量分数），塔顶馏出液的回收率为 97.1%，操作压力为 101.3kPa。试求馏出液和釜底残液的流量及组成，以千摩尔流量及摩尔分数表示。

**解**　苯的分子量为 78，甲苯的分子量为 92。

$$x_F=\frac{40/78}{40/78+60/92}=0.44,\ x_W=\frac{2/78}{2/78+98/92}=0.0235$$

原料液平均分子量：$M_F = 0.44 \times 78 + 0.56 \times 92 = 85.8$

$$F = 15000/85.5 = 175(kmol/h)$$

由 $Dx_D/Fx_F = 0.971$ 得：$Dx_D = 0.971 \times 175 \times 0.44$

$$D + W = 175kmol/h$$

$$Dx_D + 0.0235W = 175 \times 0.44$$

解得：

$$W = 95kmol/h$$

$$D = 80kmol/h$$

$$x_D = 0.935$$

### 6.2.1.2　操作线方程式

前面已介绍理论板的概念，离开理论板上气液两相组成 $y_n$ 与 $x_n$ 之间满足相平衡关系，那么，在精馏塔内相邻两层塔板之间的气液相组成之间是怎样的呢？即任意第 $n$ 层板的下降液体组成 $x_n$ 与相邻下一层板（第 $n+1$ 层板）的上升蒸气组成 $y_{n+1}$ 之间是什么关系？这些关系是求取精馏塔塔高和塔径的基础。

$y_{n+1}$ 与 $x_n$ 之间的关系是由精馏操作条件决定的，是在恒摩尔流假设的基础上通过物料衡算后可得到。

（1）恒摩尔流假设　为简化精馏塔的计算，通常在塔内引入恒摩尔流假设。恒摩尔流假设包含以下两部分含义。

① 恒摩尔上升气流　恒摩尔上升气流是指在精馏塔内，在没有中间加料（或出料）的条件下，各层板上的上升蒸气的摩尔流量相等，即：

a. 精馏段：$V_1 = V_2 = V_3 = \cdots = V =$ 常数。

b. 提馏段：$V_1' = V_2' = V_3' = \cdots = V' =$ 常数。

但两段的上升蒸气摩尔流量不一定相等。

② 恒摩尔下降液流　恒摩尔下降液流是指在精馏塔内，在没有中间加料（或出料）的条件下，各层板上的下降液体的摩尔流量相等，即：

a. 精馏段：$L_1 = L_2 = L_3 = \cdots = L =$ 常数。

b. 提馏段：$L_1' = L_2' = L_3' = \cdots = L' =$ 常数。

但两段的下降液体摩尔流量不一定相等。

显然要使上述的等式成立，在精馏塔内每块塔板上气液两相接触时，有 1kmol 的蒸气冷凝的同时，相应就必须有 1kmol 的液体汽化。只有这样，恒摩尔流假设才可能成立。为此物系必须符合以下条件：①混合物中各组分的摩尔汽化潜热相等；②各层塔板上液体因温度变化产生的显热差异可忽略不计；③塔设备保温良好，热损失可忽略不计。

在精馏生产中，有些系统能基本符合上述各项要求，塔内气液两相可认为是恒摩尔流动。

在连续精馏塔中，由于原料液不断进入塔内，因此精馏段和提馏段两者的操作关系是不相同的，下面予以分别讨论。

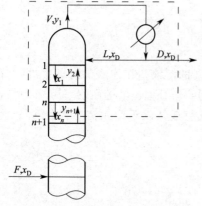

**图 6-17　精馏段操作线推导示意**

（2）精馏段操作线方程式　按图 6-17 虚线范围（包

括精馏段第 $n+1$ 层塔板以上塔段和冷凝器在内）作物料衡算，以单位时间为基准。

由总物料衡算得：
$$V=L+D \qquad (6-5)$$

式中　$V$——精馏段内每块塔板上升蒸气的流量，kmol/h；

　　　$L$——精馏段内每块塔板下降液体（回流）的流量，kmol/h；

　　　$D$——塔顶产品（馏出液）的流量，kmol/h。

由易挥发组分的物料衡算得：
$$Vy_{n+1}=Lx_n+Dx_D \qquad (6-6)$$

式中　$y_{n+1}$——精馏段第 $n+1$ 块塔板上升蒸气中易挥发组分的摩尔分数；

　　　$x_n$——精馏塔第 $n$ 块塔板下降液体中易挥发组分的摩尔分数；

　　　$x_D$——馏出液中易挥发组分的摩尔分数。

将式(6-5)代入式(6-6)得：
$$y_{n+1}=\frac{L}{L+D}x_n+\frac{D}{L+D}x_D \qquad (6-7)$$

上式右边两项的分子分母同除以塔顶产品量 $D$：
$$y_{n+1}=\frac{L/D}{L/D+D/D}x_n+\frac{D/D}{L/D+D/D}x_D$$

令 $R=\dfrac{L}{D}$（$R$ 称为回流比），则得：
$$y_{n+1}=\frac{R}{R+1}x_n+\frac{1}{R+1}x_D \qquad (6-8)$$

式(6-7)和式(6-8)称为精馏段的操作线方程，它们都表示了在一定的操作条件下，精馏段内自任意的第 $n$ 层板的下降液体组成 $x_n$ 与其相邻的下一层塔板即第 $n+1$ 层板上的上升蒸气组成 $y_{n+1}$ 之间的关系。根据恒摩尔流假设，$L$ 为定值，且在连续稳定操作时 $R$、$D$、$x_D$ 均为定值，因此，该式为直线方程，即在 $x$-$y$ 图中为一直线，直线的斜率为 $R/(R+1)$，截距为 $x_D/(R+1)$。

（3）提馏段操作线方程式　在图 6-18 虚线范围内（包括提馏段第 $m$ 层塔板以下的塔段和再沸器在内）作物料衡算，以单位时间为基准。

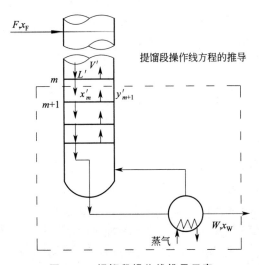

**图 6-18　提馏段操作线推导示意**

总的物料衡算：

$$L' = V' + W \qquad (6\text{-}9)$$

式中　$L'$——提馏段中每块塔板下降液体的流量，kmol/h；

　　　$V'$——提馏段中每块塔板上升蒸气的流量，kmol/h；

　　　$W$——塔底产品（残液）的流量，kmol/h。

由易挥发组分的物料衡算得：

$$L'x'_m = V'y'_{m+1} + Wx_W \qquad (6\text{-}10)$$

式中　$x'_m$——提馏段第 $m$ 块塔板下降的液体中易挥发组分的摩尔分数；

　　　$y'_{m+1}$——提馏段第 $m+1$ 块塔板上升的蒸气中易挥发组分的摩尔分数；

　　　$x_W$——残液中易挥发组分的摩尔分数。

将式(6-9)代入式(6-10)，整理得：

$$y'_{m+1} = \frac{L'}{L'-W}x'_m - \frac{W}{L'-W}x_W \qquad (6\text{-}11)$$

式(6-11)称为提馏段的操作线方程，它表示了在一定的操作条件下，提馏段内自任意的第 $m$ 层板的下降液体组成 $x'_m$ 与其相邻的下一层塔板即第 $m+1$ 层板上的上升蒸气组成 $y'_{m+1}$ 之间的关系。根据恒摩尔流假设，$L'$ 为定值，且在连续稳定操作时，$W$、$x_W$ 均为定值，因此，该式为直线方程，即在 $x$-$y$ 图中为一直线，直线的斜率为 $L'/(L'-W)$，截距为 $-Wx_W/(L'-W)$。

提馏段的下降液体流量 $L'$ 不如精馏段 $L$ 易求得，$L'$ 除了与 $L$ 有关外还与进料量及其受热状况有关。如饱和液体进料时，$L'=L+F$。

【**例题 6-2**】　分离例题 6-1 的溶液时，若进料为泡点液体（$L'=L+F$），所用回流比为 2，试求精馏段和提馏段操作线方程式，并写出其斜率和截距。

**解**　（1）精馏段操作线方程式为：

$$y_{n+1} = \frac{R}{R+1}x_n + \frac{1}{R+1}x_D$$

$$R = 2, x_D = 0.935$$

$$y_{n+1} = \frac{2}{2+1}x_n + \frac{0.935}{2+1}$$

$$= 0.667x_n + 0.312$$

精馏段的斜率为 0.667，截距为 0.312。

（2）提馏段操作线方程为：

$$y' = \frac{L'}{L'-W}x'_m - \frac{W}{L'-W}x_W$$

$$F = 175\text{kmol/h}, W = 95\text{kmol/h}, L = RD = 2 \times 80 = 160(\text{kmol/h}), x_W = 0.0235$$

$$y' = 1.4x'_m - 0.0093$$

提馏段操作线斜率为 1.4，截距为 -0.0093。

### 6.2.1.3　进料状况的影响

在生产实际中，引入塔内的进料可能有五种不同的状况：①低于泡点的冷液体；②饱和液体（泡点）进料；③气液混合物；④饱和蒸气；⑤过热蒸气。

用示意图说明五种进料方式：设以 $q$ 代表各种状况下进料的液相分率（也称为进料热状况参数），即若进料量为 $F$，则提馏段的液体流量将比精馏段的液体流量增加 $qF$，于是：

$$L' = L + qF$$

即
$$q = \frac{L' - L}{F} \qquad (6\text{-}12)$$

式中　$q$——进料中的液相分率；

$F$——引入精馏塔的原料液流量。

① 饱和液体（泡点）进料（图 6-19）　塔中液体和蒸气都呈饱和状态，即沸腾状态，且进料板上、下处的温度及气、液相组成各自都比较接近，故 $I_V \approx I_V'$ $I_L \approx I_L'$。

$$L' = L + F, \quad V' = V$$

由于泡点进料，原料液温度与板上液体相近，可视为传热、传质量相等。

② 饱和蒸气进料（图 6-20）：

$$L = L', \quad V = V' + F$$

显然，对于饱和液体进料（泡点进料），$q = 1$，$L' = L + F$；对于饱和蒸气进料（露点进料），$q = 0$，$L' = L$。

如果进料是其他情况，则问题复杂些。

③ 气液混合物进料（图 6-21）：

$$L' = L + F_L, \quad V = V' + F_V, \quad q = L' - L/F = F_L/F$$

若为气液混合进料，则 $q$ 就应在 0～1 之间：$0 < F_L$，$0 < F$，故 $q > 0$；$F_L < F$。故 $q < 1$。故 $0 < q < 1$。

④ 低于泡点的冷液体进料（图 6-22）　由于进料温度低于泡点温度，所以要由提馏段上升的蒸气把进料加热到泡点温度，而蒸气则被冷凝为部分液体随料液一块下流到提馏段。

$$L' > L + F, \quad V' < V$$

因为 $L' - L > F$，故 $q > 1$。

⑤ 过热蒸气进料（图 6-23）　因为过热蒸气温度高于进料板的泡点温度，所以过热蒸气要释放部分显热，使精馏段下降的液体部分汽化与提馏段上升的气体混合一块进入精馏段。

因为 $V > V' + F$，$L' > L$，故 $q < 0$。

进料热状态见图 6-24。

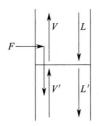

**图 6-19　饱和液体（泡点）进料**

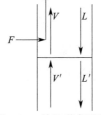

**图 6-20　饱和蒸气进料**

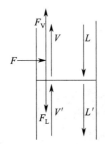

**图 6-21　气液混合物进料**

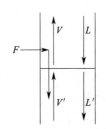

**图 6-22　冷液体进料**

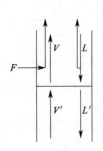

图 6-23 过热蒸气进料

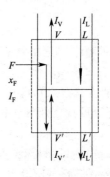

图 6-24 进料热状况

### 6.2.1.4 液化分率 q 的求法

对加料板进行物料衡算与热量衡算可进一步导出如下关系:

$$q = \frac{I_V - I_F}{r_m} \tag{6-13}$$

（1）物料衡算 进加料板量＝出加料板量（连续稳定）:

$$F + V' + L = V + L' \tag{6-14}$$

上式为通式,对五种进料方式中任一种均成立。

$$V' - V = L' - F - L$$

由于塔中液体和蒸气都呈饱和状态（指各层塔板气液均为此）,且进料板上下处的温度及气液相组成各自都比较相近,由定义:

$$\frac{L' - L}{F} = q$$

因为 $I = f$（物质,温度）,进料板上下处的温度及气液相组成各自都比较相近,故:

$$I_V \approx I'_V,\ I_L \approx I'_L$$

$$I = r_m = x_F r_{轻} + (1 - x_F) r_{重}$$

（2）对进料板作热量衡算

$$F I_F + V' I_V + L I_L = V I_V + L' I_L \tag{6-15}$$

整理式（6-15）得: $\quad (V - V') I_V = F I_F - (L' - L) I_L \tag{6-16}$

将式（6-14）变成: $\quad V - V' = F - (L' - L)$

代入式（6-16）中得: $\quad [F - (L' - L)] I_V = F I_F - (L' - L) I_L$

$$F(I_V - I_F) = (L' - L)(I_V - I_L) \quad 或 \quad \frac{I_V - I_F}{I_V - I_L} = \frac{L' - L}{F} \tag{6-17}$$

因此: $\qquad q = \frac{I_V - I_F}{I_V - I_L} = \frac{L' - L}{F}$

$$q = \frac{I_V - I_F}{I_V - I_L} = \frac{1kmol\ 进料变为饱和蒸气所需要的热量}{原料液的汽化潜热} = \frac{I_V - I_F}{r_m}$$

$$I_V - I_L = r_m$$

式中, $r_m$ 为按进口物料计算的平均潜热; $q$ 为进料热状况参数。

各种进料热状况均可以用式（6-14）计算,可写成 $L' - L = qF$。

式（6-14）可写成 $L' = F + V' + L - V$,与 $L' - L = qF$ 对比得:

$$V = V' - (q - 1)F \tag{6-18}$$

即提馏段操作线方程也可写为：

$$y'_{m+1} = \frac{L+qF}{L+qF-W}x'_m - \frac{W}{L+qF-W}x_W \tag{6-19}$$

式中，$q$ 为进料热状况参数。

### 6.2.1.5 冷凝器冷却介质、再沸器加热剂用量的确定

对连续精馏装置进行热量衡算，可以求得冷凝器和再沸器的热负荷以及冷却介质和加热介质消耗量，并为设计这些换热设备提供基本数据。

（1）冷凝器冷却介质的确定（全凝器） 以单位时间（1h）为基准，并忽略热损失，则：

$$Q_c = VI_{VD} - (LI_{LD} + DI_{LD}) \tag{6-20}$$
$$V = L + D = (R+1)D \tag{6-21}$$

对全凝器进行热量衡算：

$$出全凝器的热量 = Q_c + LI_{LD} + DI_{LD}$$

$$进全凝器的热量 = VI_{VD}$$

对全凝器进行物料衡算： $V = L + D = (R+1)D$

将式(6-21) 代入式(6-20) 可整理得：

$$Q_c = (R+1)D(I_{VD} - I_{LD}) = V(I_{VD} - I_{LD})$$

式中 $Q_c$——全凝器的热负荷（热负荷为全凝器传出去的热量，$Q_c = Q_放 = Q_吸 + Q_损$），kJ/h；

$I_{VD}$——塔顶上升蒸气的焓，kJ/kmol；

$I_{LD}$——塔顶馏出液的焓，kJ/kmol。

冷却介质消耗量可按下式计算：

$$W_c = \frac{Q_c}{C_{pc}(t_2 - t_1)} \tag{6-22}$$

式中 $W_c$——冷却介质消耗量，kg/h；

$C_{pc}$——冷却介质的比热容，kJ/(kg·℃)；

$t_1$，$t_2$——冷却介质在冷凝器进、出口处的温度，℃。

忽略热损失，$Q_放 = Q_吸$，$Q_吸 = Q_c$（塔顶温度相对塔釜温度低一些，故 $Q_L = 0$），如有热损失，$Q_吸 + Q_损 = Q_c$ 或 $Q_放 = Q_c$。

（2）再沸器加热剂用量的确定 以单位时间（1h）为基准，对再沸器进行热量衡算：

$$进再沸器热能 = Q_B + L'I_{LM}$$

$$出再沸器热能 = V'I_{VW} + WI_{LW} + Q_L$$

式中，$Q_L$ 为再沸器热损失，kJ/h。

$$Q_进 = Q_出 \quad （能量衡算）$$

对再沸器进行物料衡算：$V' = L' - W$

$$Q_B = V'I_{VW} + WL_{LW} - L'I_{LM} + Q_L$$

加热介质消耗量： $$Q_放 = Q_传$$
$$Q_B = W_h(I_{B_1} - I_{B_2})$$

$$W_h = \frac{Q_B}{I_{B_1} - I_{B_2}} \tag{6-23}$$

式中 $W_h$——加热介质消耗量，kg/h；

$I_{B_1}$，$I_{B_2}$——加热介质进、出再沸器的焓，kJ/kg。

若用饱和蒸汽加热，且冷凝液在饱和温度下排出，则加热蒸汽消耗量可按下式计算：

$$W_h = \frac{Q_B}{r} \tag{6-24}$$

式中，$r$ 为加热蒸汽的汽化潜热，kJ/kg。

应予指出，再沸器的热负荷也可以通过全塔的热量衡算求得。

## 6.2.2 精馏塔塔高的确定

本任务中采用板式精馏塔进行操作，那么在板式塔的选择和初步设计中，其中很重要的一环就是塔高和塔径的确定。

对于板式塔，其塔高的计算公式为：

$$H = N_P h \tag{6-25}$$

式中　$H$——板式塔高度，m；

　　$N_P$——实际塔板数，$N_P = \dfrac{N_T}{\eta}$；

　　$\eta$——总板（全塔）效率；

　　$N_T$——理论塔板数；

　　$h$——板间距，m。

对于板式精馏塔，先计算理论塔板数，再利用塔板效率将理论塔板数折算成实际塔板数，然后再由实际塔板数和板间距（指相邻两层板之间的距离，可取经验值）确定塔高。

对于填料塔，由理论塔板数和等板高度乘积即可求得填料层的高度。

此处重点介绍板式塔塔高的确定。

### 6.2.2.1 理论塔板数 $N_T$ 的求取

求取理论塔板数的常用方法有三种：逐板计算法、图解法和简捷法。求算理论塔板数时可利用：①气液相平衡关系；②相邻两板之间气液两相组成之间的操作关系。

（1）逐板计算法　逐板计算法中利用的平衡关系是气液相平衡方程（$\alpha$ 为相对挥发度）：

$$y = \frac{\alpha x}{1 + (\alpha - 1)x} \tag{6-26}$$

逐板计算法中利用的操作关系是：

精馏段的操作线方程：　　$y_{n+1} = \dfrac{R}{R+1} x_n + \dfrac{1}{R+1} x_D \tag{6-27}$

提馏段的操作线方程：$y'_{m+1} = \dfrac{L + qF}{L + qF - W} x'_m - \dfrac{W}{L + qF - W} x_W \tag{6-28}$

如图 6-25 所示，若塔顶采用全凝器，从塔顶最上层塔板（第 1 层板）上升的蒸气进入冷凝器中被全部冷凝，因此塔馏出液组成及回流液组成均与第 1 层板的上升蒸气组成相同，即 $y_1 = x_D$（$x_D$ 为已知值）。

因为是理论板，离开每层理论板的气液相组成是互成平衡的，故可由 $y_1$ 用气液平衡方程 [式(6-26)] 求得 $x_1$。

由于从下一层塔板（第 2 层塔板）上升的蒸气组成 $y_2$ 与 $x_1$ 符合精馏段的操作关系，

故用精馏段的操作线方程可由 $x_1$ 求得 $y_2$，

即 $y_2 = \dfrac{R}{R+1}x_1 + \dfrac{1}{R+1}x_D$。

同理，$y_2$ 与 $x_2$ 互成平衡，即可用平衡方程由 $y_2$ 求 $x_2$，以及再用精馏段操作线方程由 $x_2$ 求 $y_3$，如此重复计算，直到 $x_n < x_q$ 为止（$x_q$ 为精馏段操作线与提馏段操作线交点的横坐标，也就是精馏段方程与提馏段方程组的解的 $x$ 值。饱和液体进料时 $x_q = x_F$），说明第 $n$ 块板是加料板，因此精馏段的理论塔板数为 $n-1$。第 $n$ 块板是加料板，也是提馏段的第 1 块板。

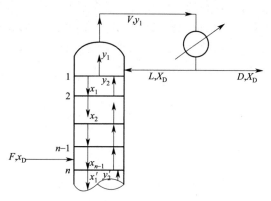

图 6-25　逐板计算分析图

当计算到 $x_n < x_q$ 后，改用提馏段操作线方程继续逐板向下计算，来确定提馏段理论塔板数，直到 $x_m' \leqslant x_W$（$x_W$ 为塔底产品残液的组成）为止。

应予注意：在计算过程中，每使用一次平衡关系，表示需要一块理论板。

由于物料在再沸器中停留时间较长，离开再沸器的气液两相已达平衡，它起到了一块理论板的分离效果，所以，第 $m$ 块理论板就是再沸器，因此塔内的提馏段的理论塔板数为 $m-1$ 块。

逐板计算过程示意图见图 6-26。

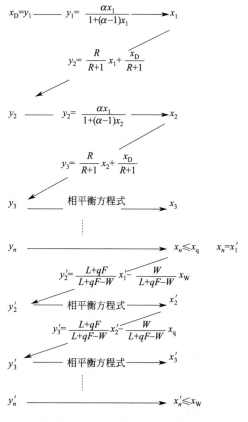

图 6-26　逐板计算过程示意图

**【例题 6-3】** 在一常压连续精馏塔中分离含苯 44％的苯-甲苯混合液，要求塔顶产品中含苯 97.4％以上，塔底产品中含苯 2.35％以下（以上均为摩尔分数）。采用的回流比 $R=2$。试求下列两种进料状况下的理论加料板位置和所需的理论塔板数。

(1) 饱和液体进料；

(2) 20℃冷液进料。

已知：苯-甲苯混合液的平均相对挥发度为 2.47；20℃冷液进料时，进料的热状况参数 $q$ 为 1.36。

**解** (1) 饱和液体进料时：

苯-甲苯的气液相平衡方程为：$y=\dfrac{2.47x}{1+(2.47-1)x}=\dfrac{2.47x}{1+1.47x}$      A

精馏段操作线方程为：$y=\dfrac{R}{R+1}x+\dfrac{1}{R+1}x_D=\dfrac{2}{3}x+0.325$      B

提馏段操作线方程为：$\qquad y=1.428x-0.0101$      C

将方程 B 和方程 C 联立求解得：

$$\begin{cases} x=0.44 \\ y=0.6183 \end{cases}, \text{亦即} \begin{cases} x_q=0.44 \\ y_q=0.6183 \end{cases}$$

逐板计算结果如下：

$$y_1=0.9740, \ x_1=0.9381$$
$$y_2=0.9504, \ x_2=0.8858$$
$$y_3=0.9155, \ x_3=0.8143$$
$$y_4=0.8679, \ x_4=0.7268$$
$$y_5=0.8095, \ x_5=0.6324$$
$$y_6=0.7466, \ x_6=0.5440$$
$$y_7=0.6877, \ x_7=0.4713$$
$$y_8=0.6392, \ x_8=0.4177<x_q=0.44$$

说明第 8 块板为理论加料板。

$$y_9=0.5864, \ x_9=0.3647$$
$$y_{10}=0.5107, \ x_{10}=0.2970$$
$$y_{11}=0.4140, \ x_{11}=0.2224$$
$$y_{12}=0.3075, \ x_{12}=0.1524$$
$$y_{13}=0.2075, \ x_{13}=0.0958$$
$$y_{14}=0.1267, \ x_{14}=0.0555$$
$$y_{15}=0.0684, \ x_{15}=0.0289$$
$$y_{16}=0.0312, \ x_{16}=0.0129<x_W=0.0235$$

总共用了 16 次平衡关系，故共需 16 块理论板（包括再沸器）。

(2) 20℃冷液进料时：

苯-甲苯的气液相平衡方程为：$y = \dfrac{2.47x}{1+(2.47-1)x} = \dfrac{2.47x}{1+1.47x}$ 　　　　D

精馏段操作线方程为：$y = \dfrac{R}{R+1}x + \dfrac{1}{R+1}x_D = \dfrac{2}{3}x + 0.325$ 　　　　E

提馏段操作线方程为：$\quad\quad y = 1.338x - 0.00794$ 　　　　F

将方程 E 和方程 F 联立求解得：

$$\begin{cases} x = 0.497 \\ y = 0.657 \end{cases}, \text{亦即} \begin{cases} x_q = 0.497 \\ y_q = 0.657 \end{cases}$$

逐板计算结果如下：

$$y_1 = 0.9740, \ x_1 = 0.9381$$
$$y_2 = 0.9504, \ x_2 = 0.8858$$
$$y_3 = 0.9155, \ x_3 = 0.8143$$
$$y_4 = 0.8679, \ x_4 = 0.7268$$
$$y_5 = 0.8095, \ x_5 = 0.6324$$
$$y_6 = 0.7466, \ x_6 = 0.5440$$
$$y_7 = 0.6877, \ x_7 = 0.4713 < x_q = 0.497$$

说明第 7 块板为理论加料板。

$$y_8 = 0.6227, \ x_8 = 0.4005$$
$$y_9 = 0.5279, \ x_9 = 0.3116$$
$$y_{10} = 0.4090, \ x_{10} = 0.2189$$
$$y_{11} = 0.2849, \ x_{11} = 0.1389$$
$$y_{12} = 0.1779, \ x_{12} = 0.0806$$
$$y_{13} = 0.0999, \ x_{13} = 0.0430$$
$$y_{14} = 0.0496, \ x_{14} = 0.0207 < x_W = 0.0235$$

共需 14 块理论板（包括再沸器）。

（2）图解法　图解法求理论塔板数的依据与逐板计算法完全相同，只不过是用相平衡曲线和操作线分别代替气液相平衡方程和操作线方程，用图解代替方程的求解。图解法中以 $y$-$x$ 图解法最为常用。

图解法步骤如下：

① 在 $y$-$x$ 图上作出相平衡线和对角线。

② 在 $y$-$x$ 图上作精馏段操作线 $ab$。

精馏段操作线作法：

由于精馏段操作线 $y = \dfrac{R}{R+1}x + \dfrac{x_D}{R+1}$ 的斜率 >1，与对角线 $y = x$ 斜率不等，则精馏段操作线与对角线不平行，则必然相交，而且公共解由交点坐标联立解得。

精馏段操作线与对角线的交点：$x = x_D$，$y = x_D$。

解出 $\dfrac{x_D}{R+1}$，可定出操作线与 $y$ 轴的交点即图中 $b$ 点。连接 $a$、$b$ 两点，便是精馏段操作线（图 6-27）。

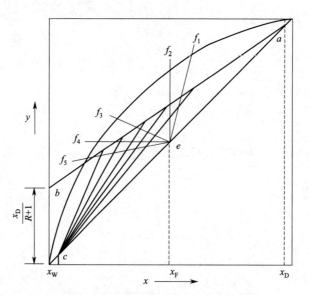

**图 6-27　不同进料状况下进料热状况示意图**

③ 在 $y$-$x$ 图上作提馏段操作线 $cd$。

a. 找 $c$ 点，$c$ 点是提馏段操作线与对角线的交点。

由于提馏段操作线 $y=\dfrac{L+qF}{L+qF-W}x-\dfrac{W}{L+qF-W}x_W$ 的斜率<1，与对角线 $y=x$ 斜率不等，则提馏段操作线与对角线不平行，则必然相交，交点用 $c$ 表示，$c$ 点的坐标是联立后方程组的解，$x=x_W$，$y=x_W$。

b. 找 $d$ 点，$d$ 点是提馏段操作线与精馏段操作线的交点。

因为精馏段操作线的斜率>1，提馏段操作线的斜率<1，所以两操作线不平行，则必然有交点，用 $d$ 表示。

当两操作线方程已知时，$d$ 点的坐标就是两方程联立后的解。

由于提馏段操作线方程 $y=\dfrac{L+qF}{L+qF-W}x-\dfrac{W}{L+qF-W}x_W$ 与进料热状况 $q$ 有关，因此，$d$ 点的位置也与进料热状况 $q$ 有关。

下面我们来分析 $d$ 点的位置与进料热状况之间的关系。

将精馏段和提馏段两操作线联立：

$$y=\frac{L}{L+D}x+\frac{D}{L+D}x_D$$

$$y=\frac{L+qF}{L+qF-W}x-\frac{W}{L+qF-W}x_W$$

分别整理得：
$$L(y-x)=D(x_D-y)$$
$$L(y-x)=qF(x-y)+W(y-x_W)$$
$$D(x_D-y)=qF(x-y)+W(y-x_W)$$

再整理得：
$$qFy-(D+W)y=qFx-(Dx_D+Wx_W)$$
$$D+W=F（全塔物料衡算）$$
$$Dx_D+Wx_W=Fx_F（全塔易挥发组分物料衡算）$$
$$qFy-Fy=qFx-Fx_F$$

各项同除以 $F$，最终整理得：$y = \dfrac{q}{q-1}x - \dfrac{x_F}{q-1}$　　　　　　　　　　　　　(6-29)

式(6-29) 称 $q$ 线方程或进料线方程。

$q$ 线上所有点是精馏段操作线与提馏段操作线交点的轨迹，故精馏段操作线与 $q$ 线的交点也一定在提馏段操作线上。

由于 $q$ 线方程的斜率 $\dfrac{q}{q-1}$ 不等于1，故进料线与对角线必然有交点 $e$。

将 $q$ 线方程与对角线方程联立，解得交点 $e$ 坐标为 $x = x_F$，$y = x_F$。

从 $e$ 点作斜率为 $\dfrac{q}{q-1}$ 的直线，如图 6-27 中的 $ef$ 线，就是进料线。$ef$ 线与 $ab$ 线交于 $d$ 点，点 $d$ 即为精馏段操作线与提馏段操作线的交点。

根据进料热状况，作出不同斜率的五种类型的直线，如图 6-27 所示。

不同进料热状况对 $q$ 值和进料线的影响如表 6-1 所示。

表 6-1　不同进料热状况情况

| 进料热状况 | 进料的焓 $I_F$ | $q = \dfrac{I_V - I_F}{I_V - I_L}$ | $q$ 线的斜率 $\dfrac{q}{q-1}$ | $q$ 线在 $y$-$x$ 图上的位置 |
| --- | --- | --- | --- | --- |
| 冷液体 | $I_F < I_L$ | $>1$ | $+$ | $ef_1$（↗向上偏右） |
| 饱和液体 | $I_F = I_L$ | $1$ | $\infty$ | $ef_2$（↑垂直向上） |
| 气液混合物 | $I_L < I_F < I_V$ | $0 < q < 1$ | $-$ | $ef_3$（↖向上偏左） |
| 饱和蒸气 | $I_F = I_V$ | $0$ | $0$ | $ef_4$（←水平线） |
| 过热蒸气 | $I_F > I_V$ | $<0$ | $+$ | $ef_5$（↙向下偏左） |

c. 连接 $cd$，$cd$ 线即为提馏段操作线。

提馏段操作线的作图步骤总结：在对角线上找 $c$ 点（$x = x_W$，$y = x_W$）；在对角线上找 $e$ 点（$x = x_F$，$y = x_F$）；过 $e$ 点作斜率为 $\dfrac{q}{q-1}$ 的 $ef$ 线；找 $ef$ 线与 $ab$ 线的交点 $d$；连接 $c$ 点和 $d$ 点，所得直线 $cd$ 即为提馏段操作线。

④ 图解求理论塔板数　用图解法求理论塔板数步骤如下（图 6-28）：

a. 从 $a$ 点开始在精馏段操作线和平衡线之间作水平线和垂线组成的梯级，当梯级跨过点 $d$，改在平衡线和提馏段操作线之间画梯级，直至梯级跨过 $c$ 点为止。每一级水平线表示应用一次气液相平衡关系，即代表一块理论板，每一根垂线表示应用一次操作线关系，梯级的总数即为理论板总数。由于塔釜作为一块理论板，因此，理论板总数为总梯级数减去1。

b. 图中 1 点表示气相浓度 $y_1$ 与液相浓度 $x_1$ 互成平衡，相当于逐板计算法中使用一次平衡关系，由 $y_1$ 求 $x_1$，因此代表一块理论板，再由 1 点引垂线与操作线相交于 $1'$ 点，$1'$ 点即为离开第一块板的液相浓度 $x_1$ 与来自下一块板（第二板）的气相浓度 $y_2$ 之间的关系（即操作线所表示的关系），相当于逐板计算法中利用一次操作线方程式由 $x_1$ 求 $y_2$。继续由 $1'$ 点引水平线与平衡线交于 2 点，相当于逐板计算法又用一次平衡关系由 $y_2$ 求 $x_2$，故又代表一块理论板。

综上所述：

① 每个梯级的水平线代表两相邻理论板的液相推动力；竖直线代表两相邻理论板的气相推动力。

② 平衡线上的点代表每块板上气相平衡时，轻组分气液相组成关系。操作线上的点代

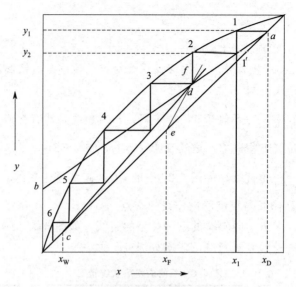

**图 6-28　图解法求理论塔板数**

表上下两块理论板之间操作时，轻组分气液相组成关系。

图解法基于塔内恒摩尔流假设。上下两块板间液相推动力或气相推动力，即以实际浓度与平衡浓度之间差值表示。

**【例题 6-4】**　需用一常压连续精馏塔分离含苯 40% 的苯-甲苯混合液，要求塔顶产品含苯 97% 以上，塔底产品含苯 2% 以下（以上均为质量分数）。采用的回流比 $R=3.5$。试求下述两种进料状况时的理论塔板数：（1）饱和液体；（2）20℃液体。

**解**　应用图解法：由于相平衡数据是用摩尔分数，故需将各个组成从质量分数换算成摩尔分数。换算后得到：$x_F=0.44$，$x_D \geqslant 0.974$，$x_W \leqslant 0.0235$。

现按 $x_D=0.974$，$x_W=0.0235$ 进行图解。

（1）饱和液体进料

① 在 $y$-$x$ 图上作出苯-甲苯的平衡线和对角线（图 6-29）：

② 在对角线上定点 $a(x_D, y_D)$、点 $e(x_F, y_F)$ 和点 $c(x_W, y_W)$ 三点。

③ 绘精馏段操作线　依精馏段操作线截距 $=x_D/R+1=0975/3.5+1=0.217$，在 $y$ 轴上定出点 $b$，连 $a$、$b$ 两点间的直线即得，如图 6-29 中 $ab$ 直线所示。

④ 绘 $q$ 线　对于饱和液体进料，$q$ 线为通过点 $e$ 向上作垂线，如图 6-29 中 $ef$ 直线所示。

⑤ 绘提馏段操作线　将 $q$ 线与精馏段操作线的交点 $d$ 与点 $c$ 相连即得，如图 6-29 中 $dc$ 直线所示。

⑥ 绘梯级线　自图 6-29 中点 $a$ 开始在平衡线与精馏操作线之间绘梯级，跨过点 $d$ 后改在平衡线与提馏线之间绘梯级，直到跨过 $c$ 点为止。

由图中的梯级数得知，全塔理论塔板数共 12 层，减去相当于 1 块理论板的再沸器，共需 11 层，其中精馏段理论塔板数为 6，提馏段理论塔板数为 5，自塔顶往下数第 7 层理论塔板为加料板。

（2）20℃冷液加料　①、②、③项与上述解法相同，其结果如图 6-30 所示。

④ 绘 $q$ 线　20℃冷液进料状况下 $q=1.36$，$q/(q-1)=3.78$。过 $e$ 点作斜率为 3.78 的直线即得 $q$ 线，$q$ 线与精馏段操作线交于 $d$ 点。

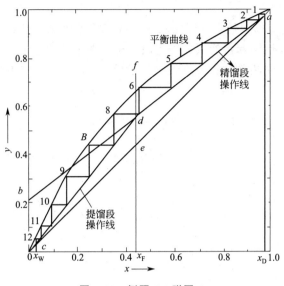

图 6-29    例题 6-4 附图 1

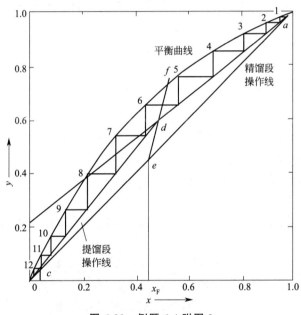

图 6-30    例题 6-4 附图 2

⑤ 绘提馏段操作线    连 $dc$ 即得图 6-30 中所示 $dc$ 直线。

⑥ 依图解法绘梯级    仍从 $a$ 点起作梯级，可知全塔理论塔板数共 12 层，减去再沸器相当的 1 层理论板，共需 11 层，其中精馏段理论塔板数为 5，提馏段理论塔板数为 6，自塔顶往下数第 6 层理论塔板为加料板。

### 6.2.2.2    板效率和实际塔板数

对于工程上实际使用的精馏塔板，由于有限的接触时间和塔板结构的限制，因此离开塔板的气液两相是不可能达到平衡状态的，也就是说实际塔板的分离效果，不如理论塔板好，因此，完成一定分离任务所需的实际塔板数肯定比理论塔板数要多。实际塔板与理论塔板分离效果的差异可用塔板效率来反映。塔板效率有单板效率和总板效率（全塔效率）之分，下面分别介绍。

(1) 单板效率 $E_M$　单板效率（图 6-31）又称默弗里效率，是针对某一块板而言的，它是以气相（或液相）经过实际板的组成变化值与经过理论板的组成变化值之比来表示的。对于任意的第 $n$ 块塔板，单板效率可分别按气相组成及液相组成的变化来表示。

全回流时：$y_{n+1}=x_n$，$ABC$ 是理论板，$A'B'C$ 是实际板。

$$E_{MV}=\frac{y_n-y_{n+1}}{y_n^*-y_{n+1}}=\frac{B'C}{BC}$$

即

$$E_{ML}=\frac{x_{n-1}-x_n}{x_{n-1}-x_n^*}=\frac{A'B'}{A'B''}=\frac{A'B'}{AB}$$

(6-30)

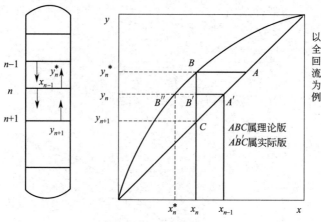

图 6-31　单板效率 $E_M$

式中　$y_n^*$——与 $x_n$ 呈平衡的气相中易挥发组分的摩尔分数；

　　　$x_n^*$——与 $y_n$ 呈平衡的液相中易挥发组分的摩尔分数；

　　$E_{MV}$——气相组成表示的默弗里效率；

　　$E_{ML}$——液相组成表示的默弗里效率。

上式表示从 $n-1$ 块板下来的液体 $x_{n-1}$ 与 $n+1$ 块板上去的气体组成为 $y_{n+1}$ 的蒸气在 $n$ 块板相遇：

液体：$x_{n-1}\rightarrow x_n^*$，$A'B''$（理论板）（$x_n^*$，$y_n$）在平衡线上。

　　　$x_{n-1}\rightarrow x_n$，$A'B'$（实际板）（$x_n$，$y_{n+1}$）在操作线上。

气体：$y_{n+1}\rightarrow y_n^*$，$CB$（理论板）（$x_n$，$y_n^*$）在平衡线上。

　　　$y_{n+1}\rightarrow y_n$，$CB'$（实际板）（$x_{n-1}$，$y_n$）在操作线上。

平衡线上的点，反映了同一块塔板上气液相平衡的状态，如（$x_n$，$y_n^*$）。操作线上的点反映了相邻两块塔板之间气液相操作的实际状态，如（$x_n$，$y_{n+1}$）。

$y$-$x$ 相图上的水平线，反映了在上下相邻两块塔板上（从上向下）液相中易挥发组分不断减少的过程，垂直线（气相从下向上）反映了在上下相邻两块塔板上气相中易挥发组分不断增加的过程。

单板效率通常由实验测定。

(2) 全塔效率 $E$　全塔效率又称总效率，一般来说，精馏塔中各层板的单板效率并不相等，为简便起见，常用全塔效率来表示，即：

$$E = \frac{N_T}{N_P} \times 100\%$$ (6-31)

式中　$E$——全塔效率；

　　　$N_T$——理论塔板数；

　　　$N_P$——实际塔板数。

全塔效率反映塔中各层塔板的平均效率，因此它是理论塔板数的一个校正系数，其值恒小于1。

由于影响板效率的因素很多，且非常复杂，因此目前还不能用纯理论公式计算板效率。设计时一般选用经验数据，或用经验公式估算。

### 6.2.2.3　塔高的求取

$$Z = \frac{N_T}{E_T} H_T$$ (6-32)

式中　$Z$——塔高，m；

　　　$N_T$——塔内所需的理论塔板数；

　　　$E_T$——总板效率；

　　　$H_T$——塔板间距，m。

### 6.2.2.4　回流比的确定

### 📖 想一想

前面在求理论塔板数时，精馏段操作线方程中的回流比 $R$ 都已给定数值。工程上回流比 $R$ 的大小是如何确定的呢？$R$ 的数值变化，对实际生产又有什么影响呢？

回流是保证精馏操作过程能连续稳定进行的必要条件之一，在精馏操作中，回流比是影响设备费用和操作费用的一个最重要因素。在生产中，回流比的正确控制与调节，是优质、高产、低消耗的重要因素之一。

分析：对于一定的分离要求，增加回流比，使精馏段的操作线斜率增大，截距减小，操作线离平衡线远，每一梯级的水平线段和垂直线段均加长，说明每一块理论板的分离程度增大，为完成一定分离任务所需的理论塔板数减少，即塔本身的设备费用减少，但与此同时，却增加了塔内的气液负荷量，从而导致冷凝器、再沸器负荷增大，使操作费用提高，同时这些附属设备尺寸的增加又会使设备投资有所增加。反过来对于一个操作中的精馏塔，增加回流比，必然使分离能力增加，使产品的纯度提高。

回流比有两个极限值：全回流和最小回流比。

(1) 全回流（$R = \infty$）　若塔顶蒸气全部冷凝后，不采出产品，全部流回塔内，这种情况称为全回流，此时 $D = 0$，$R = \infty$。全回流时要达到给定的分离任务，所需的理论塔板数最小，以 $N_{\min}$ 表示，其值可由芬斯克方程求得：

$$N_{\min} = \frac{\lg\left[\frac{\left(\dfrac{x_A}{x_B}\right)_D}{\left(\dfrac{x_A}{x_B}\right)_W}\right]}{\lg \alpha_m}$$ (6-33)

式中　$\left(\dfrac{x_A}{x_B}\right)_D$——塔顶蒸气中易挥发组分与难挥发组分的摩尔比；

　　　$\left(\dfrac{x_A}{x_B}\right)_W$——塔釜液中易挥发组分与难挥发组分的摩尔比。

$$N_{min}=\frac{\lg\left(\dfrac{x_D}{1-x_D}\times\dfrac{1-x_W}{x_W}\right)}{\lg\alpha_m} \tag{6-34}$$

全回流时回流比达上限，不加料，也不出产品，对正常生产无实际意义，主要用于设备的开停车和调试阶段。

（2）最小回流比 $R_{min}$　回流比从全回流逐渐减小时，精馏段操作线和提馏段操作线的交点逐渐向平衡线靠近，当回流比减小到使两操作线的交点正落在平衡线上时，此时，液相和气相处于平衡状态，传质推动力为零，不论画多少梯级都不能越过交点 $e$，$e$ 点称为挟紧点，此时再多的塔板也不能起分离作用，精馏操作的分离任务无法完成。此种情况下的回流比称为最小回流比。最小回流比的求法：

①　正常的相平衡线　当有挟紧点时：$\dfrac{R_{min}}{R_{min}+1}=\dfrac{x_D-y_e}{x_D-x_e}$

变换后得：$\qquad\qquad\qquad R_{min}=\dfrac{x_D-y_e}{y_e-x_e} \tag{6-35}$

式中，$(x_e,y_e)$ 是 $q$ 线与平衡线的交点坐标，可由图6-32中读得，或由 $q$ 线方程与平衡线的方程联立求解得到。

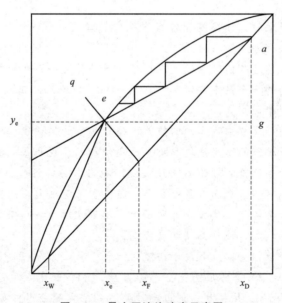

**图6-32　最小回流比确定示意图**

②　对于有恒沸点的平衡曲线　需通过相平衡图中的点 $a(x_D,x_D)$ 向平衡线作切线，再由切线的斜率求得。详细可查有关资料。

（3）最适宜回流比的选择　从上面的讨论可知，全回流和最小回流比都是无法正常生产的，实际操作回流比应介于两者之间。适宜的操作回流比是根据经济核算确定的。

精馏过程的运行成本费用包括操作费用和设备折旧费用两方面。

　　精馏过程的操作费用主要是再沸器中加热蒸汽的消耗量和冷凝器中冷却水的用量及动力消耗，在加料量和产量一定的条件下，随着 $R$ 的增加，$V$ 与 $V'$ 均增大。因此，加热蒸汽、冷却水消耗量均增加，操作费用增加。操作费用随 $R$ 的变化关系如图 6-33 中曲线 2 所示。

　　精馏装置的设备包括精馏塔、再沸器和冷凝器。当回流比取最小回流比时，需无穷多块理论板，精馏塔无限高，故设备费用无限大，增加回流比，所需的理论塔板数急剧下降，设备费用迅速回落，但随着 $R$ 又进一步增大，$V$ 和 $V'$ 加大，塔径需增加，再沸器和冷凝器的传热面积需要增加，因而辅助设备费用会增加，装置设备费随回流比的变化关系如图 6-33 中曲线 1 所示。

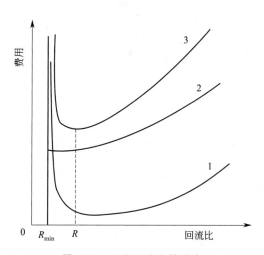

图 6-33　适宜回流比的确定

　　运行成本的总费用为装置设备折旧费用和操作费用之和，如图 6-33 中曲线 3 所示。图中操作费用及设备折旧费用之和为最小时的回流比称为最适宜回流比。由于最适宜回流比的影响因素很多，无精确的计算公式，在通常情况下，一般取适宜回流比为最小回流比的 1.1～2.0 倍，即 $R = (1.1 \sim 2.0)R_{\min}$。

## 6.2.3　塔径的确定

　　精馏塔的直径可由塔内上升气体的体积流量及其通过塔横截面的空塔线速度求出。即：

$$V_s = \frac{\pi}{4}D^2 u \ 或 \ D = \sqrt{\frac{4V_s}{\pi u}} \tag{6-36}$$

式中　$D$——精馏塔的内径，m；

　　　　$u$——空塔速度，m/s；

　　　　$V_s$——塔内上升蒸气的体积流量（操作条件下的最大体积流量），$m^3/s$。

　　空塔速度是影响精馏操作的重要因素，适宜的空塔速度求取方法与吸收中空塔速度的求取方法类似。

### 6.2.3.1　精馏段 $V_s$ 的计算

$$V = L + D = (R+1)D$$

　　式中，$V$ 的单位为 kmol/h，需按下式换算为体积流量，$m^3/s$。

$$V_s = \frac{W_S}{\rho} = \frac{nM}{\rho}$$

$$V_s = \frac{VM_m}{3600\rho_V} = \frac{(R+1)DM_m}{3600\rho_V}$$

式中　$\rho_V$——在精馏段平均操作压强和温度下的气相密度，kg/m$^3$；

　　　$M_m$——平均摩尔质量，kg/kmol。

若精馏操作压强较低时，气相可视为理想气体混合物，则：

由 $pV_s = nRT$ 得：

$$V_s = \frac{nRT}{p} = \frac{n\dfrac{p_0 V_0}{T_0}T}{p} = nV_0 \frac{Tp_0}{T_0 p} = (R+1)DV_0 \frac{Tp_0}{T_0 p} \times \frac{1}{3600}$$

$V_0 = 22.4\text{m}^3/\text{kmol}$，$T_0 = 273\text{K}$，$p_0 = 101.3\text{kPa}$。

式中　$D$——塔顶产品的摩尔流量，kmol/h；

　　　$T$——操作温度，K；

　　　$p$——操作压力，kPa。

$$V_s = (R+1)D \frac{22.4}{3600} \times \frac{Tp_0}{T_0 p} \tag{6-37}$$

式中　$T$，$T_0$——操作的平均温度和标准状况下的温度，K；

　　　$p$，$p_0$——操作的平均压力和标准状况下的压力，Pa。

### 6.2.3.2　提馏段 $V_s'$ 的计算

$$V = V' - (q-1)F$$

$$V' = V + (q-1)F$$

$$\begin{aligned}
V_s' &= \frac{V'M_m'}{3600\rho_V'} = \frac{22.4V'}{3600} \times \frac{Tp_0}{T_0 p} \\
&= \frac{22.4[V+(q-1)F]}{3600} \times \frac{Tp_0}{T_0 p} \\
&= \frac{22.4[(R+1)D+(q-1)F]}{3600} \times \frac{Tp_0}{T_0 p}
\end{aligned} \tag{6-38}$$

由于进料热状况及操作条件的不同，两段的上升蒸气体积流量可能不同，故所要求的塔径也不相同。但若两段的上升蒸气体积流量相差不太大时，为使塔的结构简化，两段应采用相同的塔径。

设计时，在 $V_s$、$V_s'$ 中选较大的，代入 $D = \sqrt{\dfrac{4V_s}{\pi u}}$ 求出 $D$，再按压力容器标准圆整后作为精馏塔的塔径。

## 任务 6.3　精馏塔的操作

 任务要求

1. 熟悉所用乙醇-水溶液精馏装置的流程及吸收设备的结构；

2. 掌握精馏设备的工作原理；

3. 熟练掌握精馏装置的开停车，掌握原料液、馏出液和残液中乙醇含量的分析方法，会排除精馏操作中的一般故障；

4. 掌握乙醇回收率计算方法，熟悉影响乙醇回收率的因素。

## 6.3.1 精馏操作原理

前已介绍精馏操作的依据是根据液体混合物中各组分的挥发能力不同，对于双组分理想溶液，把液相部分汽化，把气相部分冷凝，就能起到在液相中浓集难挥发组分，在气相中浓集易挥发组分的作用，最终可以得到纯度很高的易挥发组分和纯度很高的难挥发组分，从而达到分离提纯的目的。它是建立在物料平衡和热量平衡的基础上。因此，这两个平衡是保证精馏操作的必要条件。

精馏操作分全回流操作和部分回流操作两大阶段，本任务以乙醇-水溶液精馏为例进行介绍。

### 6.3.1.1 全回流操作

全回流阶段不进料、不出料，主要是在塔内建立一个动态的气液相平衡体系；部分回流有原料加入，并融入已建立的平衡，以保证达到一定的产品质量。

塔釜中先配制好足量的一定浓度的乙醇-水混合液，通过再沸器加热产生上升的蒸气流，蒸气在上升的过程中温度不断降低，其中的难挥发组分就越来越易液化，加之塔顶部的全凝器、馏出罐的共同作用形成了下降的液体流。

其中上升的蒸气流通过各塔板的筛孔，与板上富集的液层实现传质、传热，其难挥发组分逐渐移动到液相中，直至从塔顶进入全凝器后全部液化为液体。

下降的液相组分由全凝器流入馏出罐富集、缓冲后，经回流泵送回塔顶，在重力作用下顺流而下，通过降液管流至各塔板，并由于溢流堰的存在在板上形成一层液相层，与通过筛孔上升来的气相错流接触。由于存在温度差和浓度差，气液两相在塔板上密切接触进行传质和传热，结果会使离开该板的气液两相温度相同，互为平衡（此为理论板，实际难以达到）。精馏塔中每层板上都进行着与上述相似的过程，其结果是上升蒸气中易挥发组分浓度逐渐增大，而下降的液体中难挥发组分越来越浓，只要塔内有足够多的塔板，就可使混合物达到所要求的分离纯度。

### 6.3.1.2 部分回流操作

部分回流操作在全回流稳定的基础上进料，其原料液从原料贮罐通过进料泵及预热器（或釜液与原料热交换器）预热后加入塔内，以加入位置以下的那块塔板（称为加料板）为界，将精馏塔主体一分为二，上段称为精馏段，主要提纯易挥发组分，下段称为提馏段，主要提纯难挥发组分。

进入塔内的原料液受热后，分离为气液两相，融入全回流所建立起的气液相平衡中，在塔板处传热、传质。气液相流程部分同全回流流程。

气相在塔顶经全凝器冷凝为凝液，通过馏出罐，一部分由采出泵采出到塔顶产品贮罐，为较纯的乙醇产品；另一部分经回流泵送回塔顶，在重力作用下顺流而下，通过降液管逐板溢流至各塔板。

液相组分从加料板顺流而下逐步部分汽化，剩余液相组分与下降的回流液一同经各塔板流入塔釜，经再沸器升温后一部分汽化，与之前逐步部分汽化的组分共同构成上升的蒸气流，另一部分液相经釜液与原料热交换器降温后，排入釜残液罐，成为釜液产品，其主要成分为水。

### 6.3.1.3　生产控制技术

在化工生产中，对各工艺变量有一定的控制要求。有些工艺变量对产品的数量和质量起着决定性的作用。例如，精馏塔的塔顶温度必须保持一定，才能得到合格的产品。有些工艺变量虽不直接影响产品的数量和质量，然而保持其平稳却是使生产获得良好控制的前提。例如，用蒸汽加热的再沸器，在蒸汽压力波动剧烈的情况下，要把塔釜温度控制好极为困难。

为了实现控制要求，可以有两种方式，一是人工控制，二是自动控制。

## 6.3.2　精馏装置操作规程

### 6.3.2.1　开车前的准备及检查

① 打开塔顶冷却水阀，检查是否有冷却水。

码6-11　精馏塔
操作

② 接通总电源检查是否有电。

③ 检查仪表柜是否有电，各指示灯是否亮，各仪表和开关是否正常。

④ 检查酒精密度计、量具、温度计是否完好、齐全。

⑤ 检查原料泵运转是否正常。

⑥ 检查釜液浓度是否在 7%～10%（体积分数）范围内，釜液位是否在2/3 处。

⑦ 检查原料液浓度是否在 13%～15%（体积分数）范围内，原料量是否充足。

⑧ 关闭所有阀门，将仪表柜上的所有旋钮指向"关"的位置。

### 6.3.2.2　开车与操作

（1）接通电源，给仪表柜上电。

（2）加热、全回流操作　将加热器的加热功率调至满负荷状态，打开塔顶冷凝器上的水阀，打开回流阀。当釜液预热至沸腾后减小加热功率，控制釜压在 1～2kPa，使板上泡沫层高度在板间距的一半以内并保持稳定。

当塔顶回流液流量不再增大，继续回流 20min 后（塔顶温度达到 78.3℃以下时），进行后续步骤。

（3）进料、部分回流操作　先打开进料阀，后打开进料泵，调节进料量至 2L/h；打开塔釜取样阀，控制阀门开度，保持釜液位在 2/3 高度处；根据此时全回流量 $V_\infty$，最终控制回流量 $L=(4/5)V_\infty$，馏出液流量 $D=(1/5)V_\infty$，且回流比 $L/D=4$，塔顶物料呈平衡状态。通过调节加热器功率控制板上泡沫层高度在板间距的一半以内，并保持稳定。

（4）正常操作阶段　当塔顶温度达到 78.3℃以下时，过 20min 对塔顶馏出液、塔釜残液同时取样，用酒精密度计测定液体密度，将分析结果和其他操作数据记录在实训报告内并计算塔顶乙醇回收率 $\eta$。

### 6.3.2.3　停车

① 关闭进料阀门，关闭进料泵。

② 关闭塔釜出料阀门，关闭塔顶出料阀门。

③ 调节加热功率为零，关闭总电源。

④ 待釜温降至 40℃ 以下时，关闭塔顶冷却水进口阀门。

⑤ 整理现场、仪器，用具复原。

### 6.3.3 精馏操作中不正常现象及处理方法

#### 6.3.3.1 稳定操作过程中，塔顶温度上升的处理措施

① 检查回流量是否正常，如是回流泵的故障，及时报告指导教师进行处理；如回流量变小，要检查塔顶冷凝器是否正常，对于风冷装置，发现风冷冷凝器工作不正常，及时报告指导教师进行处理，对于水冷装置，发现冷凝器工作不正常，一般是冷凝水供水管线上的阀门故障，此时可以打开与电磁阀并联的备用阀门；如是一次水管网供水中断，及时报告指导教师进行处理。

码6-12 精馏操作中不正常现象及处理方法

② 检查进料罐罐底进料电磁阀的状态，如发现进料发生了变化，及时报告指导教师，同时检测进料浓度，根据浓度的变化调整进料板的位置和再沸器的加热量。

③ 当进料量减小很多，如再沸器的加热量不变，经过一段时间后，塔顶温度会上升，此时可以将进料量调整回原值或减小再沸器的加热量。

④ 当塔顶压力升高后，在同样操作条件下，会使塔顶温度升高，应降低塔顶压力为正常操作值。

待操作稳定后，记录实训数据，继续进行其他实训。

#### 6.3.3.2 稳定操作过程中，塔顶温度下降的处理措施

① 检查回流量是否正常，适当减小回流量、加大采出量。检查塔顶冷凝液的温度是否过低，适当提高回流液的温度。

② 检查进料罐罐底进料电磁阀的状态，如发现进料发生了变化，及时报告指导教师，同时检测进料浓度，根据浓度的变化调整进料板的位置和再沸器的加热量。

③ 当进料量增加很多，而再沸器的加热量不变，经过一段时间后，塔顶温度会下降，此时可以将进料量调整回原值或加大再沸器的加热量。

④ 当塔顶压力降低后，在同样操作条件下，会使塔顶温度下降，应提高塔顶压力为正常操作值。

#### 6.3.3.3 精馏操作中应预防的不正常现象及调节方法

物料不平衡或热量不平衡会导致不正常精馏操作。在精馏操作中会出现以下不正常现象：

（1）分离能力不足　在塔板数一定的情况下，塔顶馏出液浓度下降而塔釜残液浓度上升，说明精馏所需要的塔板数不够，必须减小所需的塔板数。此时，应加大回流比，使操作线与平衡线之间的距离增大，直角梯级数减小，分离所需的板数就能减少，从而满足分离所需的塔板数。塔顶馏出液浓度上升而塔釜残液浓度下降。

（2）漏液　在正常操作的塔板上，液体横向流过塔板，然后经降液管流下。当气体通过塔板的速度较小时，气体通过升气孔道的动压不足以阻止板上液体经孔道流下时，便会出现漏液现象。漏液的发生导致气液两相在塔板上的接触时间减少，塔板效率下降，严重时会使塔板不能积液而无法正常操作。通常，为保证塔的正常操作，漏液量应不大于液体流量的 10%。漏液量达到 10% 的气体速度称为漏液速度，它是板式塔操作气速的

下限。

造成漏液的主要原因是气速太小和板面上液面落差所引起的气流分布不均匀。在塔板液体入口处，液层较厚，往往出现漏液，为此常在塔板液体入口处留出一条不开孔的区域，称为安定区。

当塔底再沸器加热量过小、进料轻组分过少或温度过低时可能导致漏液。处理措施为：①加大再沸器的加热电压，如产品不合格停止出料和进料；②检测进料浓度和温度，调整进料位置和温度，增加再沸器的加热量。

（3）液沫夹带　上升气流穿过塔板上液层时，必然将部分液体分散成微小液滴，气体夹带着这些液滴在板间的空间上升，如液滴来不及沉降分离，则将随气体进入上层塔板，这种现象称为液沫夹带。

液滴的生成虽然可增大气液两相的接触面积，有利于传质和传热，但过量的液沫夹带常造成液相在塔板间的返混，进而导致塔板效率严重下降。为维持正常操作，需将液沫夹带限制在一定范围，一般允许的液沫夹带量为 $e_v < 0.1 kg$ 液$/kg$ 气。

影响液沫夹带量的因素很多，最主要的是空塔气速和塔板间距。空塔气速减小及塔板间距增大，可使液沫夹带量减小。液沫夹带情况严重时甚至会产生液泛现象。

（4）液泛　产生液泛的一种原因是上升气体的速度很高时，液体被气体夹带到上一层塔板上的流量猛增，使塔板间充满气液混合物，最终使整个塔内都充满液体，这种现象称为夹带液泛。还有一种原因是当塔板上液体流量很大，液体不能顺利通过降液管下流，使液体在塔板上积累而充满整个板间，这种液泛称为溢流液泛。液泛使整个塔内的液体不能正常流下，物料大量返混，不能分离。此时，应减小塔釜加热量、停止进料、改为全回流操作，待操作正常后再进料和进行部分回流操作，并稳定塔釜加热量。

当塔底再沸器加热量过大、进料轻组分过多时可能导致液泛。处理措施为：①减小再沸器的加热电压，如产品不合格停止出料和进料；②检测进料浓度，调整进料位置和再沸器的加热量。

影响液泛的因素除气液流量外，还与塔板的结构，特别是塔板间距等参数有关，设计中采用较大的塔板间距，可提高泛点气速。

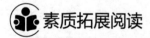 素质拓展阅读

### 我国精馏分离学科创始人：余国琮

作为精馏技术领域国际著名专家、中国科学院院士，余国琮被称为"我国精馏分离学科创始人""现代工业精馏技术的先行者""化工分离工程科学的开拓者"。他在精馏技术基础研究、成果转化和产业化领域作出了系统性、开创性的贡献，彪炳于共和国化学工业发展的史册。他在科学研究上孜孜以求的动力源只有一条：国之所需，心之所向！

1958年，我国由外国援建的首座原子反应堆投入运行。由于国际关系突然生变，重水供应面临中断，自主开发重水生产技术成为当务之急。

余国琮率领团队，在极其简陋的条件下日夜刻苦攻关，搭建了一个个实验装置，创新精馏方式。经过无数次测试，终于在1965年研发出重水生产工业技术，并成功生产出符合要求的重水，为新中国核技术起步作出了宝贵的贡献。

　　余国琮在科学研究中将"精馏"作为主攻阵地，探索出精馏技术产业化发展路径、组建了我国最早的精馏塔新技术设备制造企业、创造了从研究到试车生产的"产学研"模式……迄今，他带领科研团队先后改造或新建的工业精馏塔总数过万，直接推动了我国石化、轻工、环保等行业精馏分离技术的进步。目前我国石化工业80%以上的精馏塔均采用余国琮等人开发的新技术，余国琮为我国化工整个行业作出了巨大的贡献！

## 练一练测一测

**1. 单选题**

（1）蒸馏是利用各组分（　　）不同的特性实现分离目的的。

A. 溶解度　　　　　B. 等规度　　　　　C. 挥发度　　　　　D. 调和度

（2）在二元混合液中，沸点低的组分称为（　　）组分。

A. 可挥发　　　　　B. 不挥发　　　　　C. 易挥发　　　　　D. 难挥发

（3）（　　）是保证精馏过程连续稳定操作的必不可少的条件之一。

A. 液相回流　　　　B. 进料　　　　　　C. 侧线抽出　　　　D. 产品提纯

（4）在（　　）中溶液部分汽化而产生上升蒸气，是精馏得以连续稳定操作的一个必不可少条件。

A. 冷凝器　　　　　B. 蒸发器　　　　　C. 再沸器　　　　　D. 换热器

（5）再沸器的作用是提供一定量的（　　）流。

A. 上升物料　　　　B. 上升组分　　　　C. 上升产品　　　　D. 上升蒸气

（6）冷凝器的作用是提供（　　）产品及保证有适宜的液相回流。

A. 塔顶气相　　　　B. 塔顶液相　　　　C. 塔底气相　　　　D. 塔底液相

（7）在精馏塔中，原料液进入的那层板称为（　　）。

A. 浮阀板　　　　　B. 喷射板　　　　　C. 加料板　　　　　D. 分离板

（8）在精馏塔中，加料板以下的塔段（包括加料板）称为（　　）。

A. 精馏段　　　　　B. 提馏段　　　　　C. 进料段　　　　　D. 混合段

（9）某二元混合物，进料量为 100kmol/h，$x_F = 0.6$，要求塔顶 $x_D$ 不小于 0.9，则塔顶最大产量为（　　）。

A. 60kmol/h　　　　B. 66.7kmol/h　　　C. 90kmol/h　　　　D. 100kmol/h

（10）精馏的操作线为直线，主要是因为（　　）。

A. 理论板假定　　　B. 理想物系　　　　C. 塔顶泡点回流　　D. 恒摩尔流假设

（11）操作中的连续精馏塔如采用的回流比小于原回流比，则（　　）。

A. $x_D$、$x_W$ 均增加　　　　　　　　B. $x_D$ 减小，$x_W$ 增加

C. $x_D$、$x_W$ 均不变　　　　　　　　D. 不能正常操作

（12）精馏操作时，若在 $F$、$x_F$、$q$、$R$ 不变的条件下，将塔顶产品量 $D$ 增加，其结果是（　　）。

A. $x_D$ 下降，$x_W$ 上升　　　　　　B. $x_D$ 下降，$x_W$ 不变

C. $x_D$ 下降，$x_W$ 亦下降　　　　　D. 无法判断

（13）某精馏塔精馏段和提馏段的理论塔板数分别为 $N_1$ 和 $N_2$，若只增加提馏段理论塔板数，而精馏段理论塔板数不变，当 $F$、$x_F$、$q$、$R$、$V$ 等条件不变时，则有（　　）。

A. $x_W$ 减小，$x_D$ 增大　　　　　　B. $x_W$ 减小，$x_D$ 不变

C. $x_W$ 减小，$x_D$ 减小　　　　　　D. $x_W$ 减小，$x_D$ 无法判断

（14）在精馏塔操作中，若出现塔釜温度及压力不稳时，可采取的处理方法有（　　）。

A. 调整蒸气压力至稳定　　　　　　B. 停车检查泄漏处

C. 检查疏水器　　　　　　　　　　D. 以上三种方法

（15）一般不用（　　）的方法调节回流比。

A. 减少塔顶采出量以增大回流比

B. 塔顶冷凝器为分凝器时，可增加塔顶冷剂的用量，以提高凝液量，增大回流比

C. 有回流液中间贮槽的强制回流，可暂时加大回流量，以提高回流比，但不得将回流贮槽抽空

D. 降低塔顶压力

**2. 填空题**

（1）对于二元理想溶液，相对挥发度 $\alpha$ 大，说明该物系＿＿＿＿＿＿＿＿。

（2）精馏过程是利用混合液中＿＿＿＿＿＿＿＿＿＿＿＿＿差异，采用多次＿＿＿＿＿＿和多次＿＿＿＿＿＿＿＿＿＿的方法，以达到接近纯组分分离目的的过程。

（3）完成一个精馏操作的两个必要条件是塔顶＿＿＿＿＿＿和塔底＿＿＿＿＿。

（4）某精馏塔的精馏段操作线方程为 $y = 0.75x + 0.24$，则该精馏塔的操作回流比为＿＿＿＿＿＿，馏出液组成为＿＿＿＿＿＿＿。

（5）饱和液体进料时，进料热状况参数 $q=$＿＿＿＿＿＿＿＿＿；气液混合物进料时，若进料中蒸气是液体的 3 倍，则进料的热状况参数 $q=$＿＿＿＿＿＿＿。

（6）精馏操作中，当进料热状况参数 $q = 0.6$ 时，表示进料中的＿＿＿＿＿＿＿分数为 60%。

（7）精馏塔设计时，回流比越大，操作线偏离平衡线越＿＿＿＿＿（填远或近），距离对角线越＿＿＿＿＿（填远或近）；图解时梯级的跨度越＿＿＿＿＿（填大或小），完成分离任务所需的理论塔板数＿＿＿＿＿＿（填多或少）。

（8）回流比、相对挥发度、进料组成及产品组成均不变的前提下，若进料热状况不变而进料量增加，则所需的理论塔板数＿＿＿＿＿＿（增加、减少、不变）；若进料量不变而进料热状况改变，则所需的理论塔板数＿＿＿＿＿（改变、不变）。

（9）精馏塔的设计中，当 $F$、$x_F$、$x_D$、$x_W$ 及回流比 $R$ 一定时，仅将进料状态由饱和液体改为饱和蒸气进料，则完成分离任务所需的理论塔板数将＿＿＿＿＿＿＿＿＿（增大、减小、

不变）。

（10）某精馏塔操作时，若保持进料流量及组成、进料热状况和塔顶蒸气量不变，增加回流比，则此时塔顶产品组成 $x_D$ _____，塔底产品组成 $x_W$ _____，塔顶产品流量 _____，精馏段液气比 _____。

**3. 计算题**

（1）用一精馏塔分离二元液体混合物，进料量为 100kmol/h，易挥发组分 $x_F = 0.5$，得塔顶产品 $x_D = 0.9$，塔底釜液 $x_W = 0.05$（皆为摩尔分数），求塔顶和塔底的产品量（kmol/h）。

（2）用连续精馏塔处理苯-氯仿混合液，要求馏出液中含有 96% 的苯、残液中含苯 10%。已知进料量为 75kmol/h，进料液中含苯 45%（以上均为苯的摩尔分数），操作回流比为 3，饱和液体进料。求从冷凝器回流至塔顶的回流液量 $L$ 及自塔釜上升蒸气的摩尔流量 $V'$。

（3）连续精馏塔中，已知操作线方程式如下：

精馏段：$y = 0.75x + 0.205$

提馏段：$y = 1.25x - 0.02$

试求泡点进料时原料液、馏出液、残液组成及回流比。

# 参考答案

**项目 1**

1. (1) C　　(2) A　　(3) B　　(4) B　　(5) D　　(6) B
   (7) B　　(8) D　　(9) D　　(10) A　　(11) C　　(12) B
   (13) A　　(14) D　　(15) C　　(16) B　　(17) C　　(18) D
   (19) D　　(20) C

2. (1) 疏水阀；(2) $Re$；(3) 1900；(4) 增大；(5) 表压强；(6) 升扬高度；(7) 汇集和导液的通道、能量转换装置；(8) 增大；(9) 减小；(10) 离心力；(11) 减小；(12) 最小；(13) 出水；(14) 叶轮；(15) 关闭，打开；(16) 旁路阀；(17) 齿轮泵。

3. (1) $0.516\text{kg/m}^3$；(2) $3.65×10^4\text{Pa}$；(3) 8.5kg/s, 1.27m/s, $1080\text{kg/(m}^2 \cdot \text{s)}$；(4) 7.76J/kg, 0.79m, 7758Pa；(5) 270.4J/kg；(6) 0.509m；(7) 64kPa。

**项目 2**

1. (1) A　　(2) A　　(3) B　　(4) C　　(5) D　　(6) D
   (7) B　　(8) C　　(9) A　　(10) A　　(11) D　　(12) A
   (13) C　　(14) A　　(15) AB　(16) A　　(17) B　　(18) D
   (19) D　　(20) A

2. (1) 温度差，热传导，对流，辐射，热传导；(2) 升高，降低，降低，升高；(3) 滞留内层，滞留内层；(4) 大，大；(5) 温度，电磁波，热量，热辐射；(6) 混合式，蓄热式，间壁式，混合式，间壁式；(7) 热水，饱和水蒸气，矿物油，烟道气；(8) ＞50℃；(9) 补偿圈，浮头，U 形管，安装补偿圈；(10) 壳，管；(11) 管，管，饱和水蒸气；(12) 大，小；(13) 工艺，任务，能够传递，工作能力，自身性能；(14) 热流体出口温度，热流体进口温度；(15) 冷流体，冷流体；(16) 增大传热面积，增大传热平均温差，增大传热系数，增大传热系数；(17) 石棉，岩棉，玻璃棉，硅酸铝，硅酸钙；(18) 与环境温度接近的，冷流体，热流体。

3. (1) $Q_{总}=1034.4\text{kW}$。

(2) $\Delta t_{\text{m逆}}=114\text{K}$，$\Delta t_{\text{m并}}=105.8\text{K}$。

(3) $K=2022\text{W/(m}^2 \cdot \text{K)}$。

(4) ① $t_2=33.8℃$；② $K=57\text{W/(m}^2 \cdot ℃)$；③ $A=3.76\text{m}^2$。

(5) ① $W_{\text{s水}}=0.3731\text{kg/s}$，$Q_{总}=31\text{kW}$；② $\Delta t_{\text{m逆}}=40\text{K}$；③ $n_{逆}=52$ 根。

**项目 3**

1. (1) A　　(2) A　　(3) B　　(4) B　　(5) A，B
   (6) B　　(7) B　　(8) B　　(9) A　　(10) D
   (11) A　　(12) B　　(13) A　　(14) C　　(15) B

（16）B　　（17）D　　（18）D　　（19）D

2．（1）气相均相，溶解度，气相，液相；（2）变小，变小，变大；（3）增大，有利；（4）0.218，0.279；（5）＞，＜，＝；（6）液，气；（7）分子扩散，相平衡；（8）单，双；（9）分子扩散，分子扩散，双阻力；（10）变大，增加，增加，1.1～2.0；（11）无穷高；（12）增大，增大，减小；（13）增大，增大；（14）气相传质单元高度，效能；（15）气相传质单元数，有，无，难易；（16）小，不变；（17）大于；（18）减小，底；（19）溶液贮槽或地沟，惰性气体。

3．（1）气相中 $y = 0.0224$，$Y = 0.0229$，液相中 $x = 0.0157$，$X = 0.0159$。

（2）$x = 0.0759$。

（3）吸收过程：$\Delta Y = 0.063$，$\Delta X = 0.0696$。

（4）①99.24％，②出塔溶液摩尔比 $X_1 = 0.0298$。

（5）①$Y_2 = 0.001$，②$L = 7.48 \text{kmol/h}$，③出塔溶液摩尔比 $X_1 = 0.089$。

（6）89.535kmol/h。

（7）1.388 倍。

（8）液气比 $L/V = 0.77$，液相出口摩尔比 $X_1 = 0.0376$。

（9）①1.286 倍，②填料层高度 5.11m。

**项目 4**

1．（1）B　　（2）B　　（3）A　　（4）C　　（5）C　　（6）C
　　（7）A　　（8）B　　（9）A　　（10）A　　（11）C　　（12）C
　　（13）B　　（14）C　　（15）C　　（16）D

2．（1）物系中存在两个或者两个以上的相和存在明显相界面，分散相，连续相；（2）固相，液相；（3）多层，预除尘；（4）离心力，圆筒形，圆锥形；（5）旋风分离器，收缩管，喉管，扩散管；（6）灰尘，雾沫；（7）重力过滤，离心过滤，加压过滤，真空过滤；（8）织物介质，堆积的粒状介质，多孔固体介质，助滤剂；（9）滤板，洗板，123212321…

**项目 5**

1．（1）A　　（2）D　　（3）C　　（4）A　　（5）C　　（6）A
　　（7）B　　（8）B　　（9）C　　（10）A　　（11）D

2．（1）传热过程；（2）热传导，热辐射；（3）直接，对流；（4）载热体，载湿体；（5）大于；（6）越大，越强；（7）饱和湿空气，绝干空气；（8）升高，不变，升高，下降，增强；（9）小，越小，越强；（10）平衡水分，自由水分，结合水分，非结合水分；（11）表面汽化，无关，水分汽化，空气，内部扩散，物料结构、形状、大小，关系很小；（12）临界点，恒速，降速，表面汽化，内部扩散；（13）小于；（14）越大；（15）流态，细粉或颗粒，气，并流，干燥，风，加料器，产品；（16）沸腾床，流态化，简单，低，少；（17）长，任意，低，小，少，少；（18）雾化干燥，介质。

3．（1）$X_1 = 0.1111 \text{kg/kg}$ 干料
　　　　$X_2 = 0.0204 \text{kg/kg}$ 干料
　　　　$Gc = 270 \text{kg/h}$

（2）$W = 81.63 \text{kg}$ 水/h，绝干空气消耗量 $L = 1943.57 \text{kg/h}$，$G_2 = 918.37 \text{kg/h}$。

（3）$W = 368.2 \text{kg}$ 水/h，$G_c = 600 \text{kg}$ 绝干物料/h，$L = 12280 \text{kg}$ 绝干空气/h，干燥产品量 $G_2 = 631.6 \text{kg/h}$。

**项目 6**

1. (1) C  (2) C  (3) A  (4) C  (5) D  (6) B
   (7) C  (8) B  (9) B  (10) D  (11) B  (12) A
   (13) B  (14) D  (15) D

2. (1) 越易分离；(2) 挥发度，部分汽化，部分冷凝；(3) 冷凝器，再沸器；(4) 3，0.96；(5) 1，0.25；(6) 液相；(7) 远，近，大，少；(8) 增加，改变；(9) 增大；(10) 增大，降低，降低，增大。

3. (1) 塔顶产品量为 53kmol/h，塔底产品量为 47kmol/h；

   (2) $L = 91.5$kmol/h，$V' = 122$kmol/h；

   (3) $x_F = 0.45$，$x_D = 0.82$，$x_W = 0.08$，$R = 3$。

# 参 考 文 献

［1］ 姚玉英．化工原理．3 版．天津：天津大学出版社，2010.

［2］ 陆美娟．化工原理．3 版．北京：化学工业出版社，2012.

［3］ 柴诚敬等．化工原理学习指南．2 版．北京：高等教育出版社．2012.

［4］ 管国锋，赵汝溥．化工原理．4 版．北京：化学工业出版社，2015.

［5］ 王纬武．化工工艺基础．2 版．北京：化学工业出版社，2010.

［6］ 徐忠娟．化工单元过程及设备的选择与操作．北京：化学工业出版社，2015.

［7］ 陈敏恒，丛德滋，方图南，等．化工原理．4 版．北京：化学工业出版社，2015.

［8］ 彭德萍，陈忠林．化工单元操作及过程．北京：化学工业出版社，2014.

［9］ 李萍萍．化工单元操作．北京：化学工业出版社，2014.

［10］ 刘兵，陈效毅．化工单元操作技术．北京：化学工业出版社，2014.

［11］ 何灏彦，禹练英．化工单元操作．2 版．北京：化学工业出版社，2014.

［12］ 白术波，佟俊鹏．化工单元操作．北京：石油工业出版社，2011.

［13］ 徐永杰．几种新型散状填料结构性能分析及其应用．安徽化工，2021，47（4）：25-27.